工业机器人技术及应用

Industrial Robot Technology and Application

李光雷　崔亚辉　著

ROBOT

化学工业出版社

·北京·

本书先介绍工业机器人基础知识、工业机器人运动学基础、工业机器人操作基础、工业机器人调试基础，然后结合具体的案例，进一步讲解了搬运机器人、机器人码垛、弧焊机器人的任务分析、系统结构和编程示教等内容，以及机器人视觉应用的基本知识和编程方法。本书内容由浅入深，循序渐进，案例典型，图解详细，有较强的实用性。

本书可作为工业机器人应用开发、调试、现场维护技术人员的参考书籍，也可作为应用型本科院校、高等职业院校机电类专业的教材使用。

图书在版编目（CIP）数据

工业机器人技术及应用/李光雷，崔亚辉著. —北京：化学工业出版社，2019.8
ISBN 978-7-122-34614-8

Ⅰ.①工… Ⅱ.①李…②崔… Ⅲ.①工业机器人 Ⅳ.①TP242.2

中国版本图书馆CIP数据核字（2019）第111307号

责任编辑：金林茹 张兴辉　　文字编辑：陈 喆
责任校对：宋 夏　　装帧设计：史利平

出版发行：化学工业出版社（北京市东城区青年湖南街13号 邮政编码100011）
印　　刷：三河市航远印刷有限公司
装　　订：三河市宇新装订厂
787mm×1092mm 1/16 印张12½ 字数305千字 2019年9月北京第1版第1次印刷

购书咨询：010-64518888　　售后服务：010-64518899
网　　址：http://www.cip.com.cn
凡购买本书，如有缺损质量问题，本社销售中心负责调换。

定　　价：59.00元

前言

工业机器人是一种典型的机电一体化设备，也是“中国制造 2025”确定的重点发展领域。工业机器人作为一种面向工业领域的多关节机械手或多自由度的机械装置，能依靠自身动力和控制能力来实现各种功能。 它可以接受人类指挥，也可以按照预先编排的程序运行，现代的工业机器人还可以根据人工智能技术所制定的原则纲领行动，是我国由“制造大国”向“制造强国”迈进、实现智能制造的关键设备。

本书是一本介绍工业机器人基本原理和典型应用的书籍，主要介绍了工业机器人的基础知识、基本原理、编程调试和典型应用。 首先介绍了工业机器人的机械结构，便于读者对工业机器人产生直观的认识；再通过矩阵变换知识，介绍了机器人的运动学方程，逐渐延伸到工业机器人的运行原理及控制方式；最后介绍了机器人的调试基础及编程语言，通过介绍工业机器人在工业生产中的典型应用，使读者建立工业机器人基本原理与实际工业应用之间的连接。

本书可作为工业机器人应用开发、调试、现场维护技术人员的参考书籍，也可作为应用型本科院校、高等职业院校机电类专业的教材使用。

本书的编写得到了西安理工大学机械与精密仪器工程学院、南京工业职业技术学院、上海ABB 工程有限公司、北京华航唯实机器人科技股份有限公司等单位的支持与帮助，同时还参阅了部分相关书籍和技术资料，在此对各位为本书提供帮助的人员表示衷心的感谢。

由于编者水平所限，不足之处在所难免，还请广大学者在使用过程中批评指正。

编者著

目录

工业机器人基础知识

机器人技术集中了机械工程、微电子技术、计算机技术、自动控制理论及人工智能等学科的最新成果，代表了机电一体化的最高成就，是当代科学技术发展最为活跃的领域之一。自 20 世纪 60 年代初机器人问世以来，机器人技术经历了近六十年的发展，已经取得了实质性的进步和成果。

近几年，工业机器人在工业领域的应用突飞猛进，工业机器人作为现代制造业的支撑技术和信息化社会的新兴产业，将对未来的工业生产和社会发展起着举足轻重的作用。

1.1 工业机器人概述

1.1.1 机器人的定义

目前，国际上关于机器人的定义主要有如下几种。

① 英国简明牛津字典的定义。机器人是“貌似人的自动机，具有智力的和顺从于人的但不具人格的机器”。

② 美国机器人协会（RIA）的定义。机器人是“一种用于移动各种材料、零件、工具或专用装置的，通过可编程序动作来执行种种任务的，并具有编程能力的多功能机械手（manipulator）”。

③ 日本工业机器人协会（JIRA）的定义。工业机器人是“一种装备有记忆装置和末端执行器（end effector）的，能够转动并通过自动完成各种移动来代替人类劳动的通用机器”。

④ 美国国家标准局（NBS）的定义。机器人是“一种能够进行编程并在自动控制下执行某些操作和移动作业任务的机械装置”。

⑤ 国际标准组织（ISO）的定义。机器人是“一种自动的、位置可控的、具有编程能力的多功能机械手，这种机械手具有几个轴，能够借助于可编程序操作来处理各种材料、零件、工具和专用装置，以执行种种任务”。

⑥ 关于我国机器人的定义。随着机器人技术的发展，我国也面临讨论和制订关于机器人技术各项标准的问题，其中包括对机器人的定义。蒋新松院士曾建议把机器人定义为“一种拟人功能的机械电子装置（a mechantronic device to imitate some human functions）”。

专门面向工业领域的机器人叫做工业机器人。例如，焊接、喷漆、装配、搬运机器人等。

1.1.2 国外工业机器人的发展现状

1947 年，美国原子能委员会的阿贡国家实验室（Argonne National Laboratory）开发了遥控机械手，1948 年又开发了机械式主从机械手。1952 年数控机床的诞生以及数控机床的控制、机械零件的研究，为机器人的开发奠定了技术基础。现代工业机器人源于 George C. Devol 在 1956 年按照他的专利制作的可编程机械手的原型（专利号 2988237）。Joseph Engelberger 购买了 Devol 的专利，组建了 Unimation 公司。1962 年，Unimation 公司推出了 UNIMATE，第一台机器人安装在通用汽车公司（General Motors）的压铸件装配线上，因而把 Joseph Engelberger 称为机器人之父，同时 AMF 公司推出了 VERSTRAN。这些工业机器人的控制方式与数控机床的控制方式大致相同，但外形特征迥异，其结构类似人的手和臂的组成。

日本在 1967 年由川崎重工业公司从美国 Unimation 公司引进机器人及其技术机器人学——运动学、动力学与控制技术，建立起生产车间，并于 1968 年试制出第一台川崎的 UNIMATE 机器人。

1973 年，日本的机器人之父，早稻田大学的加藤一郎教授开始研究仿人机器人，成功研制出了双腿走路的机器人。

1974 年，美国 Cincinnati Milaeron 公司推出第一台小型机控制的机器人 T3。次年，意大利的 Olivetti 公司制造了第一台装配机器人 SIGMA。

1978 年日本山梨大学的牧野洋提出了 SCARA 机构，经过三年的时间，完成了实用的 SCARA 机器人开发。

1979 年 Unimation 公司推出可用于装配的通用机器人 PUMA（programmable universal machine for assembly），该机器人采用多 CPU 两级计算机控制结构体系。PUMA 的诞生可看作是工业机器人的成熟，直到现在，工业机器人的整个机械结构、驱动、控制结构、编程语言均和 1979 年的产品无本质差别。

到 20 世纪 80 年代后期，由于传统机器人用户应用工业机器人已趋饱和，从而造成工业机器人产品的积压，不少机器人厂家倒闭或被兼并，使国际机器人学研究和机器人产业出现不景气。90 年代初，机器人产业出现复苏和继续发展迹象。但是好景不长，1993～1994 年又出现低谷。1995 年以来，世界机器人数量逐年增加，增长率也较高。到 2000 年，服役机器人约 100 万台；机器人学仍然维持较好的发展势头，满怀希望跨入 21 世纪。

1.1.3 国内工业机器人的发展现状

我国的工业机器人研究工作开始于 20 世纪 70 年代初，前 10 年由于受到经济体制等因素的影响，发展比较缓慢。从“七五”机器人技术攻关开始起步，在国家相关政策的支持下，我国的机器人技术得到了迅速发展。经过“七五”“八五”“九五”科技攻关计划以及“863”国家高技术研究发展计划，我国的工业机器人技术取得了较大进展，并已在各行各业得到了广泛应用，为支撑国民经济的发展做出巨大的贡献。

自 20 世纪 70 年代末，我国的蒋新松院士在国内率先开始了机器人及相关技术的研究与实践。在他的领导下，研制了我国第一台示教再现机器人和第一台水下机器人，创建了我国机器人示范工程。人们尊称其为中国的机器人之父。

于 2017 年 10 月 1 日正式实施的《国民经济行业分类》中，机器人制造首次作为独立的

行业列入《国民经济行业分类》之中，根据新的分类，可以说我国的工业机器人产业已经走向快车道的规模化发展阶段。

工业机器人作为新兴产业的代表，是中国实现“中国制造 2025”的关键，也是中国经济进入新常态后，带动经济发展的新引擎。目前，工业机器人在汽车、金属制品、电子、橡胶及塑料等行业已经得到了广泛的应用。随着性能的不断提升，以及各种应用场景的不断涌现，2013 年以来，我国工业机器人的市场规模正以年均 12.1%的速度快速增长。

目前，发达国家在制造领域的工业机器人使用密度已经达到 78 台/万人。2017 年全球工业机器人销售额达到 154 亿美元，其中亚洲销售额 99.2 亿美元，欧洲销售额 29.3 亿美元，北美地区销售额达到 19.8 亿美元。2018 年，随着工业机器人进一步普及、亚太地区经济的强劲发展，工业机器人销售额已经突破 160 亿美元，其中亚洲仍将是最大的销售市场(图 1.1)。

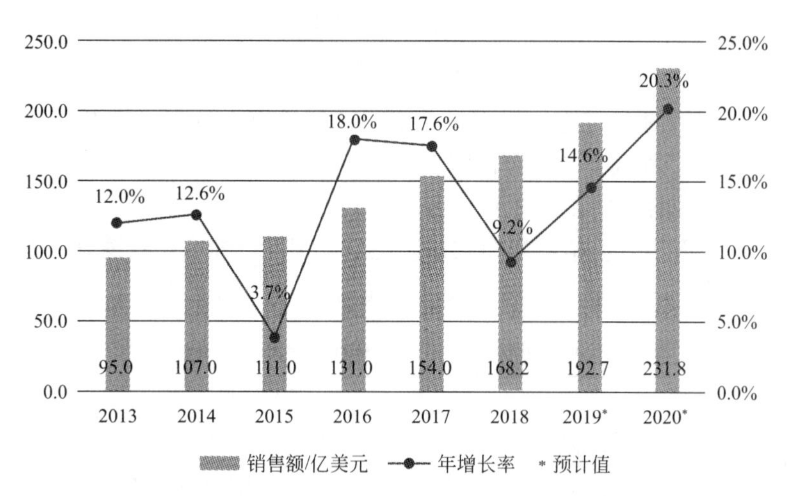

图 1.1 2013～2020 年全球工业机器人销售额及增长率
(资料来源：IFR，中国电子学会整理)

我国工业机器人市场发展较快，约占全球市场份额三分之一，是全球第一大工业机器人应用市场。2017 年，我国工业机器人保持高速增长，销量同比增长 30%。按照应用类型分，2017 年国内市场的搬运上下料机器人占比最高，达 65%，其次是装配机器人，占比 15%，高于焊接机器人占比 6 个百分点。按产品类型来看，2017 年关节型机器人销量占比超 60%，是国内市场最主要的产品类型；其次是直角坐标型机器人和 SCARA 机器人，且近年来两者销量占比幅度在逐渐扩大，上升速度高于其他类型机器人产品。同时，我国生产制造智能化改造升级的需求日益凸显，工业机器人的市场需求保持旺盛，据中国电子学会统计，我国工业机器人产业 2018 年销量超过 15 万台套，市场规模达到 62.3 亿美元。到 2020 年，国内市场规模将进一步扩大到 93.5 亿美元（图 1.2)。

经过几十年的发展和追赶，我国涌现出一大批优秀的国产机器人企业。当前，国产工业机器人正逐步获得市场认可，我国已将突破机器人关键核心技术作为科技发展重要战略，国内厂商攻克了减速机、伺服控制、伺服电动机等关键核心零部件领域的部分难题，核心零部件国产化的趋势逐渐显现。与此同时，国产工业机器人在市场总销量中的比重稳步提高。国产控制器等核心零部件在国产工业机器人中的使用也进一步增加，智能控制和应用系统的自

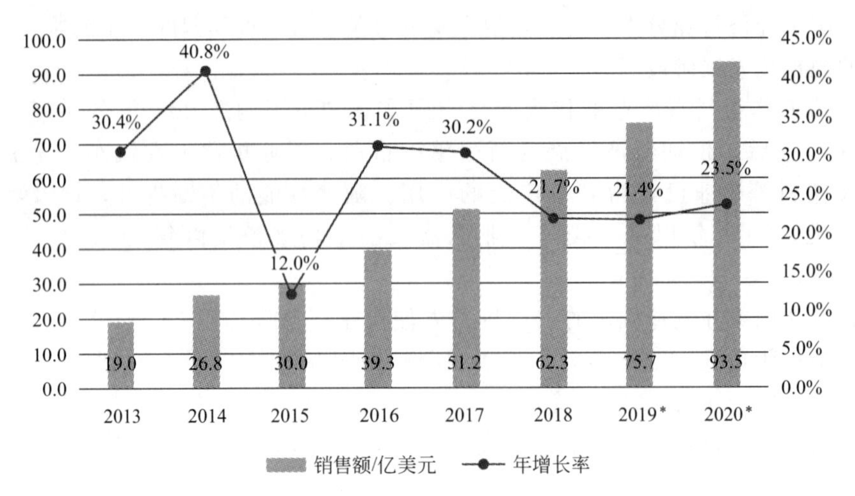

图 1.2 2013～2020 年我国工业机器人销售额及增长率
（资料来源：IFR，中国电子学会整理）

主研发水平持续进步，制造工艺的自主设计能力不断提升。例如，宝鸡秦川机器人生产的RV 减速机，已形成 17 种规格 60 多种速比的产品系列，年产突破万台；深圳大族激光开发的谐波减速器已可实现客户定制化生产，并且精度与 Nebtesco 等国际品牌相当；苏州绿的谐波减速器完成了 2 万小时的精度寿命测试，超过了国际机器人精度寿命要求的 6000 小时，2018 年新生产基地投入使用后将年产量进一步提升至 50 万台（表 1.1）。

表 1.1 工业机器人三大核心零部件毛利率及知名厂商

核心零部件	毛利率	主要企业	
减速器	40%～50%	外资品牌	纳德斯特克、哈默纳科、住友重机、ZF、Spinea
		中国国产品牌	上海机电、巨轮股份、秦川机床、中大力德、苏州赛劲、苏州绿的、南通振康、华恒焊接、山东帅克、中技克美、浙江来福谐波
伺服系统	30%～50%	外资品牌	西门子、安川、发那科、三洋、三菱、松下、KEABA、贝加莱、力士乐、科尔摩根
		中国国产品牌	汇川技术、英威腾、埃斯顿、新时达、华中数控、广州数控、清能德创
控制器	20%～30%	外资品牌	ABB、库卡、发那科、安川、三菱、KEABA、贝加莱、松下、那智
		中国国产品牌	新时达、汇川技术、埃斯顿、固高、卡诺普

虽然我国工业机器人产业发展迅猛，但工业机器人作为技术集成度高、应用环境复杂、操作维护较为专业的高端装备，有着多层次的人才需求。近年来，国内企业和科研机构加大机器人技术研究与本体研制方向的人才引进与培养力度，在硬件基础与技术水平上取得了显著提升，但现场调试、维护操作与运行管理等应用型人才的培养力度依然有所欠缺。目前我国机器人应用人才缺口为 20 万人左右，且每年仍以 20%～30%的速度增长（图 1.3）。以往单纯依托职业院校输送应用人才的培养机制已难以满足未来市场需要，需要政府、企业、教育机构、第三方行业组织等共同推动我国机器人应用人才的培养与发展。当前，在中部、西部等地区已经出现一批政府与高校、研究机构共建的机器人应用工程师培训中心，在政府主导、校企联动的机器人应用人才培养方式上进行了积极有效的探索实践。

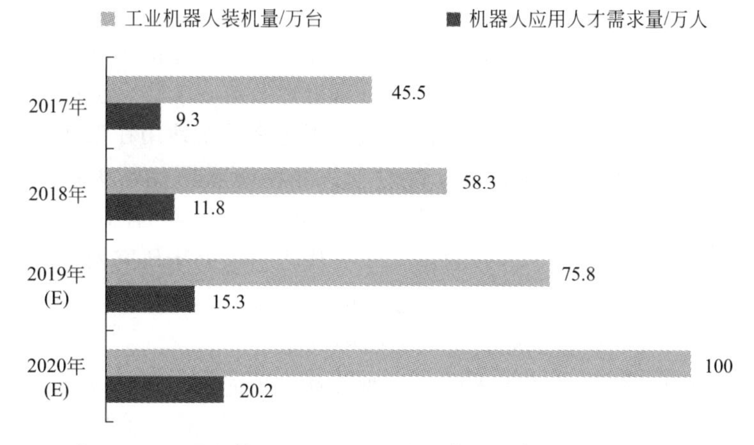

图 1.3　我国工业机器人装机量及应用人才需求量（资料来源：IFR，中国电子学会整理）

1.2 工业机器人分类

工业机器人种类繁多，可以从不同的角度对其分类。

日本工业机器人协会（Japan Industrial Robot Association，JIRA）将机器人进行如下分类：

类型 A：人工操作装置——由操作员操作的多自由度装置。

类型 B：固定顺序机器人——按预定的不变方法有步骤地执行任务的设备，其执行顺序难以修改。

类型 C：可变顺序机器人——同类型 B，但其顺序易于修改。

类型 D：示教再现机器人——操作员引导机器人手执行任务，记录下这些动作并由机器人再现执行。

类型 E：数控机器人——操作员为机器人提供运动程序，而不是手动示教执行任务。

类型 F：智能机器人——机器人具有感知和理解外部环境的能力，即使其工作环境发生变化，也能够成功地完成任务。

美国机器人协会（Robotics Institute of America，RIA）只将以上 C～F 类视为机器人。

法国机器人协会（Association Francaise de Robotique，AFR）将机器人进行如下分类：

类型 A：手动控制远程机器人的操纵装置。

类型 B：具有预定周期的自动操纵装置。

类型 C：具有连续轨迹或点到点轨迹的可编程伺服控制机器人。

类型 D：同类型 C，但能够获取环境信息。

本书按照技术标准的发展程度将工业机器人分为三类。

第一代机器人主要以“示教-再现”的方式工作。目前已商品化、实用化的工业机器人大都属于第一代机器人。“示教”是工作人员通过“示教盒”将机器人开到某些希望的位置上，按“示教盒”上的“记忆键”，并定义这些位置的名字，让机器人记忆这些位置。工作人员在利用机器人编程语言编制机器人工作程序时，就可利用这些已定义的位置。机器人在运行工作程序时，可再现这些位置。第一代机器人具有完备的内部传感器，检测机器人各关节的位置及速度，并反馈这些信息，控制机器人的运动。

第二代机器人拥有外部传感器，对工作对象、外界环境具有一定的感知能力。感知的信息参加控制运算。例如，装备几个摄像机的机器人可以确定散放在工作台上的零件位置，准确地将它们拿起并放到规定的位置上去。第二代机器人正越来越多地用在工业生产中。

第三代机器人拥有多种高级传感器，对工作对象、外界环境具有高度适应性和自治能力，可以进行复杂的逻辑思维和决策，在作业环境中独立行动，是一种高度智能化的机器人。第三代机器人又称作高级智能机器人，目前，第三代机器人处于研究及发展阶段。智能机器人既不同于工业机器人的“示教-再现”，也不同于操纵机器人的“操纵”，而是一种“认知-适应”的工作方式。智能机器人应具备以下四种机能。

运动机能：施加于外部环境，相当于人的手、脚等动作机能。

感知机能：获取外部环境信息的能力，如视觉、触觉、听觉、力觉、距离感、接近觉等。

思维能力：认识、推理、判断能力。

人-机对话机能：理解指示命令，输出内部状态，与人进行信息交换的能力。

1.3 工业机器人的组成

常见的工业机器人主要由本体、驱动系统和控制系统三个基本部分组成。本体即底座和执行机构，包括臂部、腕部和手部，有的机器人还有移动机构、环境感知系统等部件。大多数工业机器人有3～6个自由度，其中腕部通常有1～3个自由度；驱动系统包括动力装置和传动机构，用以驱动末端执行机构产生相应的动作；控制系统按照输入的程序对驱动系统和执行机构发出指令信号，并进行控制。

示教输入型的示教方法有两种：一种是由操作者用手动控制器（示教操纵盒）将指令信号传给驱动系统，使执行机构按要求的动作顺序和运动轨迹操演一遍；另一种是由操作者直接操作执行机构，按要求的动作顺序和运动轨迹操演一遍。在示教过程中，工作程序的信息自动存入程序存储器中，在机器人自动工作时，控制系统从程序存储器中检测出相应信息，将指令信号传给驱动机构，使执行机构再现示教的各种动作。示教输入程序的工业机器人称为示教再现型工业机器人。

具有触觉、力觉或简单视觉的工业机器人能在较为复杂的环境下工作；如具有识别功能或更进一步增加自适应、自学习功能，即成为智能型工业机器人。它能按照人给的“宏指令”自选或自编程序去适应环境，并自动完成更为复杂的工作。工业机器人在工业生产中能代替人做某些单调、频繁和重复的长时间作业，或是危险、恶劣环境下的作业，例如在冲压、压力铸造、热处理、焊接、涂装、塑料制品成形、机械加工和简单装配等工序上，以及在原子能工业等部门中，完成对人体有害物料的搬运或工艺操作。

从组成上来说，工业机器人还可以分为机械结构和控制系统两大部分。

1.3.1 工业机器人的机械结构

机械结构是机器人的基本组成。机械系统通常由一套运动装置和一套操作装置构成。下面介绍常见工业机器人的几何特性。

机器人的机械机构由一系列刚性构件（连杆）通过链接（关节）连接起来，机械手的特征是具有用于保证可移动性的臂（arm）、提供灵活性的腕（wrist）和执行机器人所需完成任务的末端执行器（end effector）。

机械手的基础结构是串联运动链或开式运动链（open kinematic chain）。从拓扑的观点看，当只有一个序列的连杆连接链的两端时，运动链称为开式的。反之，当机械手中有一个序列的连杆形成回路时，相应的运动链称为闭式运动链（closed kinematic chain）。

机械手的运动能力由关节保证。两个相邻连杆的连接可以通过移动关节（prismatic joint，又称棱柱关节）或转动关节（revolute joint，又称旋转关节）实现。在一个开式运动链中，每一个移动关节或转动关节都为机械结构提供一个自由度（degrees of freedom，DOF）。移动关节可以实现两个连杆之间的相对平移，而转动关节可以实现两个连杆之间的相对转动。由于转动关节相较移动关节更为简捷和可靠，通常将其作为首选。另一方面，在一个闭式运动链中，由于闭环带来的约束，自由度要少于关节数。

在机械手上必须合理地沿机械结构配置自由度，以保证系统能够有足够的自由度来完成指定的任务。通常在三维（3D）空间里一项任意定位和定向的任务中需要 6 个自由度，其中 3 个自由度用于实现对目标点的定位，另外 3 个自由度用于实现在参考坐标系中对目标点的定向。如果系统可用的自由度超过任务中变量的个数，则从运动学角度而言，机械手是冗余（redundant）的。

工作空间（workspace）是机械手末端执行器在工作环境中能够到达的区域。其形状和容积取决于机械手的结构以及机械关节的限制。

在机械手中，臂的任务是满足腕的定位需求，进而由腕满足末端执行器的定向需求。从基关节开始，可以按臂的类型和顺序，将机械手分为笛卡儿型（cartesian）、圆柱型（cylindrical）、球型（spherical）、SCARA 型和拟人型（anthropomorphic）等。

笛卡儿机械手的几何构型由三个移动关节实现，其特点是它的三轴相互垂直（图 1.4）。从朴素的观点看，每一个自由度对应于一个笛卡儿空间变量，因此在空间中能够很自然地完成直线运动。笛卡儿结构能提供很好的机械刚性。腕在工作空间中的定位精度处处为常量。其工作空间为长方体（图 1.4）。由于所有的关节都是移动关节，所以该结构虽然精确性高，但是灵活性差。要对目标进行操纵，需要从侧面方向去接近目标。另一方面，如果想要从顶部靠近目标，笛卡儿机械手可以通过如图 1.5 所示的龙门架（gantry）结构实现。这种结构可以给操作空间带来大的容积，而且能够对大体积和大重量的目标进行操作。

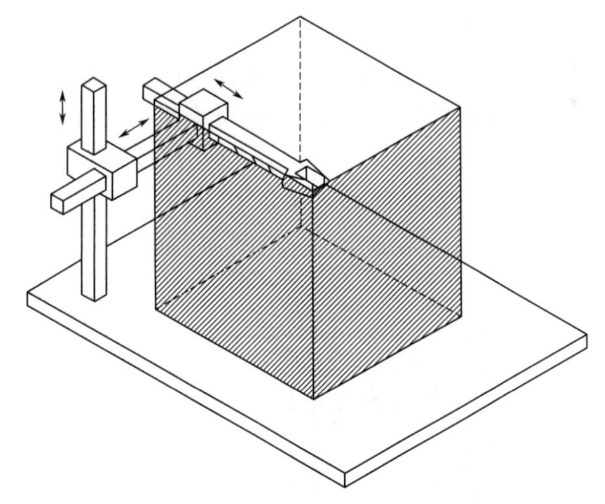

图 1.4　笛卡儿机械手及其工作空间

笛卡儿机械手用于材料抓取和装配。笛卡儿机械手通常采用电动机进行关节驱动，偶尔会用到气动发动机。

圆柱型机械手的几何构型与笛卡儿机械手的区别在于，其第一个移动关节被转动关节替代（图 1.6）。如果工作任务是按圆柱坐标描述，在此情形下每一个自由度仍然对应于一个笛卡儿空间变量。圆柱型结构提供了良好的机械刚度，其腕的定位精度有所降低，而水平方向的动作能力则有所提高。其工作空间是空心圆柱体的一部分（图 1.6）。由于具备水平方向的移动关节，圆柱型机械手的腕部适合向水平方向的孔接近。圆柱型机械手主要用于平稳地运送大型目标，在这种情形下使用液压发动机比使用电动机更合适。

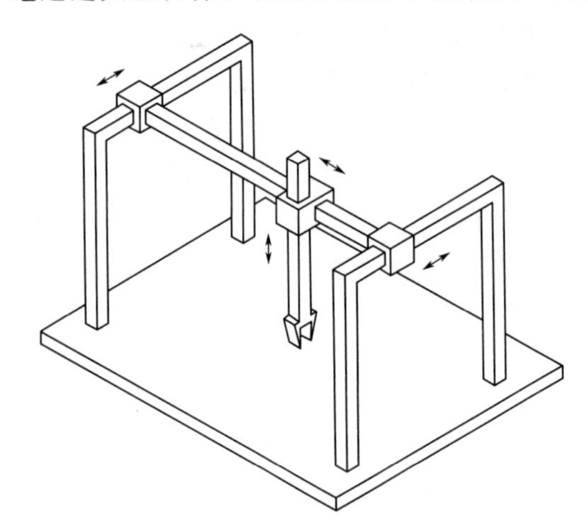

图 1.5　龙门架机械手

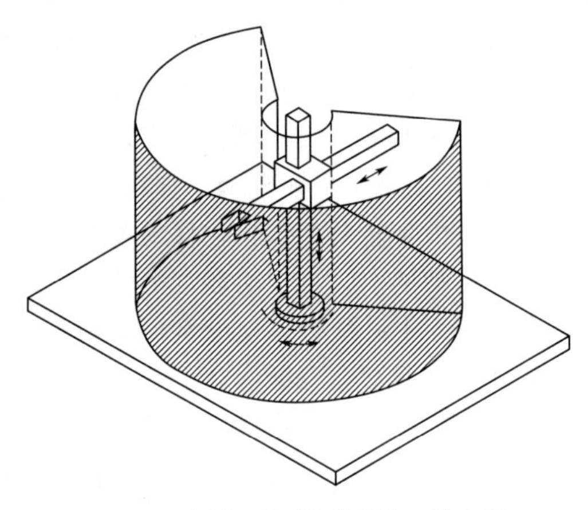

图 1.6　圆柱型机械手及其工作空间

球型机械手的几何构型与圆柱型机械手的不同点在于，其第二个移动关节被转动关节替代（图 1.7）。当工作任务用球坐标系描述时，其每一个自由度对应一个笛卡儿空间变量。

球型机械手的机械刚性比上述两种几何构型要差，但机械结构则更复杂。其径向操作能力较强，但腕的定位精度降低了。其工作空间是中空的球形的一部分（图 1.7）。它也可以加上一个支撑底座，这样就可以操作地面上的目标。球型机械手主要用于机械加工，其关节驱动通常使用电动机。

SCARA 型机械手具有一种特殊的几何构型。在这种几何构型中，两个转动关节和一个移动关节通过特别的布置使得所有的运动轴都是平行的（图 1.8）。SCARA 是 selective compliance assembly robot arm（选择性柔性装配机器人臂）的首字母缩写，它表征这种结构的机械特点在于能够带来垂直方向装载的高度稳定性和水平方向装载的灵活性。因此，

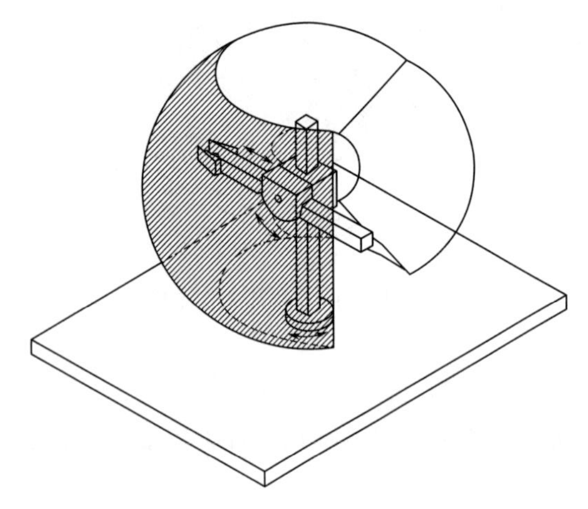

图 1.7　球型机械手及其工作空间

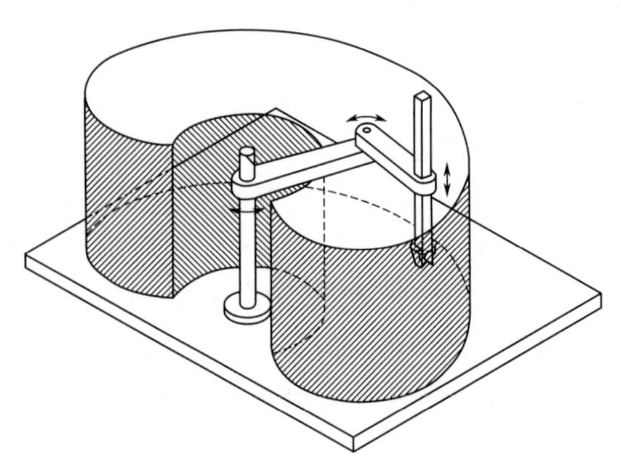

图 1.8　SCARA 型机械手及其工作空间

SCARA结构非常适合于垂直装配任务。为满足工作任务在笛卡儿坐标系垂直方向上任务分量的描述，这种结构保持了与笛卡儿空间中变量和自由度的一致性。由于增加了腕与第一个关节轴之间的距离，因此腕的定位精度有所降低。其典型工作空间如图1.8所示。SCARA型机械手适合操纵较小的目标，关节由电动机驱动。

拟人型机械手的几何构型由三个转动关节实现。其第一个关节的旋转轴与另外两个关节的旋转轴垂直，而另外两个关节的旋转轴是平行的（图1.9）。由于其结构和功能与人类的胳膊相似，相对应地称第二个关节为肩关节，第三个关节由于连接了胳膊和前臂，所以称为肘关节。拟人型机械手的结构是最灵活的一种，因为其所有关节都是转动型的。另一方面，拟人型机械手的自由度与笛卡儿空间变量之间失去了对应性，所以腕的定位精度在工作空间内是变化的。拟人型机械手的工作空间近似于球形空间的一部分（图1.9），相较于机械手的尺寸而言，工作空间的容积较大。其关节通常由电动机驱动。拟人型机械手具有很广阔的工业应用范围。

根据国际机器人联合会（International Federation of Robotics，IFR）的最新报告，截至目前，全世界安装的机器人机械手中，59%为拟人型几何结构，20%为笛卡儿几何结构，12%为圆柱型几何结构，8%为SCARA几何结构，剩余为其他类型的几何结构。

上述机械手都具有开式运动链。当需要较大的有效负载时，机械结构需要获得更高的强度以保证相应的定位精度。在这种情形下就需要借助于闭式运动链。例如，对一个拟人型结构，其肩关节和肘关节之间可以采用平行四边形几何结构，以构成一个闭式运动链（图1.10）。

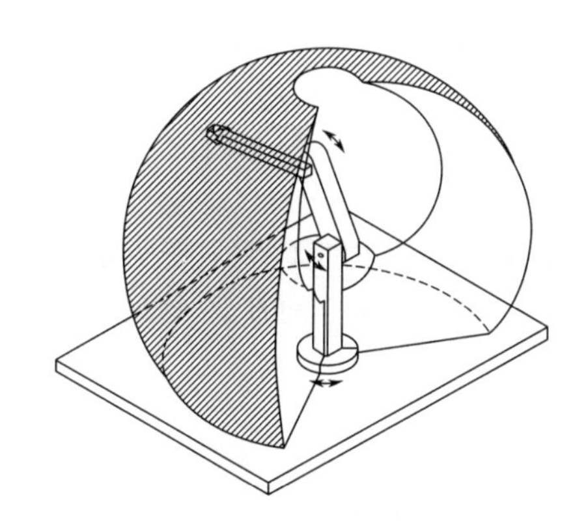

图1.9 拟人型机械手及其工作空间

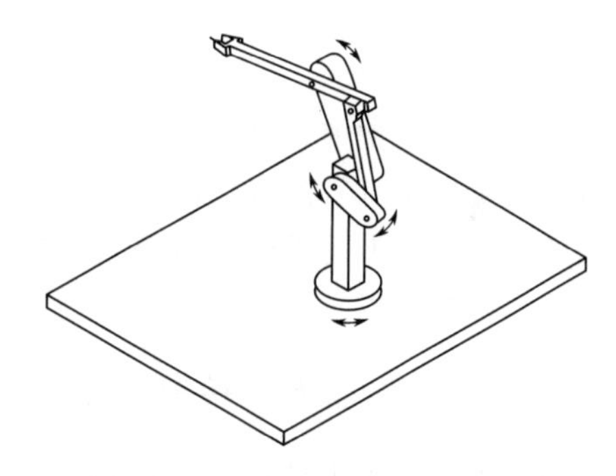

图1.10 平行四边形结构机械手

一种较有意思的闭链结构是并联几何构型（图1.11），这种构型由多个运动链连接基座和末端执行器。相对于开链机械手，这种结构的基本优势在于有很高的结构刚性，因此有可能达到较高的操作速度，不足之处是工作空间被缩减。

如图1.12所示的几何构型是混合型的，因为它由一个并联臂和一个串联运动链构成。这种结构适合于执行在竖直方向上需要很大力量的操纵任务。

上述结构的机械手要能够实现腕的定位，进而要求腕能够实现机械手末端执行器的定向。

如果要求机械手能够在三维空间中任意定向，腕至少需要由转动关节提供3个自由度。由于腕构成了机械手的终端部分，所以其结构必须紧凑，这将增加其机械设计的复杂度。不深究结构上的细节问题，一种赋予腕最高灵活性的方法是通过三个转动轴交于一点来实现。

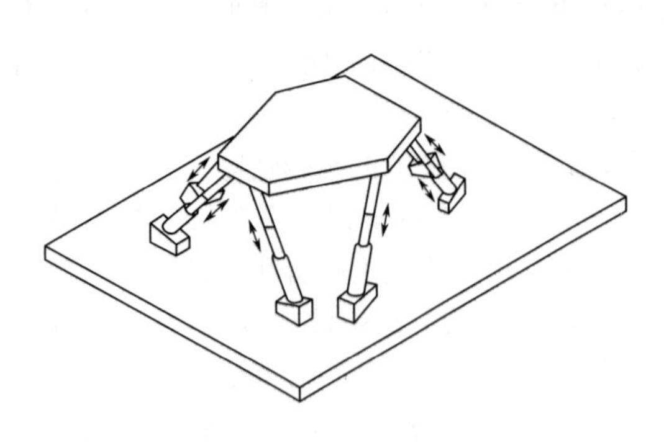

图 1.11 并联机械手

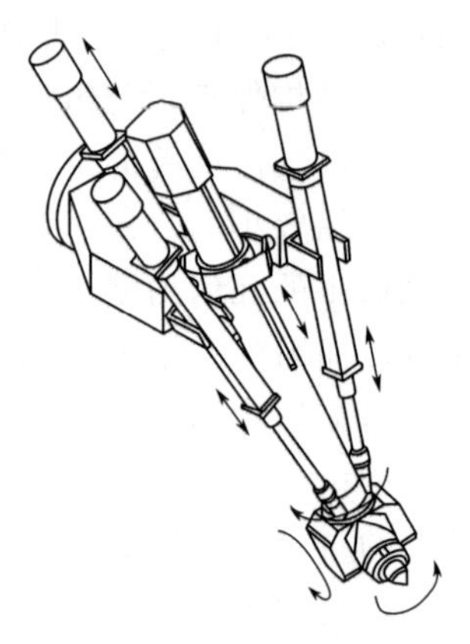

图 1.12 混合型机械手

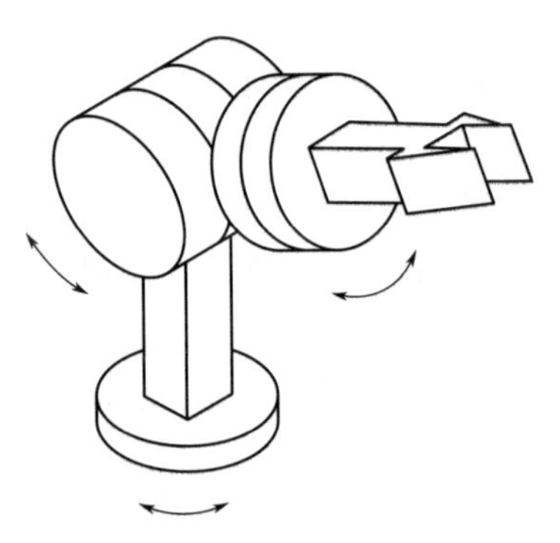

图 1.13 球型腕

这种情形的腕称为球型腕（spherical wrist），如图 1.13 所示。球型腕的关键特征是实现了末端执行器定位和定向之间的解耦，臂完成交叉点前方点的定位任务，而腕确定末端执行器的方向。从机械的角度看，如果不采用球型手腕，实现起来会比较简单些。但这样一来定位和定向是耦合的，这将增加协调臂的动作和腕的动作来完成指定任务的复杂度。

末端执行器需要根据机器人所执行的任务来指定。如果任务是抓取物料，末端执行器就由适合抓取对象形状和尺寸的钳子构成（图 1.13）。如果是用来完成加工和装配任务，则相应的末端执行器就是一个专门的工具或器件，例如喷灯、喷枪、铣刀、钻头或螺丝刀（螺钉旋具）等。

机器人机械手具有的多功能性和灵活性并不意味着其机械结构足以完成所给定的任务。机器人的选择实际上是受限于应用条件的，它带来的约束包括工作空间维数、形状、最大有效负载、定位精度以及机械手的动态性能等。

1.3.2 工业机器人的控制系统

工业机器人实现由控制律指定的运动需要使用执行器和传感器。

控制系统的功能是实现控制律以及与操作人员的接口。生成的轨迹构成了机械结构运动控制系统的参考输入。机器人机械手控制的问题在于寻找由关节执行器提供的力和力矩的时间特性，以保证参考轨迹的执行。这一问题相当复杂，因为机械手是一个连接系统，一个连杆的运动会影响其他连杆的运动。机械手的运动方程毫无疑问地揭示出在关节之间存在耦合动态影响，除非是在各轴两两垂直的笛卡儿结构中。关节的力和力矩的综合不能以动力学模型信息为唯一的基础，因为该模型并未完全描述真实的结构。因此，机械手控制需要闭合反馈回路。通过计算参考输入和本体传感器所提供数据之间的偏差，反馈控制系统能够满足执行规定轨迹的精度要求。

移动机器人与控制机器人机械手的类似问题有着本质区别，原因在于其可用控制输入的数量远少于机器人结构中变量的数量。一个重要的结论是，使机器人沿轨迹运动（跟踪问题）的控制器结构与将机器人带到给定位形（调节问题）的控制器结构是不同的。进一步讲，由于移动机器人的本体传感器不可能输出有关的位形数据，因此有必要研究机器人在环境中的定位方法。

如果机械手的任务要求在机器人和环境之间进行交互，那么控制问题需要参考外部传感器提供的数据——在与环境接触过程中发生的力交换以及照相机检测到的目标位置。

1.4 工业机器人的应用

机器人最适合在那些人类无法工作的环境中工作，它们已在许多行业获得广泛应用。它们可以比人类工作得更好，并且成本低廉。目前工业机器人的应用主要有但不限于以下几类。

装卸机器人为其他机器或者流水线装卸工件。在这项工作中，机器人甚至不对工件做任何操作，而只是完成一系列操作中的工件处理任务。 它还包括码垛、填装弹药、将两物件装到一起的简单装配（例如将药片装入药瓶）、将工件放入烤炉或从烤炉内取出处理过的工件或其他类似的例行操作。

焊接机器人与焊枪及相应配套装置一起将部件焊接在一起，这是机器人在自动化工业中最常见的一种应用。由于机器人的连续运动，可以焊接得非常均匀和准确。通常焊接机器人的体积和功率均比较大。

喷涂是另一种常见的机器人应用，尤其是在汽车工业。由于人工喷涂时要保持通风和清洁，因此创造适合人们工作的环境是十分困难的，而且与人工操作相比，机器人更能持续不断地工作，因此喷涂机器人非常适合喷涂工作。

检测零部件、线路板及其他类似产品也是机器人比较常见的应用。一般来说，检测系统中还集成了一些其他设备，如视觉系统、X射线装置、超声波探测仪或其他类似仪器。例如，检测机器人配有一台超声波裂缝探测仪，并提供有飞机机身和机翼的计算机辅助设计（CAD）数据，用这些来检查机身轮廓的每个连接处、焊点或铆接点。在类似的另外一种应用中，机器人用来搜寻并找出每个铆钉的位置，对它们进行检查并在有裂纹的铆钉处做上记号，然后将它钻取出来，最后由技术人员安装新的铆钉。机器人还广泛用于电路板和芯片的检测，在大多数这样的应用中，元件的识别、元件的特性（例如电路板的电路图和元件铭牌等）等信息都存储在系统的数据库内，该系统利用检测到的信息与数据库中存储的元件信息进行比较，并根据检测结果来决定接受还是拒绝该元件。

装配是机器人所有任务中最难的一种操作，通常将元件装配成产品需要很多操作。例如，首先必须定位和识别元件，再以特定的顺序将元件移动到规定的位置（在元件安装点附近可能还会有许多障碍），然后将元件固定在一起进行装配。许多固定和装配任务也非常复杂，需要推压、旋拧、弯折、扭动、压挤等许多操作才能将元件连接在一起。元件的微小变化以及由于较大的容许误差所导致的元件直径的变化均可使装配过程复杂化，所以机器人必须知道合格元件与残次元件之间的区别。

制造机器人可以进行许多不同的操作，例如材料去除、钻扎、除毛刺、涂胶、切削等。同时也包括插入零部件，如将电子元件插入电路板、将电路板安装到盒式磁带录像机的电子设备上及其他类似操作。接插机器人在电子工业中的应用非常普遍。

医疗机器人的应用现在也越来越常见。例如，Curexo 技术公司的 Robodoc 就是为协助外科医生完成全关节移植手术而设计的机器人。由于机器人完成的许多操作（如切开颅骨、在骨体上钻孔、精确铰孔及安装人造植入关节等）比人操作更为准确，因此手术中许多机械操作部分都由机器人来完成。此外，骨头的形状和位置可由计算机 X 射线轴向分层造影扫描仪确定并下载给机器人控制器，控制器用这些来指导机器人的动作，使植入物得以放到最合适的位置。其他的外科手术机器人，如 Mako Surgical 公司的机器人系统和 Intuitive Surgical 公司的 daVinci 系统在包括整形外科和内部的手术等多种外科手术中使用。比如 daVinci 有四个手臂，三个可以控制工具，另一个可以拿着显示手术区域的三维图像放大镜，使监视器后面的外科医生更清楚地观察。外科医生可以通过触觉感知系统直接控制甚至远程控制机器人。

危险环境应用机器人非常适合在危险的环境中使用。在这些险恶的环境下工作，人类必须采取严密的保护措施。而机器人可以进入或穿过这些危险区域进行维护和探测等工作，却无须得到像对人一样的保护。例如，在一个具有放射性的环境中工作，机器人比人要容易得多。1993 年，名为 Dante 的多足机器人到达了南极洲常年喷发的埃里伯斯火山熔岩湖，并对那里的气体进行了研究。

水下、太空及难以进入的区域也可以用机器人进行服务或探测。目前为止，将人送往火星等其他星球仍然是不现实的，但已有许多太空漫游车在火星登陆并对火星进行探测。对于太空和水下应用也是同样的情况。例如，由于没有人能进入很深的海底，因此很难探测到深海的沉船。但是现在已有许多坠机、沉船和潜艇被水下机器人发现了。

第2章 工业机器人运动学基础

本章将介绍手臂型机器人，即机械手运动时的基本原理。首先说明机械手的结构及处理其运动时所需的物理参数；其次随同坐标变换说明手爪位置和关节变量的关系（运动学）、手指速度和关节速度的关系、雅可比矩阵的表示方法，并说明雅可比矩阵表示的手爪力和关节驱动力的关系（静力学）；最后说明利用关节驱动力表示机械手运动的运动方程式（动力学）和表示回转运动特性的惯性矩。

2.1 机械手运动的表示方法

2.1.1 机械手的结构

手臂型机器人通常称为机械手（manipulator）或机器人手臂（robot arm)。机械手这一名称来自“进行操作（manipulation）的装置”。图 2.1 为机械手的概念图。

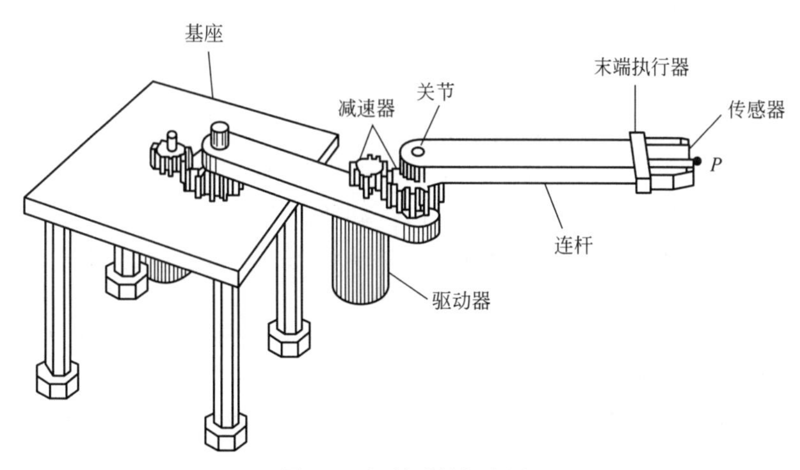

图 2.1　机械手的概念图

典型的机械手如图 2.1 所表示的那样，是多个连杆（link）通过关节（joint）结合起来的结构。根部关节被固定在基座（base）上，前端装有适应作业的末端执行器（end effector)。作业对象物（object 或 work）的抓取则使用作业所需的手爪（gripper）或手(hand)，有时也装有传感器（sensor)。使关节动作的电动机（motor）等一般称为驱动器(actuator)，生成的力通过减速器（speed reducer）增力后传递到关节上。

图 2.1 的机械手具有两个关节，所以称为 2 自由度机械手。这里所说的自由度是表示机

构运动时独立的位置变量数，通常与机械手的关节数相同。

2.1.2 机械手的机构和运动学

进行机械手的机构设计和控制时，在正确定义机械手的机构后，需要恰当地表现机构的运动。

图 2.2 表示的是图 2.1 中的 2 自由度机械手的连杆机构。由于机械手的运动主要由连杆机构决定，所以大多数场合是把驱动器及减速器去掉后进行分析。驱动器可根据需要重新加上去。

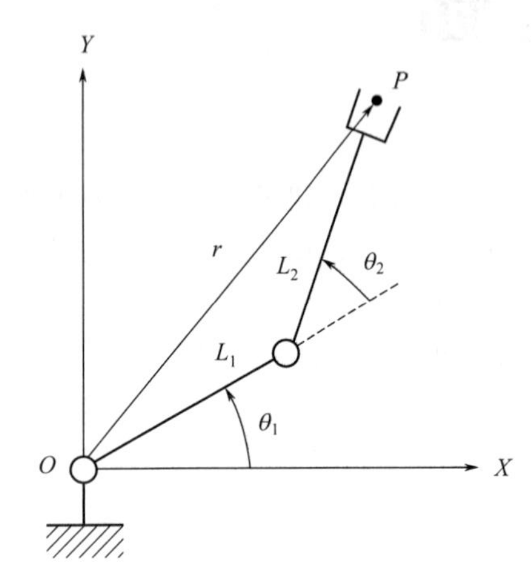

图 2.2 2 自由度机械手的连杆机构

图 2.2 中的连杆机构是带有垂直纸面回转关节的关节结构，通过确定连杆长度 L_1、L_2 以及关节角 θ_1、θ_2，可以定义连杆机构。在这个例子中采用了回转关节（revolute joint），但有的场合也可采用进行直线动作的棱柱型关节（prismatic joint）。表示关节位置的变量一般称为关节变量（joint variable）。

在处理机械手的运动时，若把作业看作是主要依靠手爪来实现的，则应考虑手爪的位置（图中点 P 的位置）。在 2.2 节所讲述的一般场合中，手爪姿势也表示手爪位置。从几何学的观点来处理这个手爪位置与关节变量的关系称为运动学（kinematics）。即若有一个构型已知的机器人，所有的连杆长度和关节角度都是已知的，那么求取机器人末端的位姿就是机器人的正运动学分析。

下面我们引入向量 $\boldsymbol{r}$（手爪位置）和 $\boldsymbol{\theta}$（关节变量）表示末端执行器 P 点的位姿，以此介绍图 2.2 所示的 2 自由度关节机械手的运动学。

$$\boldsymbol{r}=\begin{Bmatrix}x\\y\end{Bmatrix},\boldsymbol{\theta}=\begin{Bmatrix}\theta_1\\\theta_2\end{Bmatrix}$$

手爪位置的各分量，按几何学可表示为

$$x=L_1\cos\theta_1+L_2\cos(\theta_1+\theta_2) \tag{2.1}$$

$$y=L_1\sin\theta_1+L_2\sin(\theta_1+\theta_2) \tag{2.2}$$

这个关系式用向量表示，一般可表示为

$$\boldsymbol{r}=f(\boldsymbol{\theta}) \tag{2.3}$$

式中，f 表示向量函数。这样，从关节变量求手爪位置称为正运动学（direct kinematics）。式(2.3) 称为运动学方程式。

反之，从给定的手爪位置求关节变量称为逆运动学（inverse kinematics）。由图 2.3 的分析可得到下面的公式。

$$\theta_2=\pi-\alpha \tag{2.4}$$

$$\theta_1=\arctan\frac{y}{x}-\arctan\frac{L_2\sin\theta_2}{L_1+L_2\cos\theta_2} \tag{2.5}$$

式中

$$\alpha=\arccos\frac{-(x^2+y^2)+L_1^2+L_2^2}{2L_1L_2} \tag{2.6}$$

式(2.4) ～式(2.6) 若用与式(2.3) 同样的向量表示法表示，则可表示为

$$\boldsymbol{\theta}=f^{-1}(\boldsymbol{r}) \tag{2.7}$$

但正如图中所表示的那样，$\alpha=-\alpha$ 也是上述方程的解。这时 θ_1 和 θ_2 变成另外的值。即逆运动学的解不是唯一的，式(2.7) 的表示方法就意味着有时有多个解。

上述的正运动学和逆运动学统称为运动学。把式(2.3) 的两边微分即可得到手爪速度和关节速度的关系，若进一步微分将得到加速度之间的关系，处理这些关系也是运动学分析需要解决的问题。

机械手的运行要使手爪位置 $\boldsymbol{r}$ 依据工作内容做适当的调整，但驱动器直接驱动的是关节变量 $\boldsymbol{\theta}$。因此，利用式(2.7) 的逆运动学求出实现期望手爪位置 $\boldsymbol{r}$ 的关节变量$\boldsymbol{\theta}$，再利用控制学方面的知识可以实现这样的功能。

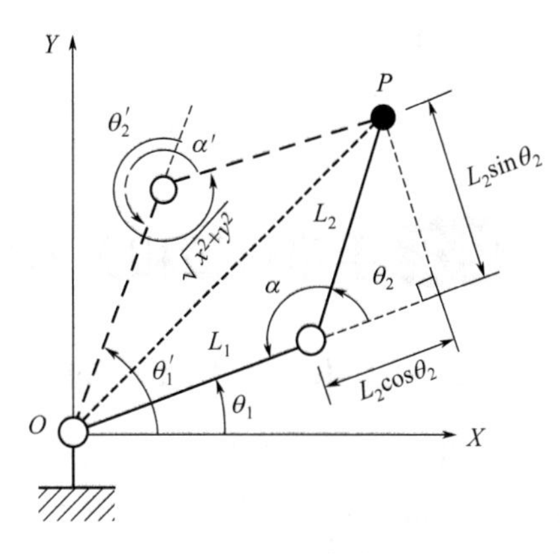

图 2.3　2 自由度机械手的逆运动学

2.1.3　运动学、静力学、动力学的关系

如图 2.4 所示，在机械手的手爪接触环境时，手爪力 $\boldsymbol{F}$ 和关节驱动力 $\boldsymbol{\tau}$ 的关系起重要作用。在静止状态下处理这种关系称为静力学（statics）。

在考虑控制时，重要的是在机器人的动作中，关节驱动力 $\boldsymbol{\tau}$ 会产生怎样的关节位置 $\boldsymbol{\theta}$、关节速度 $\dot{\boldsymbol{\theta}}$、关节加速度 $\ddot{\boldsymbol{\theta}}$。在运动过程中处理这种关系称为动力学（dynamics）。对于动力学来说，除了与连杆长度 L_1 有关之外，如图 2.5 所示，还与各连杆的质量 m、绕质量中心的惯性矩 I_{C1}（将在 2.5 节详述）、连杆的质量中心与关节轴的距离 L_{C1} 有关。

静力学、动力学以及运动学中各变量的关系如图 2.6 所示。图中用虚线表示的关系可通

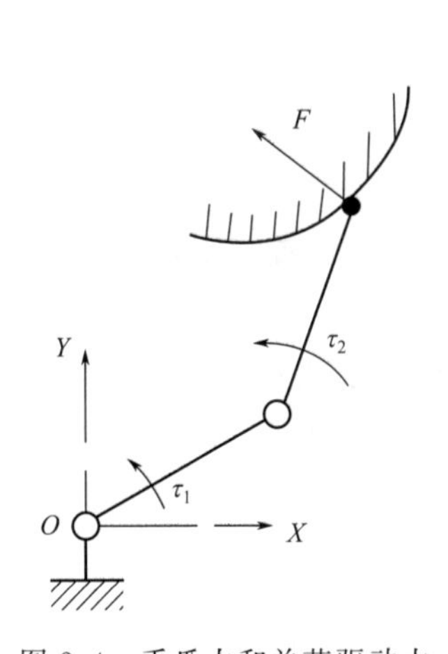

图 2.4　手爪力和关节驱动力

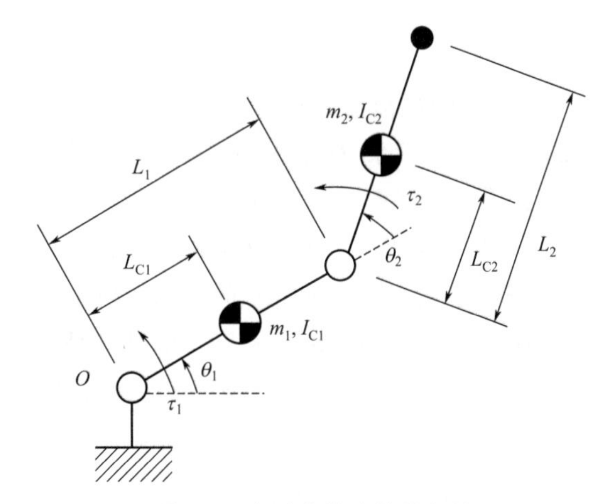

图 2.5　与动力学有关的各量

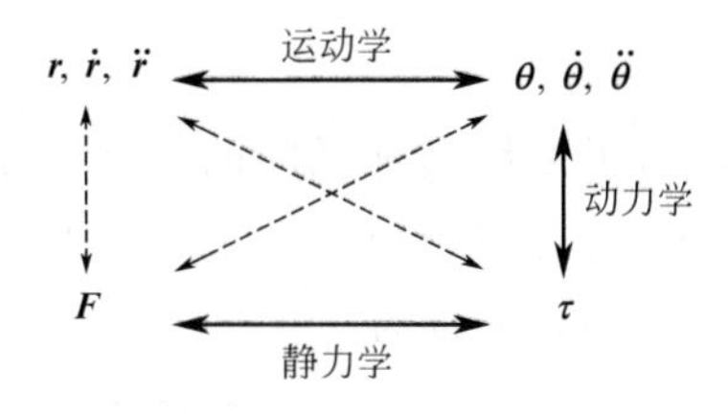

图 2.6　运动学、静力学、动力学的关系

过实线关系的组合来表示，这些也可作为动力学的问题来处理。

2.2节以后将就上述的运动学、静力学以及动力学进行说明。

2.2 手爪位置和关节变量的关系

2.2.1 手爪位置和姿态的表示方法

要想正确表示机械手的手爪位置和姿态，就要像图2.7那样应分别定义固定机器人的基准坐标系和手爪坐标系，这样就可以描述它们之间的位置和姿态的关系。这里我们来说明这种方法。

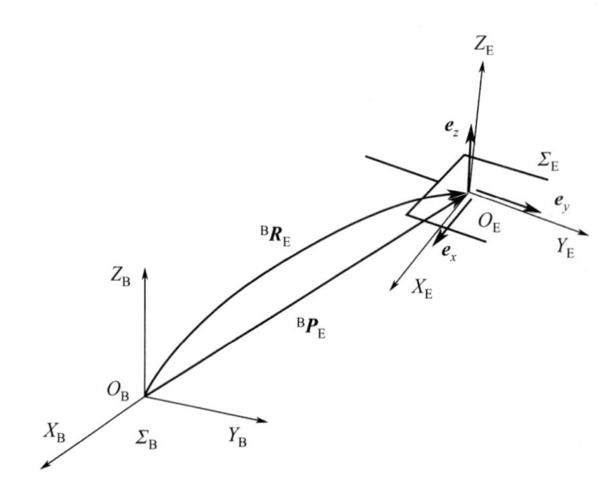

图2.7 基准坐标系和手爪坐标系

图2.7中的坐标系分别为

Σ_B：基准坐标系（O_B-$X_BY_BZ_B$，固定在基座上）；

Σ_E：手爪坐标系（O_E-$X_EY_EZ_E$，固定在手爪上），则手爪的位置和姿态可分别表示为

${}^B\boldsymbol{P}_E \in \boldsymbol{R}^{3\times1}$：由$O_B$指向$O_E$的位置向量。

${}^B\boldsymbol{R}_E \in \boldsymbol{R}^{3\times3}$：从$\Sigma_B$向$\Sigma_E$的姿态变换矩阵。这里左上标表示描述的坐标，$\boldsymbol{M} \in \boldsymbol{R}^{i\times j}$表示矩阵$\boldsymbol{M}$是$i$行$j$列的矩阵（$j=1$的特殊情况表示列向量）。而${}^B\boldsymbol{R}_E$若用在$\Sigma_B$描述的$\Sigma_E$各轴方向的单位向量${}^B\boldsymbol{e}_x$，${}^B\boldsymbol{e}_y$，${}^B\boldsymbol{e}_z$表示，则可表示为

$${}^B\boldsymbol{R}_E = [{}^B\boldsymbol{e}_x, {}^B\boldsymbol{e}_y, {}^B\boldsymbol{e}_z] \tag{2.8}$$

式(2.8)的推导将在下面给出。

2.2.2 姿态变换矩阵

这里只以姿态变换为对象，考虑2维坐标系间的位置向量变换。图2.8表示出了点P的位置向量$\boldsymbol{P}$和具有同一原点的坐标系Σ_A（O_A-X_AY_A）和Σ_B（O_B-X_BY_B）。假定用两个坐标系表示$\boldsymbol{P}$的分量，则如图2.8所示，分别为

$${}^A\boldsymbol{P} = \begin{bmatrix} {}^A\boldsymbol{P}_x \\ {}^A\boldsymbol{P}_y \end{bmatrix}, {}^B\boldsymbol{P} = \begin{bmatrix} {}^B\boldsymbol{P}_x \\ {}^B\boldsymbol{P}_y \end{bmatrix}$$

于是从$^{A}\boldsymbol{P}$向$^{B}\boldsymbol{P}$的变换就很清楚了。

现假定已知$^{A}\boldsymbol{e}_x$和$^{A}\boldsymbol{e}_y$，则通过向量内积的分析可得到如下关系式

$$^{B}\boldsymbol{P}_x={}^{A}\boldsymbol{e}_x^{T}\,{}^{A}\boldsymbol{P} \tag{2.9}$$

$$^{B}\boldsymbol{P}_y={}^{A}\boldsymbol{e}_y^{T}\,{}^{A}\boldsymbol{P} \tag{2.10}$$

这里右上标 T 表示转置。式(2.9) 与式(2.10) 可合并为下式

$$^{B}\boldsymbol{P}={}^{B}\boldsymbol{R}_{A}\,{}^{A}\boldsymbol{P} \tag{2.11}$$

式中

$$^{B}\boldsymbol{R}_{A}=\begin{bmatrix}{}^{A}\boldsymbol{e}_x^{T}\\{}^{A}\boldsymbol{e}_y^{T}\end{bmatrix} \tag{2.12}$$

图 2.8 两个坐标系和位置向量的分量

$^{B}\boldsymbol{R}_{A}$是从Σ_A向Σ_B进行位置向量姿态变换的矩阵，称为**姿态变换矩阵**（或**回转矩阵**）。

姿态变换矩阵可以表示为下面的正交矩阵（具有$M^{-1}=M^{T}$性质的矩阵）。首先，依据$\boldsymbol{e}_x$、$\boldsymbol{e}_y$的性质可知

$$^{B}\boldsymbol{R}_{A}({}^{B}\boldsymbol{R}_{A}^{T})=\begin{bmatrix}{}^{A}\boldsymbol{e}_x^{T}\\{}^{A}\boldsymbol{e}_y^{T}\end{bmatrix}\begin{bmatrix}{}^{A}\boldsymbol{e}_x & {}^{A}\boldsymbol{e}_y\end{bmatrix}=\begin{bmatrix}{}^{A}\boldsymbol{e}_x^{T}\,{}^{A}\boldsymbol{e}_x & {}^{A}\boldsymbol{e}_x^{T}\,{}^{A}\boldsymbol{e}_y\\{}^{A}\boldsymbol{e}_y^{T}\,{}^{A}\boldsymbol{e}_x & {}^{A}\boldsymbol{e}_y^{T}\,{}^{A}\boldsymbol{e}_y\end{bmatrix}$$

$$=\begin{bmatrix}1 & 0\\0 & 1\end{bmatrix}\text{（单位矩阵）}$$

所以下式成立。

$$({}^{B}\boldsymbol{R}_{A})^{-1}=({}^{B}\boldsymbol{R}_{A})^{T} \tag{2.13}$$

因而由式(2.11) 与式(2.13) 可得

$$^{A}\boldsymbol{P}=({}^{B}\boldsymbol{R}_{A})^{-1}\,{}^{B}\boldsymbol{P}=({}^{B}\boldsymbol{R}_{A})^{T}\,{}^{B}\boldsymbol{P} \tag{2.14}$$

如把位置向量由Σ_B向Σ_A变换的姿态变换矩阵$^{A}\boldsymbol{R}_{B}$定义为

$$^{A}\boldsymbol{P}={}^{A}\boldsymbol{R}_{B}\,{}^{B}\boldsymbol{P} \tag{2.15}$$

则由式(2.15) 和式(2.14) 以及式(2.12) 可得

$$^{A}\boldsymbol{R}_{B}=({}^{B}\boldsymbol{R}_{A})^{T}=[{}^{A}\boldsymbol{e}_x\;{}^{A}\boldsymbol{e}_y] \tag{2.16}$$

即使以三维空间作为对象时，也很容易证明上述的讨论是成立的。因此，可以看出式(2.8) 的$^{B}\boldsymbol{R}_{E}$是位置向量由Σ_E向Σ_B变换的姿态变换矩阵。

2.2.3 齐次变换

依据前面的分析结果，这里我们来讨论把$^{E}\boldsymbol{P}_{P}$变成$^{B}\boldsymbol{P}_{P}$的变换（图 2.9）。

这个变换意味着固定在基座上的基准坐标系表示从机器人手爪看到的点 P 的位置。这种情况，由于向量的起点不同，姿态和位置都要进行变换。

两个坐标系的位置和姿态的关系在用$^{B}\boldsymbol{P}_{E}$和$^{B}\boldsymbol{R}_{E}$（$^{B}\boldsymbol{R}_{E}=[{}^{B}\boldsymbol{e}_x\,{}^{B}\boldsymbol{e}_y]$）给出时，下面的关系式成立

$$^{B}\boldsymbol{P}_{P}={}^{B}\boldsymbol{R}_{E}\,{}^{E}\boldsymbol{P}_{P}+{}^{B}\boldsymbol{P}_{E} \tag{2.17}$$

式(2.17)的关系也可用下式表示为

$$\begin{bmatrix} {}^{B}\boldsymbol{P}_{P} \\ 1 \end{bmatrix} = {}^{B}\boldsymbol{T}_{E} \begin{bmatrix} {}^{E}\boldsymbol{P}_{P} \\ 1 \end{bmatrix} \tag{2.18}$$

式中

$${}^{B}\boldsymbol{T}_{E} = \begin{bmatrix} {}^{B}\boldsymbol{R}_{E} & {}^{B}\boldsymbol{P}_{E} \\ \boldsymbol{0}^{T} & 1 \end{bmatrix} \in \boldsymbol{R}^{3\times 3} \tag{2.19}$$

$\boldsymbol{0}\in\boldsymbol{R}^{2\times 1}$是分量都是0的零向量。式(2.18)的变换称为齐次变换。式(2.19)的矩阵称为齐次变换矩阵。这个齐次变换的优点是只乘以${}^{B}\boldsymbol{T}_{E}$就能进行位置和姿态的变换。把三维空间的变换作为研究对象的一般场合也可用同样的形式表示，但由于姿态变换矩阵为3行3列，位置向量为3行1列，所以这种场合的齐次变换矩阵为4行4列。

2.1节中提到的2自由度机械手的齐次变换矩阵可用图2.10来求。首先，如图2.10表示的那样定义每个连杆的坐标系，于是相邻坐标系间的关系可用齐次变换矩阵表示成下列公式

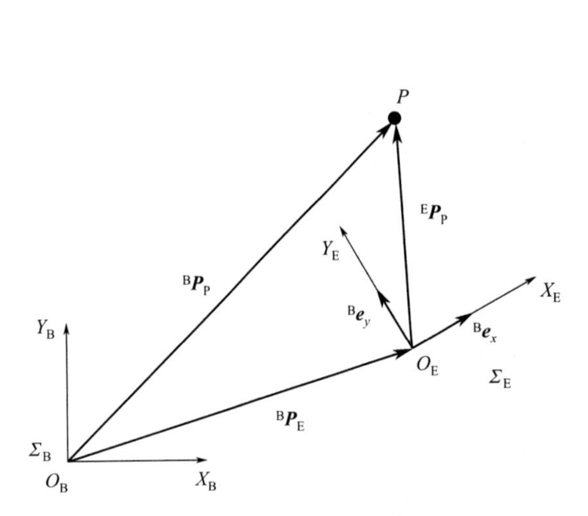

图2.9 位置和姿态的变换

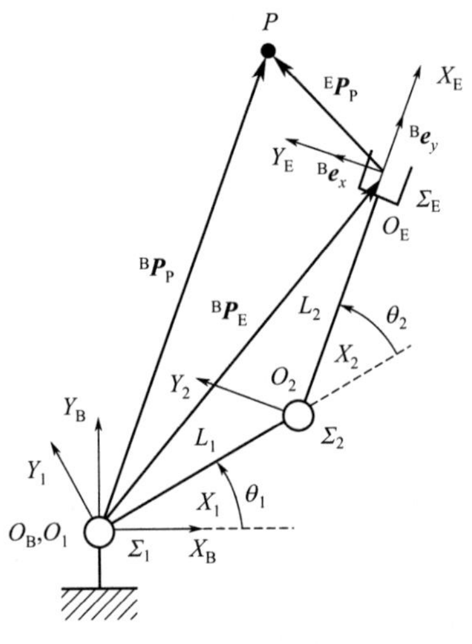

图2.10 齐次变换矩阵的计算

$$\begin{bmatrix} {}^{B}\boldsymbol{P}_{P} \\ 1 \end{bmatrix} = {}^{B}\boldsymbol{T}_{E} \begin{bmatrix} {}^{E}\boldsymbol{P}_{P} \\ 1 \end{bmatrix}, {}^{B}\boldsymbol{T}_{E} = \begin{bmatrix} {}^{B}\boldsymbol{R}_{E} & {}^{B}\boldsymbol{P}_{E} \\ \boldsymbol{0}^{T} & 1 \end{bmatrix} \tag{2.20}$$

$$\begin{bmatrix} {}^{B}\boldsymbol{P}_{P} \\ 1 \end{bmatrix} = {}^{B}\boldsymbol{T}_{1} \begin{bmatrix} {}^{1}\boldsymbol{P}_{P} \\ 1 \end{bmatrix}, {}^{B}\boldsymbol{T}_{1} = \begin{bmatrix} {}^{B}\boldsymbol{R}_{1} & {}^{B}\boldsymbol{P}_{1} \\ \boldsymbol{0}^{T} & 1 \end{bmatrix} \tag{2.21}$$

$$\begin{bmatrix} {}^{1}\boldsymbol{P}_{P} \\ 1 \end{bmatrix} = {}^{1}\boldsymbol{T}_{2} \begin{bmatrix} {}^{2}\boldsymbol{P}_{P} \\ 1 \end{bmatrix}, {}^{1}\boldsymbol{T}_{2} = \begin{bmatrix} {}^{1}\boldsymbol{R}_{2} & {}^{1}\boldsymbol{P}_{2} \\ \boldsymbol{0}^{T} & 1 \end{bmatrix} \tag{2.22}$$

$$\begin{bmatrix} {}^{2}\boldsymbol{P}_{P} \\ 1 \end{bmatrix} = {}^{2}\boldsymbol{T}_{E} \begin{bmatrix} {}^{1}\boldsymbol{P}_{P} \\ 1 \end{bmatrix}, {}^{2}\boldsymbol{T}_{E} = \begin{bmatrix} {}^{2}\boldsymbol{R}_{E} & {}^{2}\boldsymbol{P}_{E} \\ \boldsymbol{0}^{T} & 1 \end{bmatrix} \tag{2.23}$$

这时，由式(2.20)～式(2.23)可得到

$${}^{B}\boldsymbol{T}_{E} = {}^{B}\boldsymbol{T}_{1}\,{}^{1}\boldsymbol{T}_{2}\,{}^{2}\boldsymbol{T}_{E} \tag{2.24}$$

式(2.24)的左边表示手爪位置和姿态，右边表示关节变量，所以式(2.24)表示机械手的正运动学。因此，除式(2.3)外，式(2.24)也称为运动学方程式。

利用式(2.24)的步骤为：

① 在侧重关节结构下定义连杆坐标系 Σ_1、Σ_2。然后用连杆长 L_i 和关节变量 θ_i，求每两个相邻坐标系的位置和姿态的关系。

② 求每两个相邻坐标系的齐次变换矩阵。

③ 用式(2.24) 求 ${}^{B}\boldsymbol{T}_E$。

在步骤①里，假如连杆间的位置和姿态，用图 2.10 所表示的那样来定义 Σ_1、Σ_2，则得

$$ {}^{B}\boldsymbol{P}_1=\begin{bmatrix}0\\0\end{bmatrix},{}^{B}\boldsymbol{R}_1=\begin{bmatrix}C_1 & -S_1\\ S_1 & C_1\end{bmatrix} \tag{2.25}$$

$$ {}^{1}\boldsymbol{P}_2=\begin{bmatrix}L_1\\0\end{bmatrix}\quad {}^{1}\boldsymbol{R}_2=\begin{bmatrix}C_2 & -S_2\\ S_2 & C_2\end{bmatrix} \tag{2.26}$$

$$ {}^{2}\boldsymbol{P}_E=\begin{bmatrix}L_2\\0\end{bmatrix}\quad {}^{2}\boldsymbol{R}_E=\begin{bmatrix}1 & 0\\ 0 & 1\end{bmatrix} \tag{2.27}$$

式中，C_1、S_1 分别表示 $\cos\theta_1$、$\sin\theta_1$。

在步骤②里，求取连杆间的齐次变换矩阵时，把式(2.25) ～式(2.27) 代入式(2.21)～式(2.23)，可得

$$ {}^{B}\boldsymbol{T}_1=\begin{bmatrix}C_1 & -S_1 & 0\\ S_1 & C_1 & 0\\ 0 & 0 & 1\end{bmatrix} \tag{2.28}$$

$$ {}^{1}\boldsymbol{T}_2=\begin{bmatrix}C_2 & -S_2 & L_1\\ S_2 & C_2 & 0\\ 0 & 0 & 1\end{bmatrix} \tag{2.29}$$

$$ {}^{2}\boldsymbol{T}_E=\begin{bmatrix}1 & 0 & L_2\\ 0 & 1 & 0\\ 0 & 0 & 1\end{bmatrix} \tag{2.30}$$

求步骤③中的 ${}^{B}\boldsymbol{T}_E$ 时，把式(2.28) ～式(2.30) 代入式(2.24) 可得到

$$\begin{aligned} {}^{B}\boldsymbol{T}_E &=\begin{bmatrix}C_1 & -S_1 & 0\\ S_1 & C_1 & 0\\ 0 & 0 & 1\end{bmatrix}\begin{bmatrix}C_2 & -S_2 & L_1\\ S_2 & C_2 & 0\\ 0 & 0 & 1\end{bmatrix}\begin{bmatrix}1 & 0 & L_2\\ 0 & 1 & 0\\ 0 & 0 & 1\end{bmatrix}\\ &=\begin{bmatrix}C_1C_2-S_1S_2 & -C_1S_2-S_1C_2 & L_2(C_1C_2-S_1S_2)+L_1C_1\\ S_1C_2+C_1S_2 & -S_1S_2+C_1C_2 & L_2(S_1C_2+C_1S_2)+L_1S_1\\ 0 & 0 & 1\end{bmatrix}\\ &=\begin{bmatrix}C_{12} & -S_{12} & L_1C_1+L_2C_{12}\\ S_{12} & C_{12} & L_1S_1+L_2S_{12}\\ 0 & 0 & 1\end{bmatrix} \end{aligned} \tag{2.31}$$

式中，$C_{12}=\cos(\theta_1+\theta_2)$，$S_{12}=\sin(\theta_1+\theta_2)$。

式(2.31) 的正确性可由式(2.31) 中的 ${}^{B}\boldsymbol{P}_E$ 的分量与式(2.1)、式(2.2) 一致，以及 ${}^{B}\boldsymbol{R}_E$ 的分量与使用图中的手爪姿态 $\theta(\theta=\theta_1+\theta_2)$ 直接求得的结果相一致得到确认。

上述的步骤与一般的机械手进行的步骤相同，但通常在步骤①中，除了连杆长和关节角

之外，还用连杆间的关节轴方向的距离以及关节轴之间的扭转角等四个连杆参数来表示邻近连杆坐标系之间的关系。表示这个关系的方法称为 DH 法（Denavit-Hartenberg notation）。详细叙述参看参考文献［1］等有关资料。

2.3 雅可比矩阵

2.3.1 雅可比矩阵的定义

考虑机械手的手爪位置 $\boldsymbol{r}$ 和关节变量 $\boldsymbol{\theta}$ 的关系用正运动学方程

$$\boldsymbol{r}=f(\boldsymbol{\theta})$$

表示的情况。假定这里考虑的是

$$\boldsymbol{r}=[r_1 \quad r_2,\cdots,r_m]^{\mathrm{T}}\in \boldsymbol{R}^{m\times 1}$$

$$\boldsymbol{\theta}=[\theta_1 \quad \theta_2,\cdots,\theta_n]^{\mathrm{T}}\in \boldsymbol{R}^{n\times 1}$$

的一般情况，并设手爪位置包含表示姿态的变量以及关节变量由回转角和平移组合而成的情况。若式(2.3) 用每个分量表示，则变为

$$\boldsymbol{r}_j=f_j(\theta_1,\theta_2,\cdots,\theta_n) \quad (j=1,2,\cdots,m) \tag{2.32}$$

在 $n>m$ 的情况下，将变成手爪位置的关节变量有无限个解的冗余机器人。而工业上常用的多关节机器人手臂通常用于作业的手爪应有 3 个位置变量和 3 个姿态变量，总计 6 个变量。而且由于不采用冗余机器人结构，所以 $n=m=6$。

将式(2.3) 的两边对时间 t 微分，可得到下式

$$\dot{\boldsymbol{r}}=\boldsymbol{J}\dot{\boldsymbol{\theta}} \tag{2.33}$$

$$\boldsymbol{J}=\frac{\partial f(\boldsymbol{\theta})}{\partial \boldsymbol{\theta}^{\mathrm{T}}}=\begin{bmatrix} \dfrac{\partial f_1}{\partial \theta_1} & \cdots & \dfrac{\partial f_1}{\partial \theta_n} \\ \vdots & & \vdots \\ \dfrac{\partial f_m}{\partial \theta_1} & \cdots & \dfrac{\partial f_m}{\partial \theta_n} \end{bmatrix}\in \boldsymbol{R}^{m\times n} \tag{2.34}$$

式中，变量上的“·”表示对时间的微分。式(2.33) 表示手爪速度 $\dot{\boldsymbol{r}}$ 与关节速度 $\dot{\boldsymbol{\theta}}$ 的关系，式(2.34) 的 $\boldsymbol{J}$ 称为雅可比矩阵（Jacobian matrix）。

若在式(2.33) 的两边乘以微小时间 dt，可得到

$$\mathrm{d}\boldsymbol{r}=\boldsymbol{J}\,\mathrm{d}\theta \tag{2.35}$$

该式是用雅可比矩阵表示微小位移间关系的关系式。

例 2.1 试求图 2.2 所示的 2 自由度机械手的雅可比矩阵。

解 用下面的步骤求解：

① 推导出式(2.3) 的运动学方程式。

② 依据式(2.34) 的定义推导出雅可比矩阵。

在①中，可用 2.1 节推导出的公式

$$x=L_1C_1+L_2C_{12} \tag{2.36}$$

$$y=L_1S_1+L_2S_{12} \tag{2.37}$$

式中，$C_1=\cos\theta_1$；$S_1=\sin\theta_1$；$C_{12}=\cos(\theta_1+\theta_2)$；$S_{12}=\sin(\theta_1+\theta_2)$。

在②中，首先用式(2.36) 和式(2.37) 得到

$$\frac{\partial x}{\partial \theta_1}=-L_1S_1-L_2S_{12},\frac{\partial x}{\partial \theta_2}=-L_2S_{12} \tag{2.38}$$

$$\frac{\partial y}{\partial \theta_1}=L_1C_1+L_2C_{12},\frac{\partial y}{\partial \theta_2}=L_2C_{12} \tag{2.39}$$

然后把式(2.38)、式(2.39) 代入式(2.34)，于是得到

$$\boldsymbol{J}=\begin{bmatrix}-L_1S_1-L_2S_{12} & -L_2S_{12}\\ L_1C_1+L_2C_{12} & L_2C_{12}\end{bmatrix} \tag{2.40}$$

应该注意的是，雅可比矩阵是机械手姿态（例 2.1 的 θ_1 和 θ_2）的函数。

2.3.2 关节速度和手爪速度的几何学关系

这里我们用例 2.1 的结果来了解雅可比矩阵的物理意义。

首先将式(2.40) 的雅可比矩阵定义为下式的列向量

$$\boldsymbol{J}=[\boldsymbol{J}_1\ \boldsymbol{J}_2],\boldsymbol{J}_1\in\boldsymbol{R}^{2\times 1} \tag{2.41}$$

即

$$\boldsymbol{J}_1=\begin{bmatrix}-L_1S_1-L_2S_{12}\\ L_1C_1+L_2C_{12}\end{bmatrix},\boldsymbol{J}_2=\begin{bmatrix}-L_2S_{12}\\ L_2C_{12}\end{bmatrix} \tag{2.42}$$

如用这个 $\boldsymbol{J}_1$、$\boldsymbol{J}_2$，则式(2.33) 可改写为

$$\dot{\boldsymbol{r}}=\boldsymbol{J}_1\dot{\boldsymbol{\theta}}_1+\boldsymbol{J}_2\dot{\boldsymbol{\theta}}_2 \tag{2.43}$$

由式(2.43) 可知，$\boldsymbol{J}_1\dot{\boldsymbol{\theta}}_1$ 和 $\boldsymbol{J}_2\dot{\boldsymbol{\theta}}_2$ 分别是由 $\dot{\boldsymbol{\theta}}_1$ 和 $\dot{\boldsymbol{\theta}}_2$ 产生的手爪速度的分量。而 $\boldsymbol{J}_1$ 和 $\boldsymbol{J}_2$ 分别是由关节产生的手爪速度方向和手爪速度的大小。这些关系如图 2.11 所示。在这个例子中由于采用了回转关节，所以 $\boldsymbol{J}_1$ 和 $\boldsymbol{J}_2$ 分别为图中的 $\boldsymbol{P}_{E,1}$ 和 $\boldsymbol{P}_{E,2}$ 反时针转动 π/2 而成。这一点可由下面的推导得到确认。

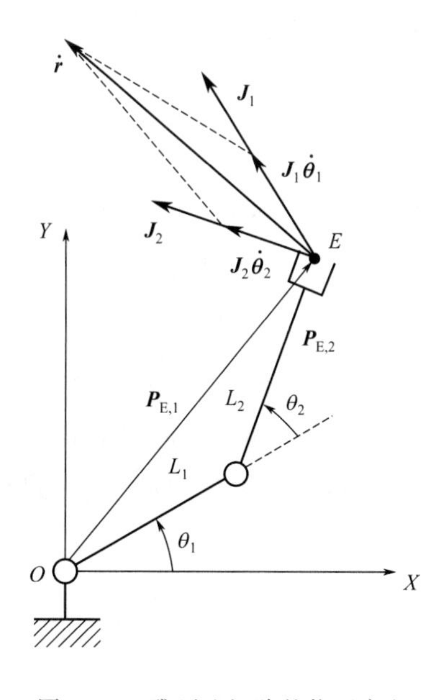

图 2.11　雅可比矩阵的物理意义

$$\begin{bmatrix}\cos(\pi/2) & -\sin(\pi/2)\\ \sin(\pi/2) & \cos(\pi/2)\end{bmatrix}\boldsymbol{P}_{E,1}=\begin{bmatrix}0 & -1\\ 1 & 0\end{bmatrix}\begin{bmatrix}L_1C_1+L_2C_{12}\\ L_1S_1+L_2S_{12}\end{bmatrix}=\begin{bmatrix}-L_1S_1-L_2S_{12}\\ L_1C_1+L_2C_{12}\end{bmatrix}=\boldsymbol{J}_1 \tag{2.44}$$

$$\begin{bmatrix}\cos(\pi/2) & -\sin(\pi/2)\\ \sin(\pi/2) & \cos(\pi/2)\end{bmatrix}\boldsymbol{P}_{E,2}=\begin{bmatrix}0 & -1\\ 1 & 0\end{bmatrix}\begin{bmatrix}L_2C_{12}\\ L_2S_{12}\end{bmatrix}=\begin{bmatrix}-L_2S_{12}\\ L_2C_{12}\end{bmatrix}=\boldsymbol{J}_2 \tag{2.45}$$

2.4 手爪力和关节驱动力的关系

2.4.1 虚功原理

这一节我们将介绍机械手的静力学，但先要说明一下这里要用到虚功原理（principle of virtual work）。

约束力不做功的力学系统实现平衡的必要且充分条件是对结构上允许的任意位移（虚位移）施力所做功之和为零。

但是这里所说的虚位移（virtual displacement）是描述作为对象的系统力学结构的位移，不同于随时间一起产生的实际位移，为此用“虚”一词来表示。而约束力（force of constraint）是使系统动作受到制约的力。

下面用一个容易理解的例子来看一下实际上如何使用虚功原理。

例 2.2 如图 2.12 所示，作用在杠杆一端的力 F_A 已知时，试用虚功原理求作用于另一端的力 F_B，假定杠杆长度 L_A、L_B 已知。

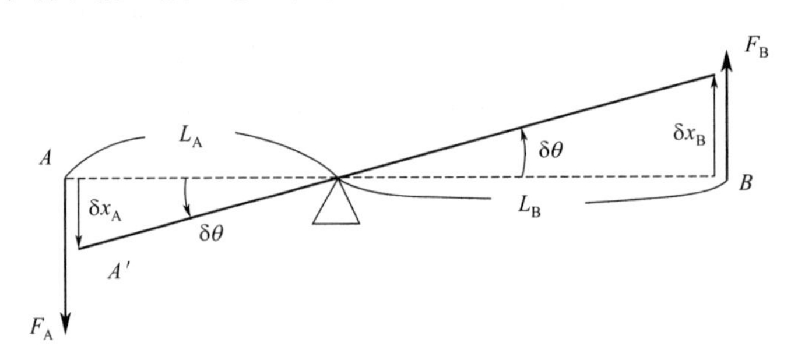

图 2.12 杠杆及作用在它两端上的力

解 按虚功原理，杠杆两端受力所做的虚功应该是

$$F_A\delta x_A+F_B\delta x_B=0 \tag{2.46}$$

式中，δx_A 和 δx_B 是杠杆两端的虚位移。而就虚位移来讲，式(2.47) 成立

$$\delta x_A=L_A\delta\theta,\delta x_B=L_B\delta\theta \tag{2.47}$$

式中，$\delta\theta$ 是绕杠杆支点的虚位移。把式(2.47) 代入式(2.46) 消去 δx_A 和 δx_B，则得到

$$(F_AL_A+F_BL_B)\delta\theta=0 \tag{2.48}$$

由于式(2.48) 对任意的 $\delta\theta$ 都成立，所以式(2.49) 成立

$$F_AL_A+F_BL_B=0$$

因此得到

$$F_B=-\frac{L_A}{L_B}F_A \tag{2.49}$$

F_A 向下取正值时，F_B 取负值，由于 F_B 的正方向定义为向上，所以这时 F_B 和 F_A 都朝下。

2.4.2 机械手静力学关系式的推导

让我们用前面的虚功原理来推导机械手的静力学关系式。

这里以产生图 2.13(a) 所示虚位移的机械手为对象，推导出图 2.13(b) 所示各力之间的关系式。这一推导方法本身也适用于一般的情况。

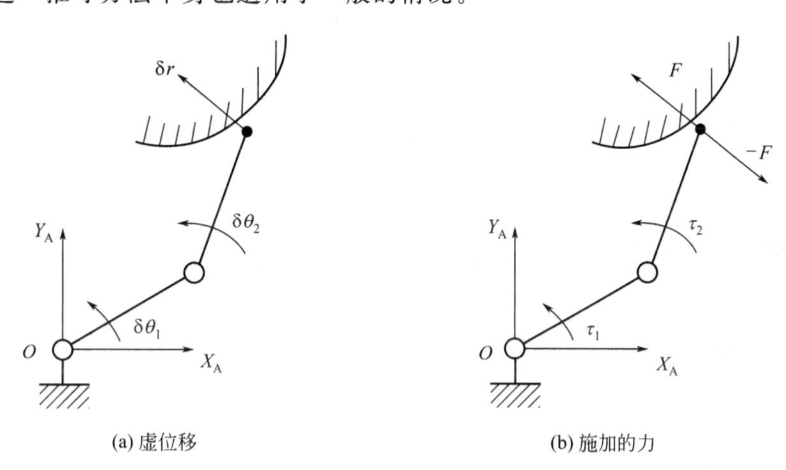

图 2.13　机械手的虚位移和施加的力

假定

$\delta\boldsymbol{r}=[\delta r_1,\cdots,\delta r_m]^{\mathrm{T}},\delta\boldsymbol{r}\in\boldsymbol{R}^{m\times1}$ 手爪的虚位移；

$\delta\boldsymbol{\theta}=[\delta\theta_1,\cdots,\delta\theta_n]^{\mathrm{T}},\delta\boldsymbol{\theta}\in\boldsymbol{R}^{n\times1}$ 关节的虚位移；

$\boldsymbol{F}=[f_1,\cdots,f_m]^{\mathrm{T}},\boldsymbol{F}\in\boldsymbol{R}^{m\times1}$ 手爪力；

$\boldsymbol{\tau}=[\tau_1,\cdots,\tau_n]^{\mathrm{T}},\boldsymbol{\tau}\in\boldsymbol{R}^{n\times1}$ 关节驱动力。

如果施加在机械手上的力作为手爪力的反力（用 $-\boldsymbol{F}$ 表示）时，机械手的虚功可表示为

$$\delta W=\boldsymbol{\tau}^{\mathrm{T}}\delta\boldsymbol{\theta}+(-\boldsymbol{F})^{\mathrm{T}}\delta\boldsymbol{r} \tag{2.50}$$

为此，如果应用虚功原理，则得到

$$\boldsymbol{\tau}^{\mathrm{T}}\delta\boldsymbol{\theta}+(-\boldsymbol{F})^{\mathrm{T}}\delta\boldsymbol{r}=0 \tag{2.51}$$

这里，手爪的虚位移 $\delta\boldsymbol{r}$ 和关节的虚位移 $\delta\boldsymbol{\theta}$ 间的关系用雅可比矩阵表示为

$$\delta\boldsymbol{r}=\boldsymbol{J}\delta\boldsymbol{\theta} \tag{2.52}$$

把式(2.52) 代入式(2.51)，提出公因数 $\delta\boldsymbol{\theta}$，可得到式(2.53)

$$(\boldsymbol{\tau}^{\mathrm{T}}-\boldsymbol{F}^{\mathrm{T}}\boldsymbol{J})\delta\boldsymbol{\theta}=0 \tag{2.53}$$

由于这一公式对任意的 $\delta\boldsymbol{\theta}$ 都成立，所以式(2.54) 成立

$$\boldsymbol{\tau}^{\mathrm{T}}-\boldsymbol{F}^{\mathrm{T}}\boldsymbol{J}=0$$

进一步把第 2 项移项，取两边的转置，可得到下面的静力学关系式

$$\boldsymbol{\tau}=\boldsymbol{J}^{\mathrm{T}}\boldsymbol{F} \tag{2.54}$$

式(2.54) 表示机械手在静止状态为产生手爪力 $\boldsymbol{F}$ 的驱动力 $\boldsymbol{\tau}$。

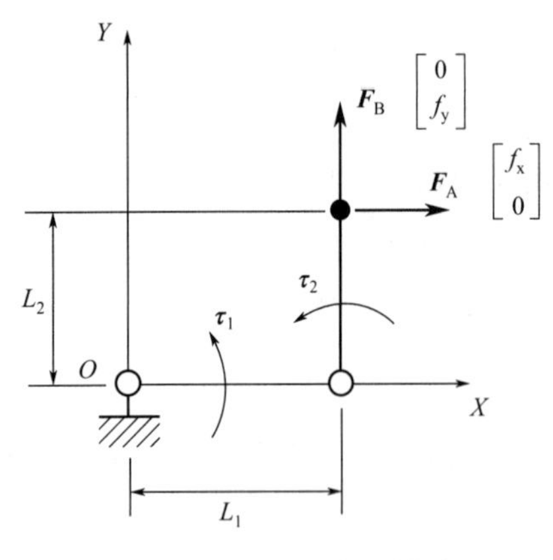

图 2.14　2 自由度机械手

例 2.3　2 自由度机械手如图 2.14 所示。取 $\theta_1=0$ (rad)、$\theta_2=\pi/2$ (rad) 的姿态时，分别求解生成手爪力 $\boldsymbol{F}_A=[f_x,0]^T$ 或 $\boldsymbol{F}_B=[0,f_y]^T$ 的驱动力 $\boldsymbol{\tau}_A$、$\boldsymbol{\tau}_B$。

解　由关节角给出如下姿态

$$\boldsymbol{J}=\begin{bmatrix}-L_1S_1-L_2S_{12} & -L_2S_{12}\\ L_1C_1+L_2C_{12} & L_2C_{12}\end{bmatrix}=\begin{bmatrix}-L_2 & -L_2\\ L_1 & 0\end{bmatrix}$$

所以得到

$$\boldsymbol{\tau}_A=\boldsymbol{J}^T\boldsymbol{F}_A=\begin{bmatrix}-L_1 & L_1\\ -L_2 & 0\end{bmatrix}\begin{bmatrix}f_x\\0\end{bmatrix}=\begin{bmatrix}-L_2f_x\\ -L_2f_x\end{bmatrix}$$

$$\boldsymbol{\tau}_B=\boldsymbol{J}^T\boldsymbol{F}_B=\begin{bmatrix}-L_2 & L_1\\ -L_2 & 0\end{bmatrix}\begin{bmatrix}0\\f_y\end{bmatrix}=\begin{bmatrix}L_1f_y\\ 0\end{bmatrix}$$

请注意，在例 2.3 中，驱动力的大小为手爪力的大小和手爪力到作用线距离的乘积。

2.5 机械手运动方程式的求解

2.5.1　惯性矩

首先，在图 2.15 里通过把质点的平移运动改作回转运动的分析，了解惯性矩的物理意义。

若将力 $\boldsymbol{F}$ 作用到质量为 m 的质点时的平移运动，看作是运动方向的标量，则可以表示为

$$m\ddot{\boldsymbol{x}}=\boldsymbol{F} \tag{2.55}$$

式中，$\ddot{\boldsymbol{x}}$ 表示加速度。若把这一运动看作是质量可以忽略的棒长为 r 的回转运动，则得到加速度和力的关系式为

$$\ddot{\boldsymbol{x}}=r\ddot{\boldsymbol{\theta}} \tag{2.56}$$

$$\boldsymbol{F}=\frac{\boldsymbol{N}}{r} \tag{2.57}$$

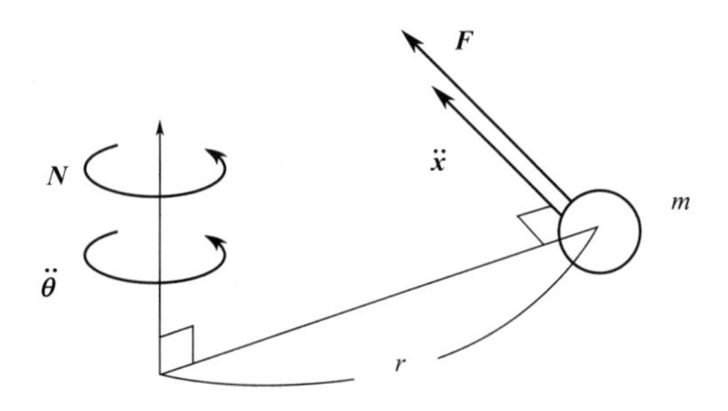

图 2.15　平移运动改作回转运动的解析

式中，$\ddot{\boldsymbol{\theta}}$ 和 $\boldsymbol{N}$ 是绕轴回转的角加速度和惯性矩。将式(2.56) 和式(2.57) 代入式(2.55)，得到

$$mr^2\ddot{\boldsymbol{\theta}}=\boldsymbol{N} \tag{2.58}$$

如把式(2.58) 改写，则变为

$$I\ddot{\boldsymbol{\theta}}=\boldsymbol{N} \tag{2.59}$$

$$I=mr^2 \tag{2.60}$$

式(2.59) 是质点绕固定轴进行回转运动时的运动方程式。I 相当于平移运动时的质量，称为**质量惯性矩**。

求质量连续分布物体的惯性矩时，可以将其分割成假想的微小物体，然后再把每个微小

物体的惯性矩加在一起。这时，微小物体的质量 $\mathrm{d}m$ 及其微小体积 $\mathrm{d}V$ 的关系可用密度ρ表示为

$$\mathrm{d}m=\rho\,\mathrm{d}V \tag{2.61}$$

所以，微小物体的惯性矩 $\mathrm{d}I$，依据式(2.60) 和式(2.61) 可表示为

$$\mathrm{d}I=\mathrm{d}mr^2=\rho r^2\mathrm{d}V \tag{2.62}$$

因此，整个物体的惯性矩可像下式那样，作为与体积有关的积分值来求解。

$$I=\int\mathrm{d}I=\int\rho r^2\mathrm{d}V \tag{2.63}$$

例 2.4 试求图 2.16 所示质量为 M、长度为 L 的匀质杆（粗细可以忽略）绕其一端回转时的质量惯性矩 I。

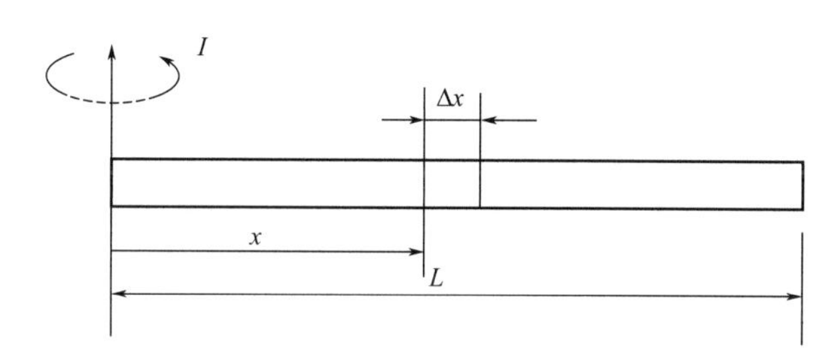

图 2.16 绕杆一端回转的质量惯性矩 I

解 微小物体的质量用线密度ρ（$\rho=M/L$）表示为 $\mathrm{d}m=\rho\,\mathrm{d}x$，所以其质量惯性矩为 $\mathrm{d}I=\mathrm{d}mx^2=\rho x^2\mathrm{d}x$。因此，把这个 $\mathrm{d}I$ 在长度方向积分，即可得到

$$I=\int_0^L\rho x^2\mathrm{d}x=\left(\frac{M}{L}\times\frac{x^3}{3}\right)\Bigg|_0^L=\frac{1}{3}ML^2 \tag{2.64}$$

例 2.5 试求例 2.4 的杆在绕重心回转时的惯性矩 I_C。

解 由于该杆是重心位于中心的匀质杆，因此可先就杆的一半来求解，然后再加倍即可。假定 x 为离杆中心的距离，则得到

$$I_C=2\int_0^{L/2}\rho x^2\mathrm{d}x=2\left(\frac{M}{L}\times\frac{x^3}{3}\right)\Bigg|_0^{L/2}=\frac{1}{12}ML^2 \tag{2.65}$$

式(2.65) 的 I_C 比式(2.64) 的 I 小，L_C 是 I 的 1/4。

2.5.2 牛顿、欧拉运动方程式

图 2.17 所示的单一刚体的运动方程式可用式(2.66) 来表示

$$m\dot{\boldsymbol{v}}_C=\boldsymbol{F}_C \tag{2.66}$$

$$I_C\dot{\boldsymbol{\omega}}+\boldsymbol{\omega}\times(I_C\boldsymbol{\omega})=\boldsymbol{N} \tag{2.67}$$

式中，m（标量）是刚体的质量；$I_C\in\boldsymbol{R}^{3\times3}$是绕重心 C 的惯性矩阵；$\boldsymbol{F}_C$ 是作用于重心的平动力；$\boldsymbol{N}$ 是惯性矩；$\boldsymbol{v}_C$是重心的平移速度；$\boldsymbol{\omega}$ 为角速度。式(2.66) 及式(2.67) 分别被称为牛顿运动方程式及欧拉运动方程式。I_C 的各元素表示对应的力矩元素和角加速度元素间的惯性矩。

下面我们来求图 2.18 所示 1 自由度机械手的运动方程式。这种场合，由于关节轴制约连杆的运动，所以可以把式(2.67) 的运动方程式看作是绕固定轴的运动。假定绕关节轴的惯性矩为 I，取垂直纸面的方向为 z 轴，则得到

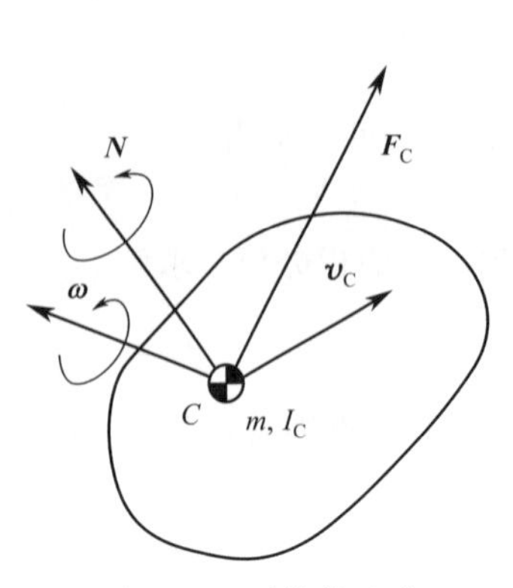

图 2.17 刚体的运动

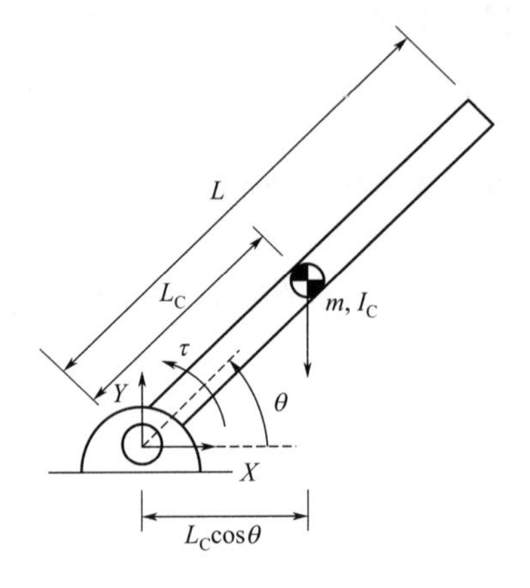

图 2.18 1 自由度机械手

$$I\dot{\boldsymbol{\omega}}=\begin{bmatrix}0\\0\\I\ddot{\theta}\end{bmatrix},\boldsymbol{\omega}\times I\boldsymbol{\omega}=\begin{bmatrix}0\\0\\\dot{\theta}\end{bmatrix}\times\begin{bmatrix}0\\0\\I\dot{\theta}\end{bmatrix}=\begin{bmatrix}0\\0\\0\end{bmatrix} \tag{2.68}$$

$$\boldsymbol{N}=\begin{bmatrix}0\\0\\\tau-mgL_C\cos\theta\end{bmatrix} \tag{2.69}$$

式中，g 是重力常数；$I\in\boldsymbol{R}^{3\times3}$是在第 3 行第 3 列上具有绕关节轴惯性矩的惯性矩阵。把这些公式代入式(2.67)，提取只有 z 分量的回转则得到

$$I\ddot{\theta}+mgL_C\cos\theta=\tau \tag{2.70}$$

式中

$$I=I_C+mL_C^2 \tag{2.71}$$

对于一般形状的连杆，在式(2.68) 中，由于 $I\boldsymbol{\omega}$ 的第 3 分量以外其他分量皆不为 0，所以 $\boldsymbol{\omega}\times I\boldsymbol{\omega}$ 不是零向量。$\boldsymbol{\omega}\times I\boldsymbol{\omega}$ 的第 1、2 分量成了改变轴方向的力矩，但在固定轴的场合，与这个力矩平衡的约束力生成式(2.69) 的第 1、2 分量，不产生运动。

一般的机械手都是将多个刚体用关节连接的连杆机构，应该当作刚体系统来处理。

2.5.3 拉格朗日运动方程式

拉格朗日运动方程式可表示为

$$\frac{\mathrm{d}}{\mathrm{d}t}\left(\frac{\partial L}{\partial\dot{\boldsymbol{q}}}\right)-\frac{\partial L}{\partial\boldsymbol{q}}=\boldsymbol{\tau} \tag{2.72}$$

式中，$\boldsymbol{q}$ 是广义坐标，$\boldsymbol{\tau}$ 是广义力。拉格朗日运动方程式也可表示为

$$L=K-P \tag{2.73}$$

这里，L 是拉格朗日算子；K 是动能；P 是势能。

现就前面讲的 1 自由度机械手来具体求解。假定 $\boldsymbol{\theta}$ 为广义坐标，则得到

$$K=\frac{1}{2}I\theta^2,P=mgL_C\sin\theta,L=\frac{1}{2}I\theta^2-mgL_C\sin\theta$$

由于

$$\frac{\partial L}{\partial \dot{\boldsymbol{\theta}}}=I\dot{\boldsymbol{\theta}}, \frac{\partial L}{\partial \boldsymbol{\theta}}=-mgL_{C}\cos\boldsymbol{\theta}$$

所以用 $\boldsymbol{\theta}$ 置换式(2.72) 的广义坐标后得到下式

$$I\ddot{\theta}+mgL_{C}\cos\theta=\tau \tag{2.74}$$

它与前面的结果完全一致。

下面我们来推导图 2.19 所示的 2 自由度机械手的运动方程式。

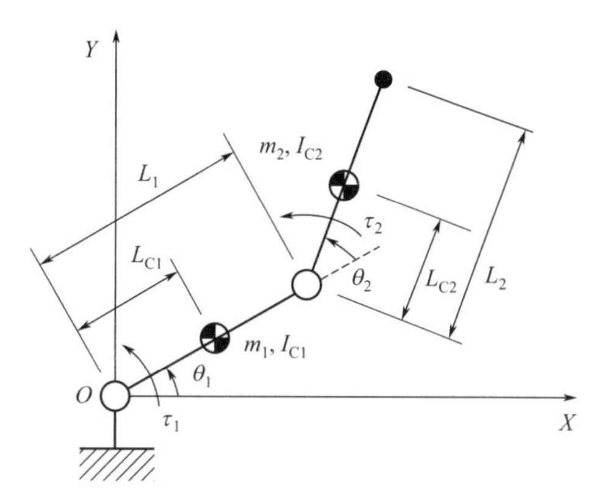

图 2.19 2 自由度机械手

在推导时，把 θ_1、θ_2 当作广义坐标，τ_1、τ_2 当作广义力求拉格朗日算子，代入式(2.72) 的拉格朗日运动方程式就可以了。

第 i ($i=1, 2$) 个连杆的动能 K_i、势能 P_i 可分别表示为

$$K_1=\frac{1}{2}m_1\dot{\boldsymbol{P}}_{C1}^{T}+\frac{1}{2}L_{C1}\boldsymbol{\theta}_1^2 \tag{2.75}$$

$$P_1=m_1gL_{C1}S_1 \tag{2.76}$$

$$K_2=\frac{1}{2}m_2\dot{\boldsymbol{P}}_{C2}^{T}\dot{\boldsymbol{P}}_{C2}+\frac{1}{2}L_{C2}(\dot{\boldsymbol{\theta}}_1+\dot{\boldsymbol{\theta}}_2)^2 \tag{2.77}$$

$$P_2=m_2g(L_1S_1+L_{C2}S_{12}) \tag{2.78}$$

式中，$\boldsymbol{P}_{Ci}=[\boldsymbol{P}_{Cix}, \boldsymbol{P}_{Ciy}]^{T}$ 是第 i 个连杆质量中心的位置向量。

$$\boldsymbol{P}_{C1x}=L_1C_1 \tag{2.79}$$

$$\boldsymbol{P}_{C1y}=L_1S_1 \tag{2.80}$$

$$\boldsymbol{P}_{C2x}=L_1C_1+L_{C2}C_{12} \tag{2.81}$$

$$\boldsymbol{P}_{C2y}=L_1S_1+L_{C2}S_{12} \tag{2.82}$$

应该注意到各连杆的动能可用质量中心平移运动的动能和绕质量中心叫回转运动的动能之和来表示。

由式(2.79)～式(2.82)，得到式(2.75) 和式(2.77) 中的质量中心速度平方和为

$$\dot{\boldsymbol{P}}_{C1}^{T}\dot{\boldsymbol{P}}_{C1}=L_{C1}^2\dot{\boldsymbol{\theta}}_1^2 \tag{2.83}$$

$$\dot{\boldsymbol{P}}_{C2}^{T}\dot{\boldsymbol{P}}_{C2}=L_1^2\dot{\boldsymbol{\theta}}_1^2+L_{C2}^2(\dot{\boldsymbol{\theta}}_1+\dot{\boldsymbol{\theta}}_2)^2+2L_1L_{C2}C_2(\dot{\boldsymbol{\theta}}_1^2+\dot{\boldsymbol{\theta}}_1\dot{\boldsymbol{\theta}}_2) \tag{2.84}$$

利用式(2.75)～式(2.78) 和式(2.83)、式(2.84)，通过式(2.85)

$$L=K_1+K_2-P_1-P_2 \tag{2.85}$$

可求出拉格朗日算子 L，把它代入式(2.72) 的拉格朗日运动方程式，整理后可得到

$$M(\boldsymbol{\theta})\ddot{\boldsymbol{\theta}}+c(\boldsymbol{\theta},\dot{\boldsymbol{\theta}})+g(\boldsymbol{\theta})=\boldsymbol{\tau} \tag{2.86}$$

式中

$$M(\boldsymbol{\theta})=\begin{bmatrix} M_{11} & M_{12} \\ M_{21} & M_{22} \end{bmatrix},c(\boldsymbol{\theta},\dot{\boldsymbol{\theta}})=\begin{bmatrix} c_1 \\ c_2 \end{bmatrix},g(\boldsymbol{\theta})=\begin{bmatrix} g_1 \\ g_2 \end{bmatrix} \tag{2.87}$$

$$M_{11}=m_1L_{C1}^2+I_{C2}+m_2(L_1^2+L_{C2}^2+2L_1L_{C2}C_2)+I_{C2} \tag{2.88}$$

$$M_{12}=m_2(L_{C2}^2+L_1L_{C2}C_2)+I_{C2} \tag{2.89}$$

$$M_{21}=M_{12} \tag{2.90}$$

$$M_{22}=m_2L_{C2}^2+I_{C2} \tag{2.91}$$

$$c_1=-m_2\mathrm{L}_1L_{C2}S_2(\dot{\boldsymbol{\theta}}_2^2+2\dot{\boldsymbol{\theta}}_1\dot{\boldsymbol{\theta}}_2) \tag{2.92}$$

$$c_2=m_2L_1L_{C2}S_2\dot{\boldsymbol{\theta}}_1^2 \tag{2.93}$$

$$g_1=m_1gL_{C1}C_1+m_2g(L_1C_1+L_{C2}C_{12}) \tag{2.94}$$

$$g_2=m_2g\mathrm{L}_{C2}\mathrm{C}_{12} \tag{2.95}$$

$\mathrm{M}(\boldsymbol{\theta})\ddot{\boldsymbol{\theta}}$ 是惯性力；$c(\boldsymbol{\theta},\dot{\boldsymbol{\theta}})$ 是离心力；$g(\boldsymbol{\theta})$ 表示加在机械手上的重力项，g 是重力加速度常数。

对于多于 3 个自由度的机械手，也可用同样的方法推导出运动方程式，但随自由度的增多演算量将急剧增加。与此相反，着眼于每一个连杆的运动，求其运动方程式的牛顿-欧拉法，即便对于多自由度的机械手，其计算量也不增加，其算法易于编程。不过运动方程式不是式(2.86) 的形式，由于推导出的是一系列公式的组合，要注意惯性矩阵等的选求。有关牛顿-欧拉法请自行参阅相关文献。

工业机器人操作基础

3.1 工业机器人装调安全规程

正确使用工业机器人有一定的难度，因为工业机器人是典型的机电一体化产品，它牵涉的知识面较宽，它要求操作者应具有机械、电子、液压、气动、编程等多方面的专业知识和沉着、冷静的个人品质，因此对操作人员有较高的要求。目前，工业机器人的用户越来越多，但不少工业机器人的利用率还不算高，一些原因是生产任务不饱和，但还有一个更为关键的因素是工业机器人操作人员业务水平不够高，碰到一些问题不知如何处理。这就要求使用者具有较高的素质，能冷静处理问题、头脑清醒、现场判断能力强，当然还应具有较扎实的专业基础知识。对操作及维护人员进行一定的培训，是短时间内提高机器人操作人员综合素质最有效的办法。

除了具有上述基本的专业知识和沉着冷静的个人品质，在实际操作过程中，还应注意以下具体情况：

① 工业机器人工作站使用360V工业电压，进行上机实操时，注意用电安全，禁止带电拆卸工作站任意零件；

② 如实操时遇用电故障，请及时报告并排除故障，切勿带电操作；

③ 如需进行工作站接线操作时，请先关闭工作站总电源后再执行操作；

④ 发生火灾时，先请其余人员安全有序撤离现场，再使用二氧化碳灭火器；

⑤ 在实操训练过程中，遇到紧急事件时请及时按下工作站任意急停开关；

⑥ 实操训练时机器人只能在手动模式下运行，任何情况下都不能将机器人处于自动模式下进行实操训练；

⑦ 机器人调试运行时任何人员都不允许进入其运动可达区域；

⑧ 工作站停机时，请将工作站工件恢复到原位，机器人夹具上不应置物，还需将机器人治具复原；

⑨ 气路系统中的压力可达1MPa以上，使用气动治具时注意安全，避免气孔对人；

⑩ 如遇突发断电，要赶在来电之前预先关闭工作站的主电源开关，并及时取下夹具上的工件。

3.2 工业机器人的开关机及模式切换

机器人开机，将机器人控制柜上的总电源旋钮从“OFF”扭转到“ON”即可；机器人关机，将机器人控制柜上的总电源旋钮从“ON”扭转到“OFF”即可（图 3.1）。

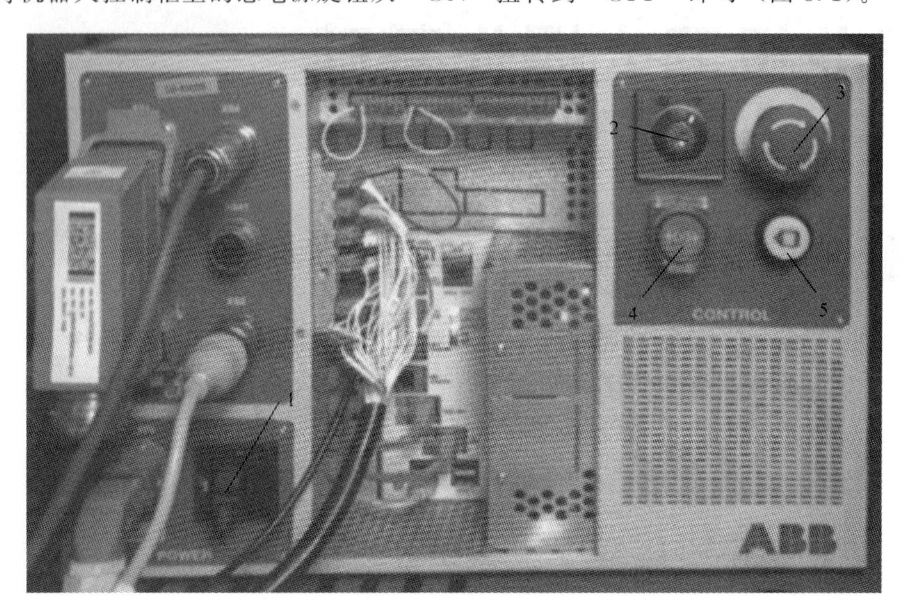

图 3.1　ABB IRC5 紧凑型控制柜面板上的按钮和开关

1—开关旋钮；2—模式选择开关；3—紧急停止按钮；4—松开抱闸按钮；5—上电按钮

典型工业机器人主要由机器人本体、控制柜、示教器等部分组成，如图 3.2 所示。

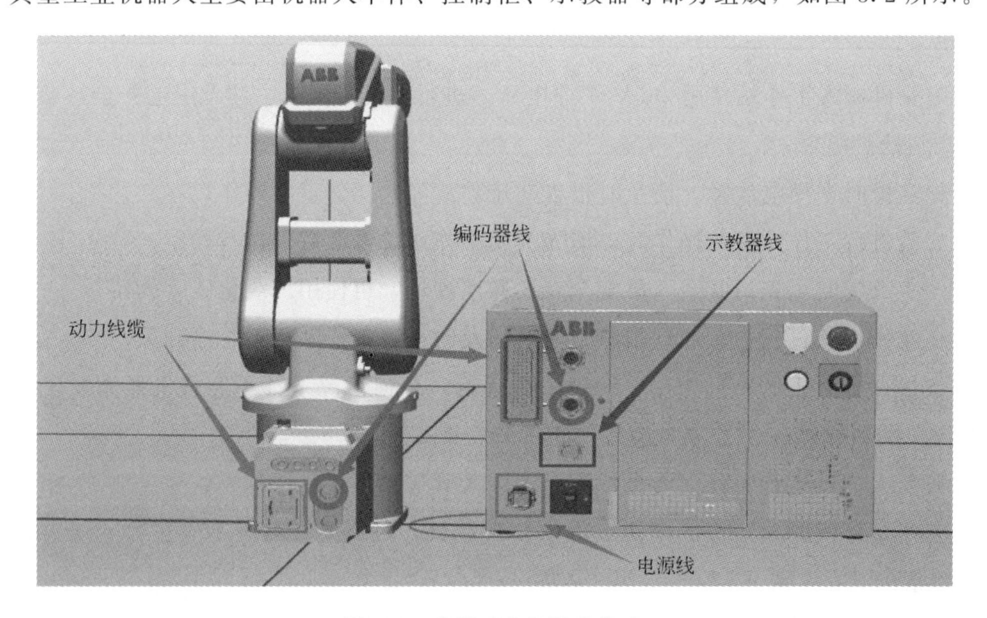

图 3.2　典型工业机器人组成

机器人本体通常由 6 个轴组成，也称 6 个关节，如图 3.3 所示（以 IRB120 为例）。IRC5 Compact 控制柜部分接口如图 3.4 所示。

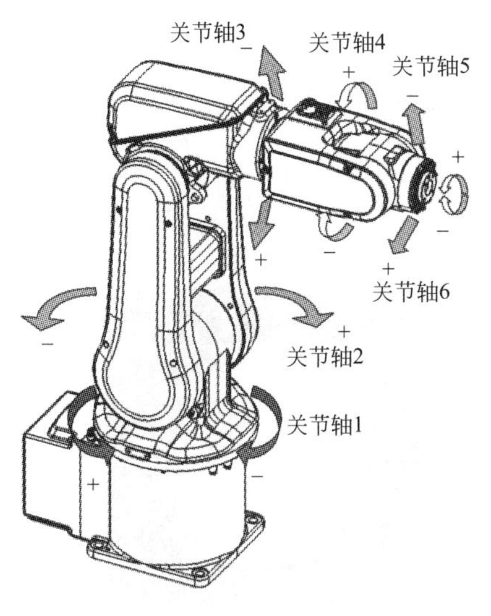

图 3.3 工业机器人本体

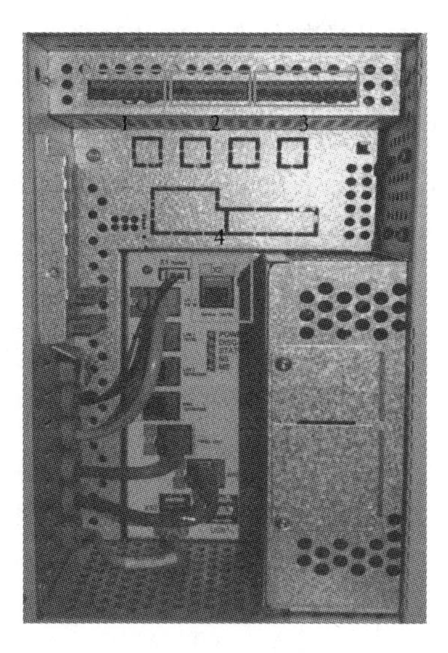

图 3.4 工业机器人控制柜及接口

1—急停输入接口 1；2—急停输入接口 2；3—安全停止接口；4—网口，用于连接 PC 与控制柜

3.3 工业机器人示教器使用

示教器是管理应用工具软件与机器人之间接口的操作装置。示教器通过电缆与控制柜连接。用户在机器人的点动进给、程序创建、程序的测试执行、操作执行和姿态确认等操作时都会使用示教器。典型的工业机器人示教器如图 3.5 所示。

使能器按钮是为保证操作人员人身安全而设置的（图 3.6）。只有按下使能器按钮，并

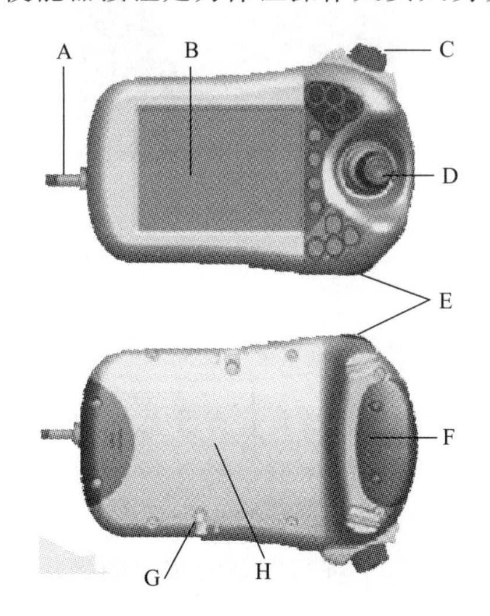

图 3.5 ABB 工业机器人示教器

A—连接电缆；B—触摸屏；C—急停开关；D—手动操作摇杆；E—数据备份用 USB 接口；F—使能器按钮；G—触摸屏用笔；H—示教器复位按钮

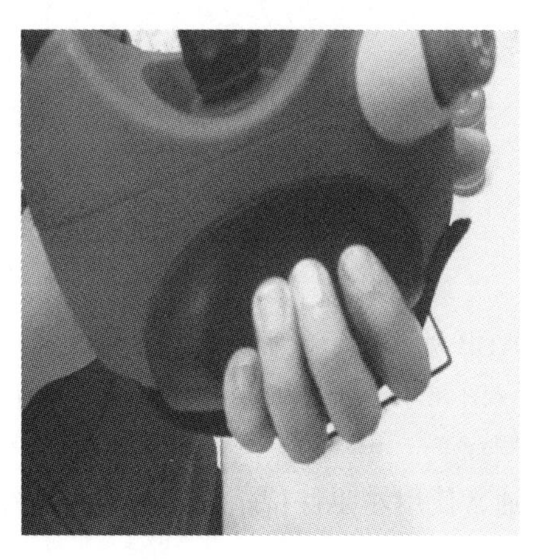

图 3.6 使能器按钮

保持电动机开启的状态，才可对机器人进行手动的操作与程序的调试。当发生危险时，人会本能地将使能器按钮松开或按紧，则机器人会马上停下来，保证安全。

当机器人总电源处于开启状态时，示教器上的使能器按钮分两挡，在手动状态下第一挡按下去，机器人将处于电动机开启状态，同时指示灯亮（图 3.7）。

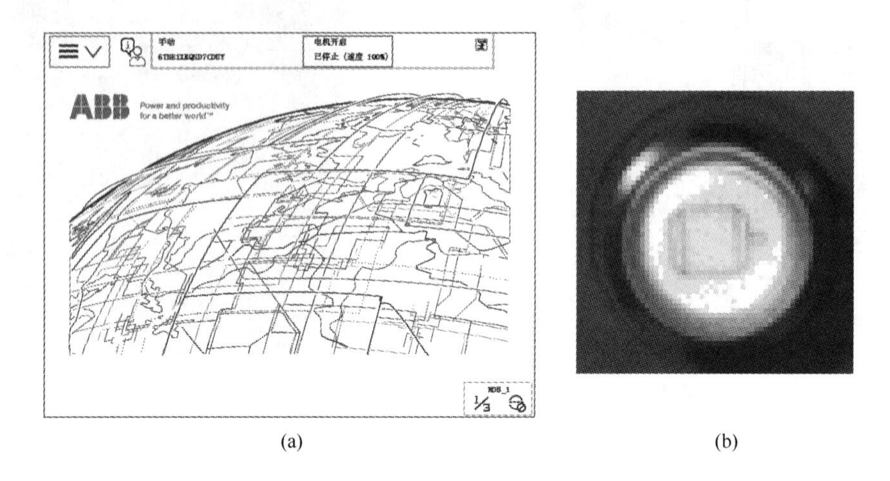

图 3.7 通电状态下，使能器按钮处于第一挡时，机器人电机处于开启状态

第二挡按下去以后，机器人又处于防护装置停止状态，同时灯灭（图 3.8）。

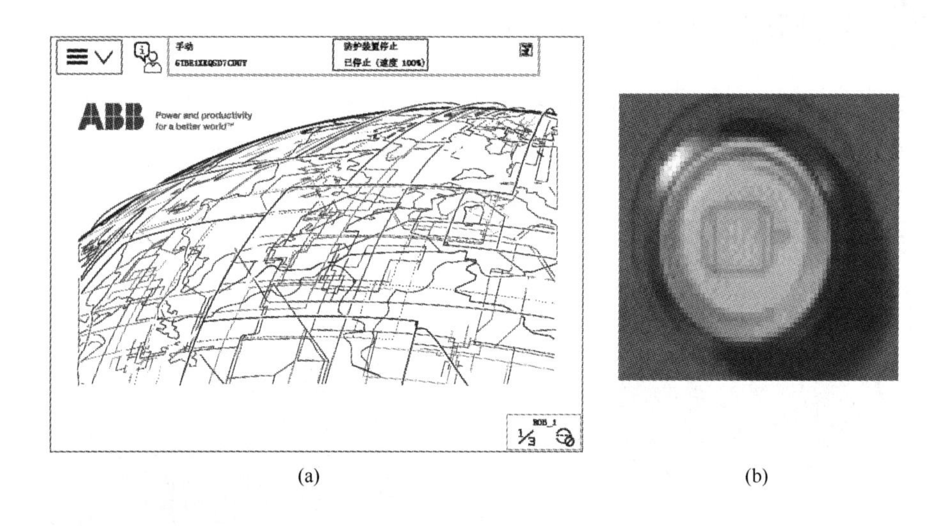

图 3.8 通电状态下，使能器按钮处于第二挡时，机器人电动机处于关闭状态

ABB 机器人示教器的操作界面包含了机器人参数设置、机器人编程及系统相关设置等功能（图 3.9）。比较常用的选项包括输入输出、手动操纵、程序编辑器、程序数据、校准和控制面。

通常使用左手握持示教器，四指按在使能器按钮上，右手进行屏幕和按钮的操作，如图 3.10 所示。

示教器出厂时，默认的显示语言为英文，为了方便操作，下面介绍把显示语言设定为中文的操作步骤。

① 单击“ABB”按钮，选择“Control Panel”，如图 3.11 所示。

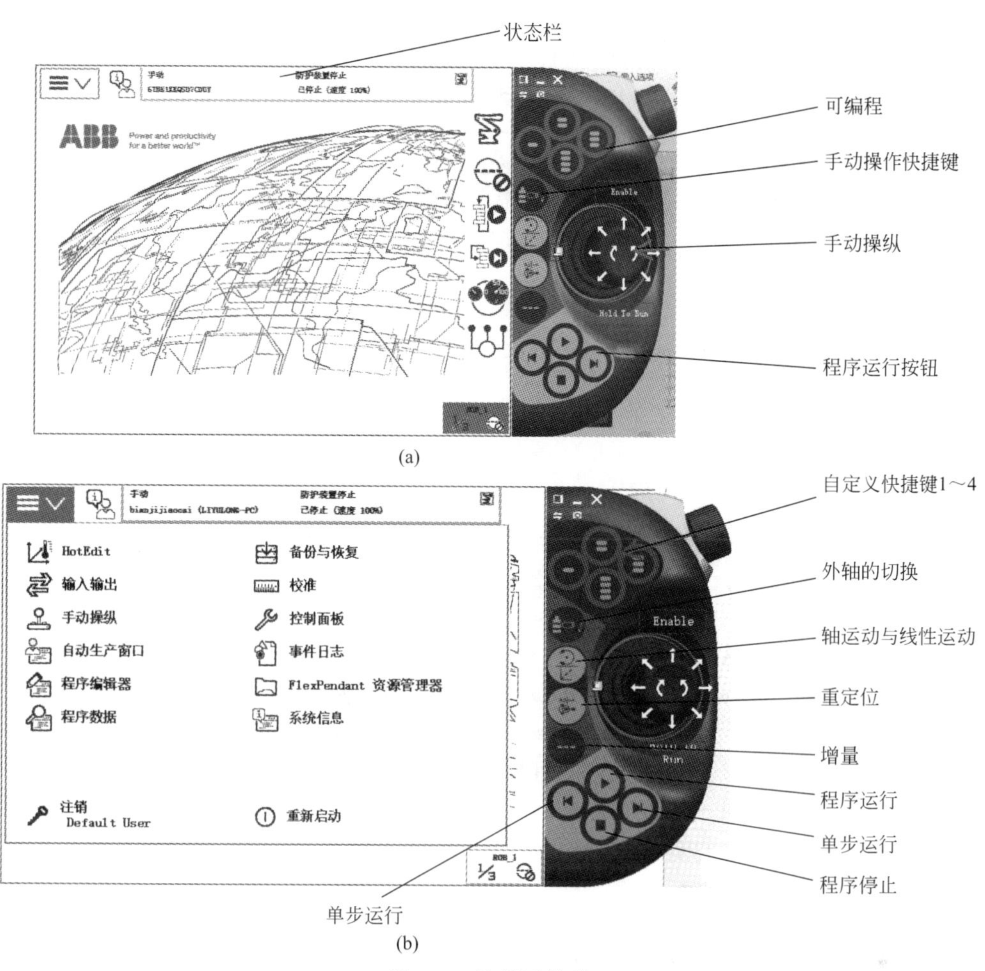

图 3.9　认识示教器

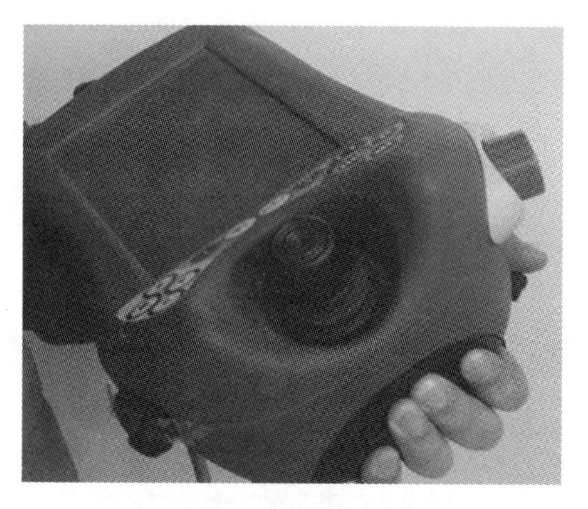

图 3.10　示教器的握持方法

② 选择"Language"，如图 3.12 所示。

③ 选择"Chinese"，然后单击"OK"，如图 3.13 所示。

④ 弹出对话框，单击"Yes"，系统重启，如图 3.14 所示。

⑤ 重启后，单击"ABB"就能看到菜单已切换成中文界面，如图 3.15 所示。

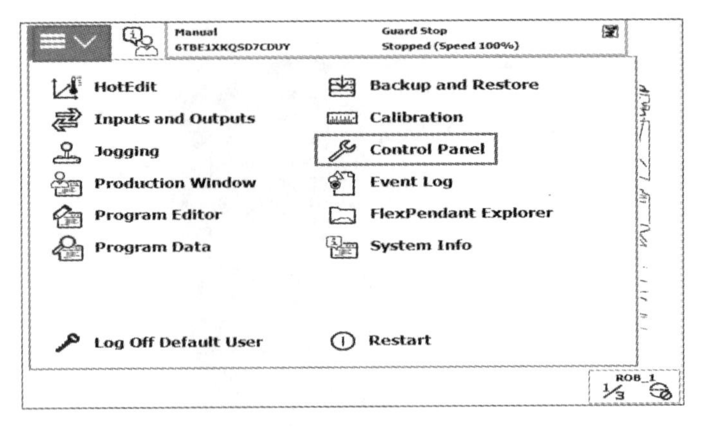

图 3.11

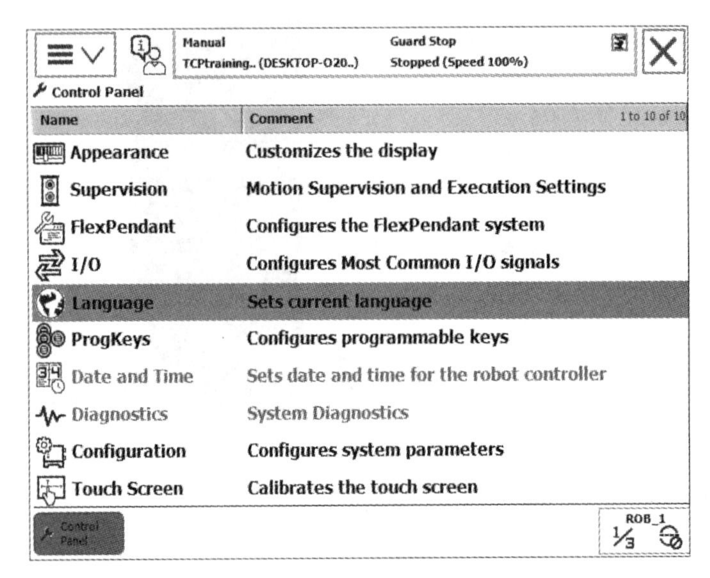

图 3.12

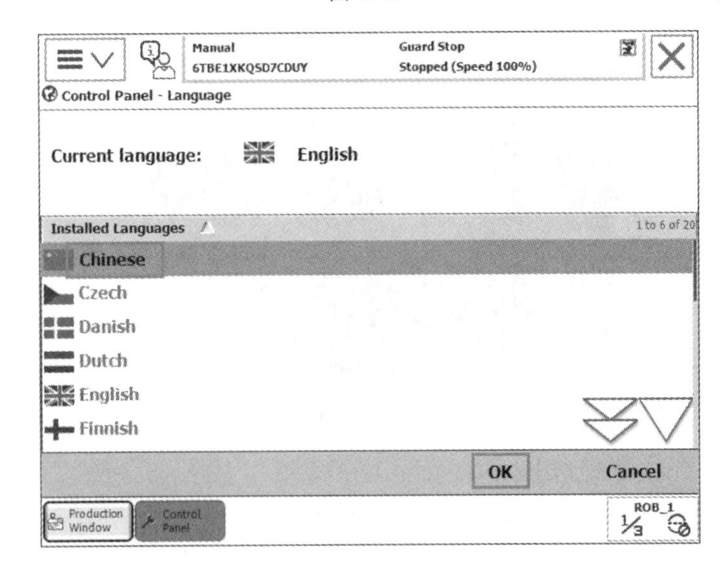

图 3.13

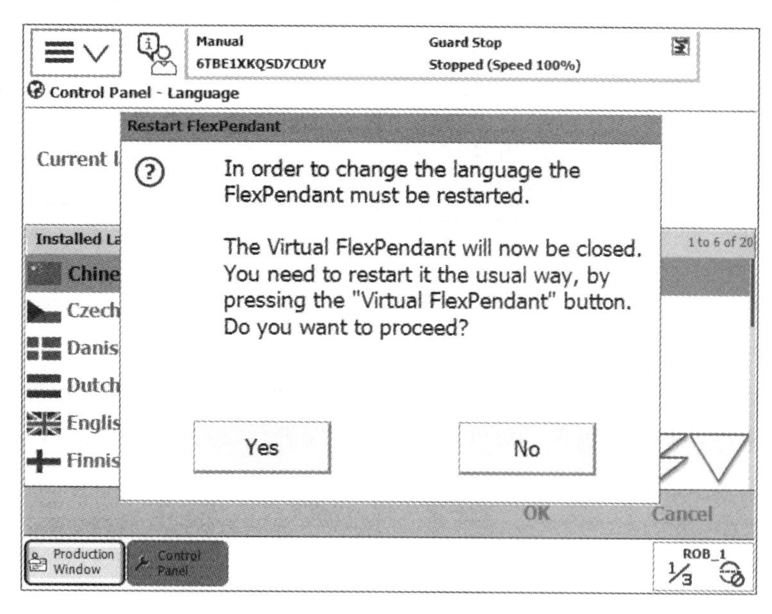

图 3.14

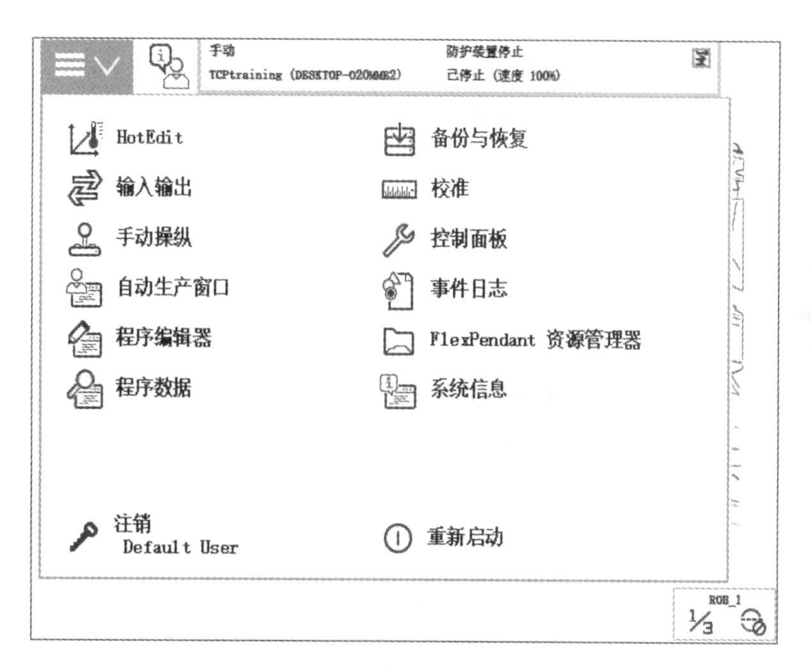

图 3.15

图 3.15 所示的操作界面各个选项说明见表 3.1。

表 3.1

选项名称	说　明
HotEdit	程序模块下轨迹点位置的补偿设置窗口
输入输出	设置及查看 I/O 视图的窗口
手动操纵	动作模式设置、坐标系选择、操纵杆锁定及载荷属性的更改窗口，也可显示实际位置
自动生产窗口	在自动模式下，可直接调试程序并运行

续表

选项名称	说　明
程序编辑器	建立程序模块及例行程序的窗口
程序数据	选择编程时所需程序数据的窗口
备份与恢复	可备份和恢复系统
校准	进行转数计数器和电动机校准的窗口
控制面板	进行示教器的相关设定
事件日志	查看系统出现的各种提示信息
FlexPendant 资源管理器	查看当前系统的系统文件
系统信息	查看控制器及当前系统的相关信息

ABB 机器人的控制面板包含了对机器人和示教器进行设定的相关功能，详见图 3.16 与表 3.2。

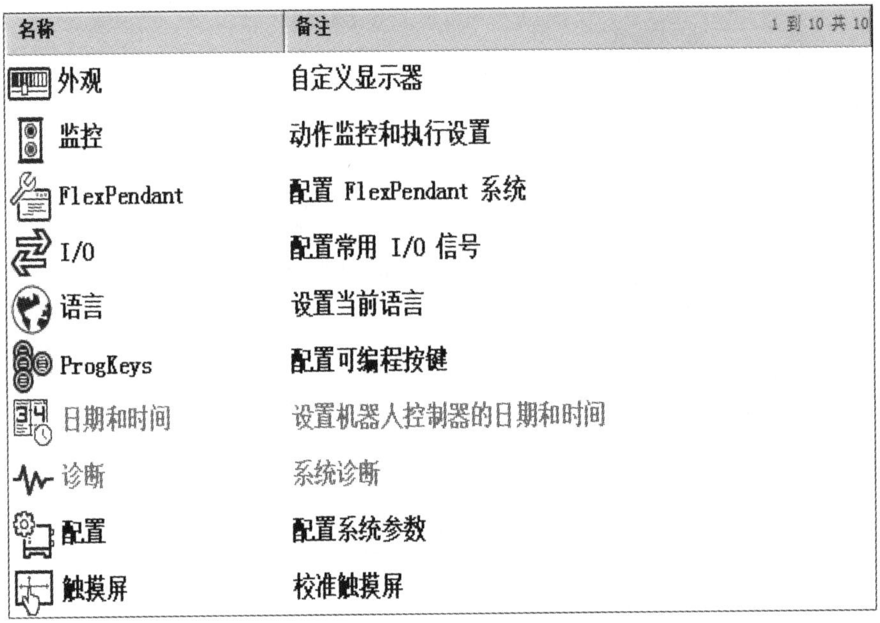

名称	备注　　1 到 10 共 10
外观	自定义显示器
监控	动作监控和执行设置
FlexPendant	配置 FlexPendant 系统
I/O	配置常用 I/O 信号
语言	设置当前语言
ProgKeys	配置可编程按键
日期和时间	设置机器人控制器的日期和时间
诊断	系统诊断
配置	配置系统参数
触摸屏	校准触摸屏

图 3.16

表 3.2

选项名称	说　明
外观	可自定义显示器的亮度和设置左手或右手的操作习惯
监控	动作碰撞监控设置和执行设置
FlexPendant	示教器操作特性的设置
I/O	配置常用 I/O 列表，在输入输出选项中显示
语言	控制器当前语言的设置
ProgKeys	为指定输入输出信号配置快捷键
日期和时间	控制器的日期和时间设置
诊断	创建诊断文件
配置	系统参数设置
触摸屏	触摸屏重新校准

为了方便进行文件的管理和故障的查阅与管理，在进行各种操作之前要将机器人系统的时间设定为本地时区的时间，具体操作如下。

① 单击“ABB”按钮，选择“控制面板”，如图 3.17 所示。

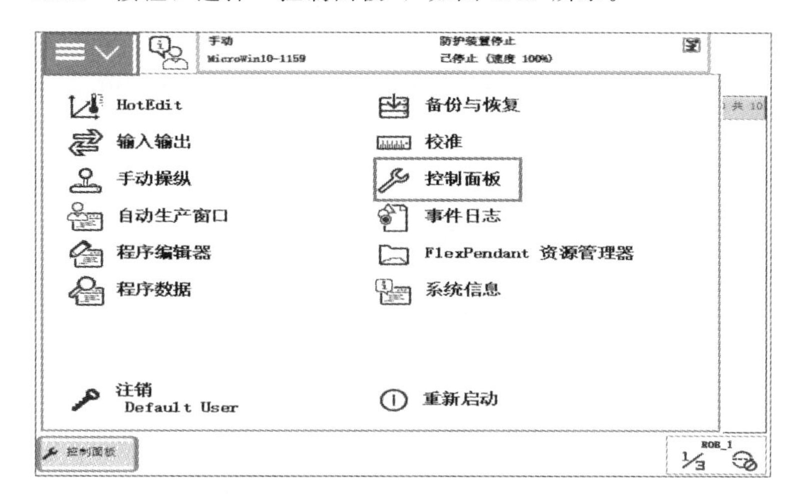

图 3.17

② 选择“日期和时间”，进行时间和日期的修改，如图 3.18 所示。

图 3.18

可以通过示教器画面上的状态栏进行 ABB 机器人常用信息的查看，通过这些信息就可以了解到机器人当前所处的状态及一些存在的问题。

a. 机器人的状态，会显示有手动、全速手动和自动三种状态；

b. 机器人系统信息；

c. 机器人电动机状态，如果使能器按钮第一挡按下会显示电动机开启，松开或第二挡按下会显示防护装置停止；

d. 机器人程序运行状态，显示程序的运行或停止；

e. 当前机器人或外轴的使用状态。

手动
MicroWin10-1159
防护装置停止
已停止 (速度 100%)
ABB
Power and productivity
for a better world™
ROB_1
1/3

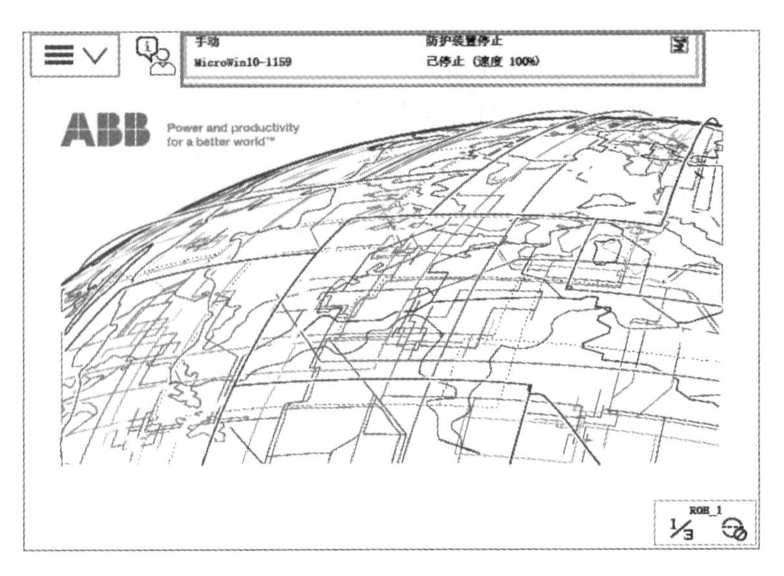

图 3.19

单击窗口上面的状态栏会显示出操作机器人进行的事件的记录（图 3.19），包括时间日期等，为分析相关事件提供准确的时间，如图 3.20 所示。

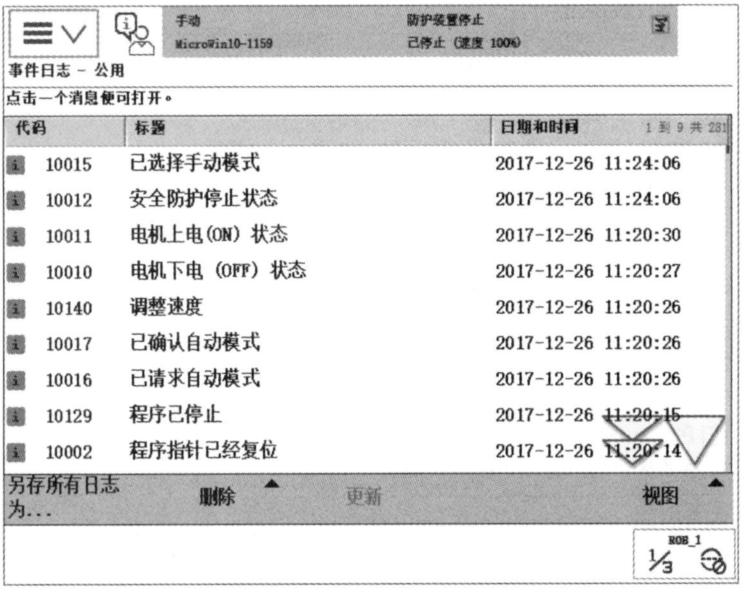

手动
MicroWin10-1159
防护装置停止
已停止 (速度 100%)
事件日志 - 公用
点击一个消息便可打开。
代码
标题
日期和时间
1 到 9 共 281
10015 已选择手动模式 2017-12-26 11:24:06
10012 安全防护停止状态 2017-12-26 11:24:06
10011 电机上电(ON) 状态 2017-12-26 11:20:30
10010 电机下电 (OFF) 状态 2017-12-26 11:20:27
10140 调整速度 2017-12-26 11:20:26
10017 已确认自动模式 2017-12-26 11:20:26
10016 已请求自动模式 2017-12-26 11:20:26
10129 程序已停止 2017-12-26 11:20:15
10002 程序指针已经复位 2017-12-26 11:20:14
另存所有日志为...
删除
更新
视图
ROB_1
1/3

图 3.20

手动操作机器人运动一共有三种模式：单轴运动、线性运动和重定位运动（图 3.21）。

1/3
4/6
轴1-3
轴4-6
线性
重定位

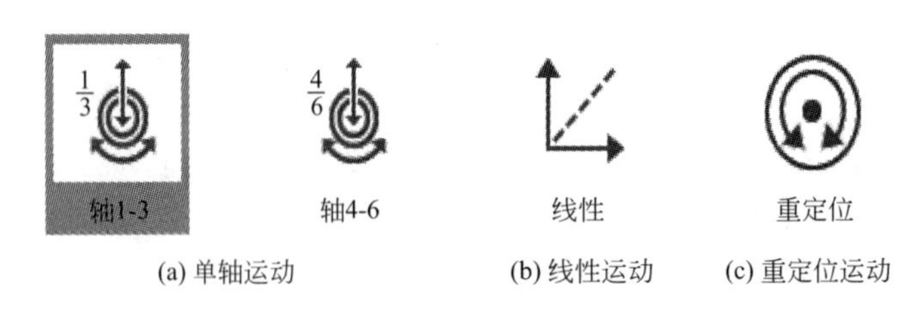

(a) 单轴运动　　(b) 线性运动　　(c) 重定位运动

图 3.21

(1) 单轴运动

一般来说，ABB机器人是六个伺服电动机分别驱动机器人的六个关节轴（图3.22），每次手动操作一个关节轴的运动，就称之为单轴运动。单轴运动是每一个轴可以单独运动，所以在一些特别的场合使用单轴运动来操作会很方便快捷，比如说在进行转数计数器更新的时候可以用单轴运动的操作；还有机器人出现机械限位和软件限位，也就是超出移动范围而停止时，可以利用单轴运动的手动操作，将机器人移动到合适的位置。单轴运动在进行粗略的定位和比较大幅度的移动时，相比其他的手动操作模式会方便快捷很多，操作步骤如下。

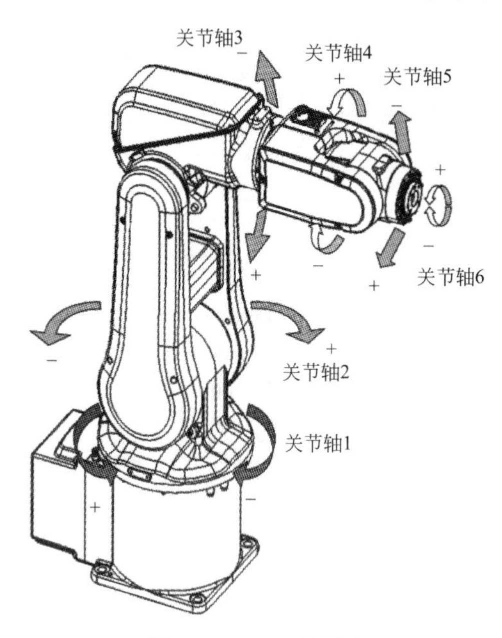

图3.22 ABB机器人

① 将机器人控制柜上“机器人状态钥匙”切换到右边的手动状态（图3.23）。

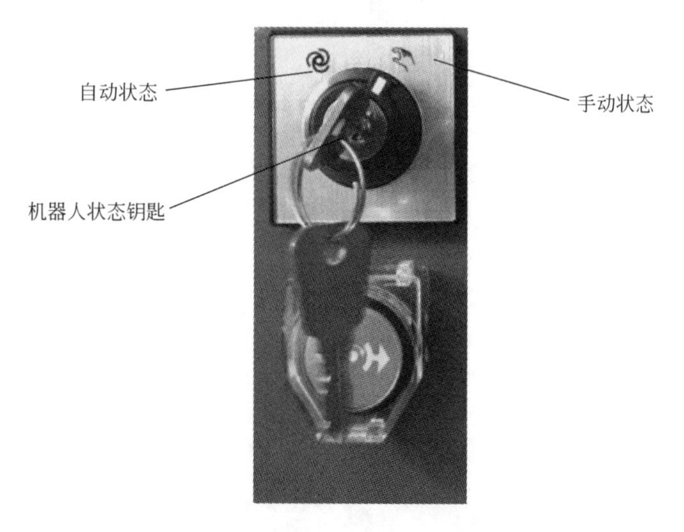

图3.23 机器人状态钥匙

② 在状态栏中，确认机器人的状态已经切换为手动，如图3.24所示。

③ 单击“ABB”按钮，选择“手动操纵”，如图3.25所示。

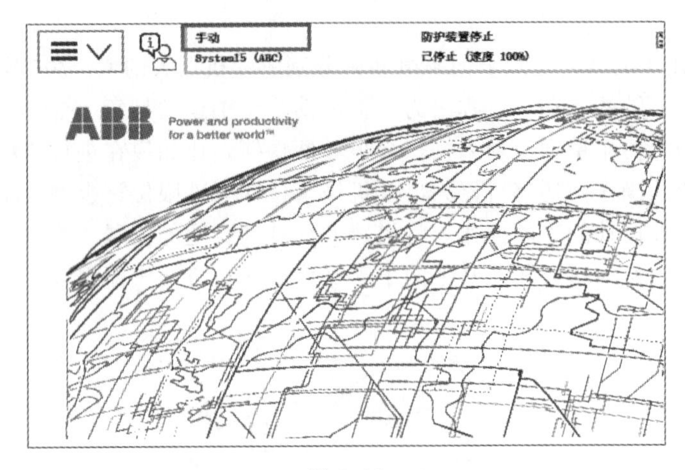

图 3.24

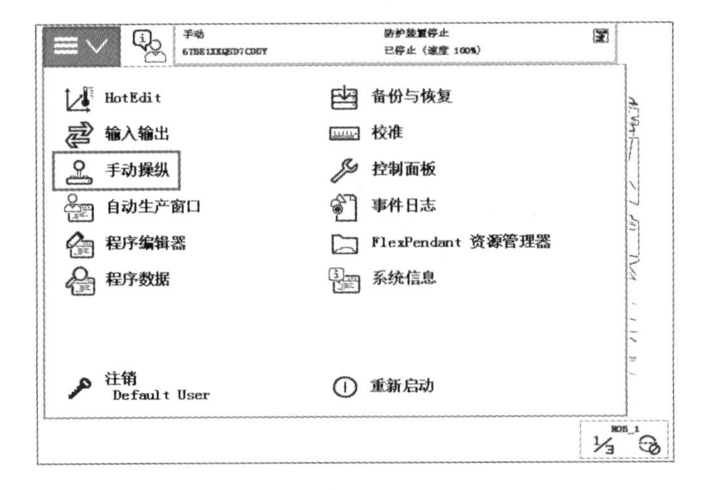

图 3.25

④ 单击“动作模式”，如图 3.26 所示。

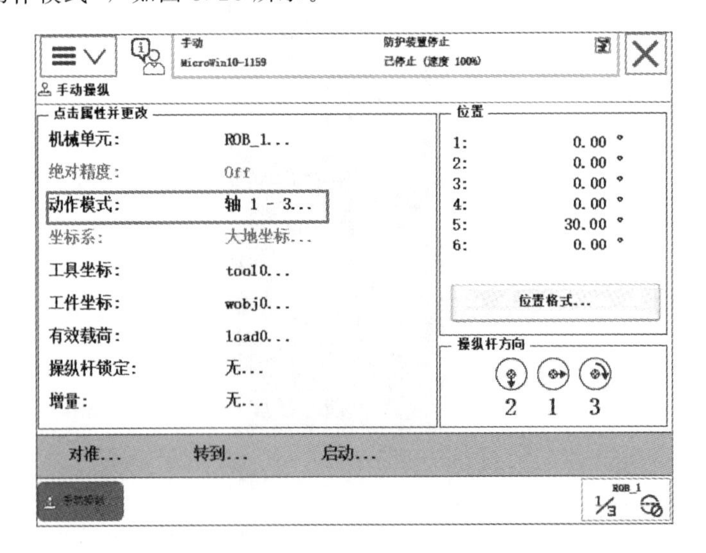

图 3.26

⑤ 选中“轴 1-3”，然后单击“确定”，就可以对轴 1～3 进行操作；选中“轴 4-6”，然后单击“确定”，就可以对轴 4～6 进行操作，如图 3.27 所示。

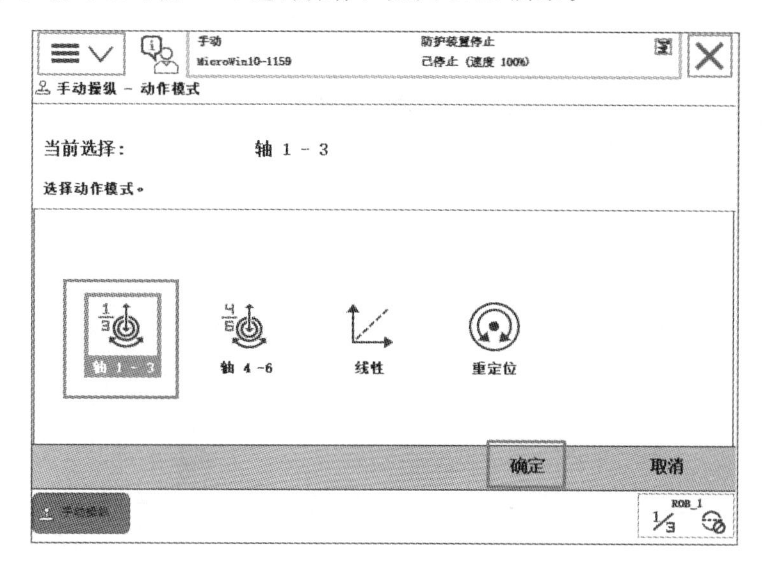

图 3.27

⑥ 用手按下使能器按钮，并在状态栏中确认已正确进入“电机开启”状态；手动操作机器人控制手柄，完成单轴运动，如图 3.28 所示。

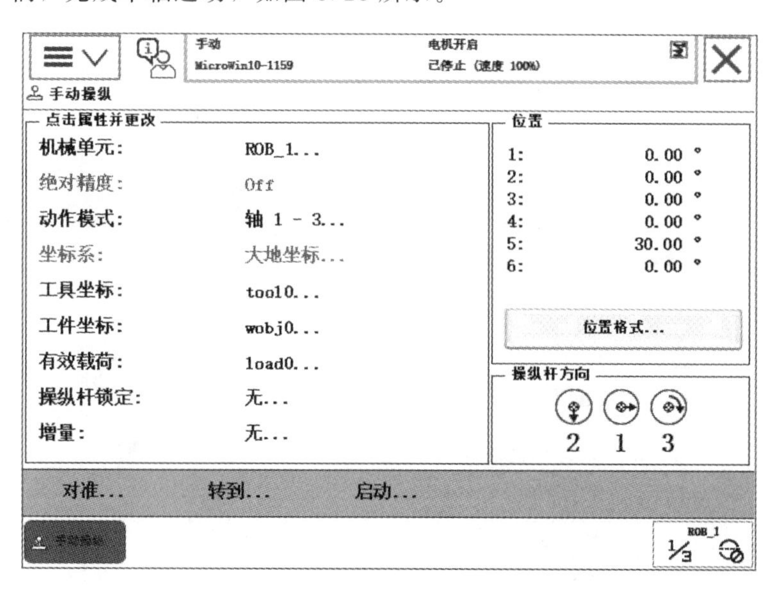

图 3.28

（2）线性运动

机器人的线性运动是指安装在机器人第六轴法兰盘上工具的 TCP 在空间中做线性运动，操作步骤如下。

① 单击“ABB”按钮，选择“手动操纵”，如图 3.29 所示。

② 单击“动作模式”，如图 3.30 所示。

③ 选择“线性”，然后单击“确定”，如图 3.31 所示。

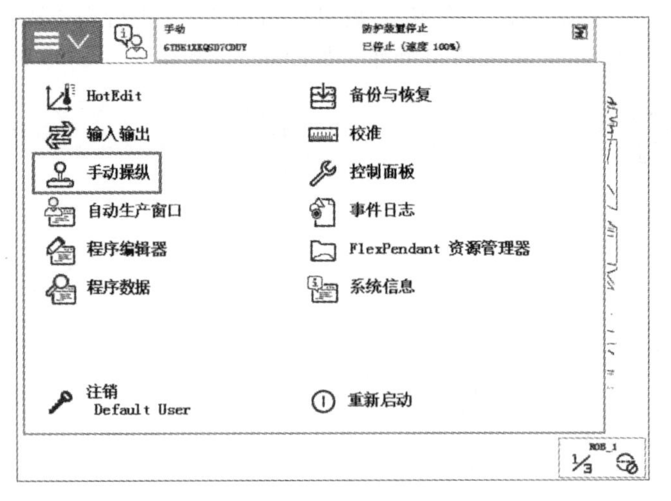

图 3.29

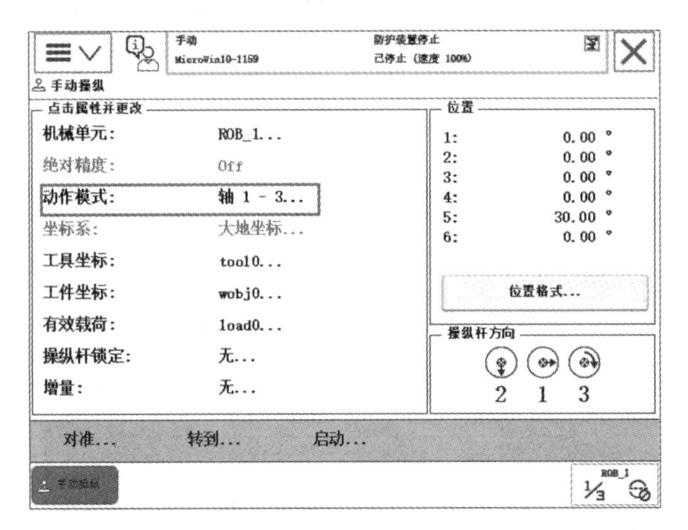

图 3.30

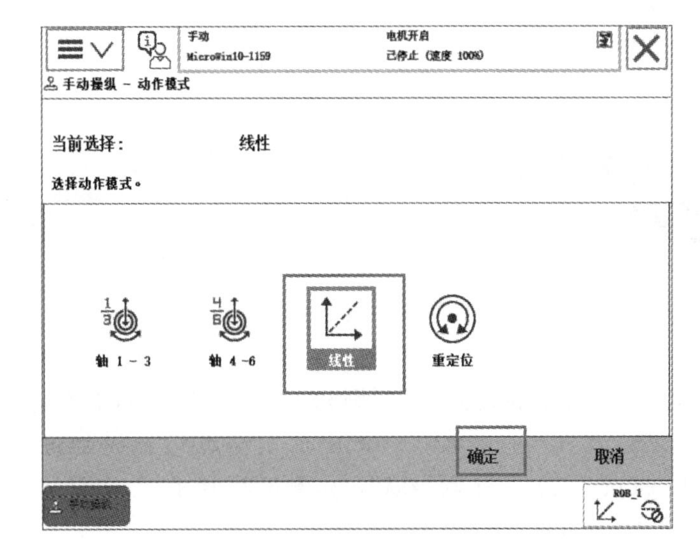

图 3.31

④ 单击“工具坐标”，机器人的线性运动要在“工具坐标”中指定对应的工具，如图3.32所示。

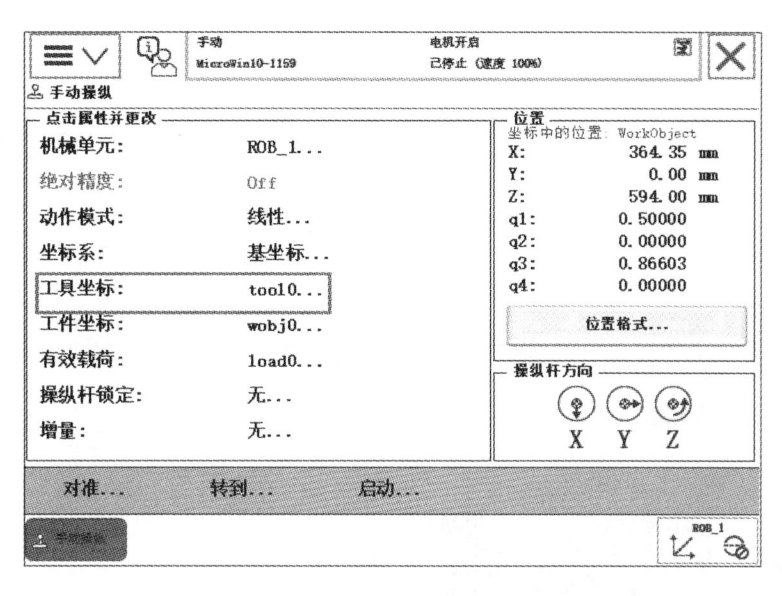

图 3.32

⑤ 选中对应的工具“tool1”，单击“确定”，如图3.33所示。

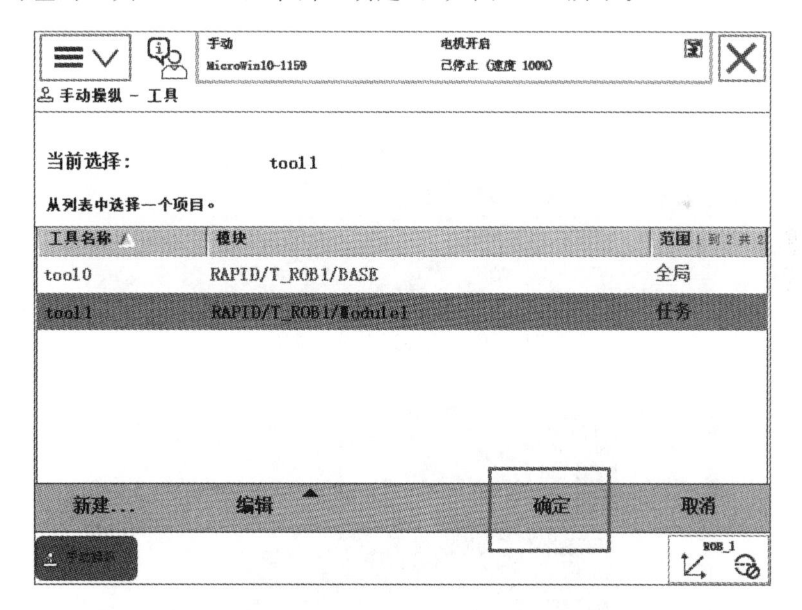

图 3.33

⑥ 用手按下使能器按钮，并在状态栏中确认已正确进入“电机开启”状态，如图3.34所示；手动操作机器人控制手柄，完成轴 X、Y、Z 的线性运动。

⑦ 操纵示教器上的操纵杆，工具的TCP点在空间中做线性运动，如图3.35所示。

(3) 重定位运动

机器人的重定位运动是指机器人第六轴法兰盘上的工具TCP点在空间中绕着工具坐标系旋转的运动，也可理解为机器人绕着工具TCP点做姿态调整的运动，如图3.36所示。

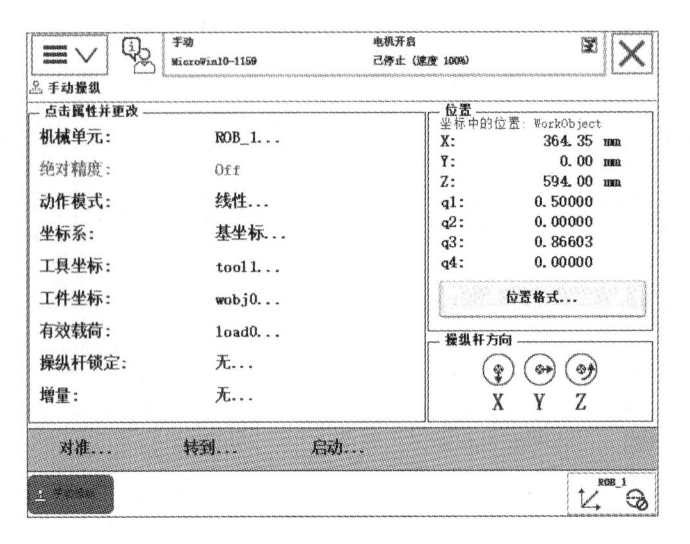

图 3.34

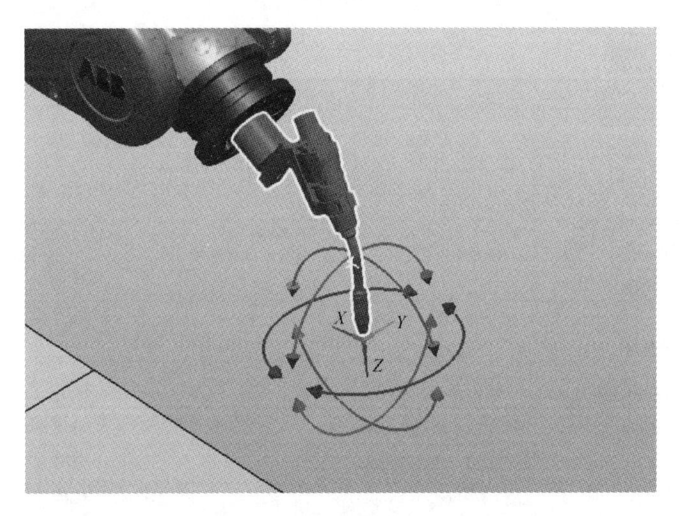

图 3.35　线性运动绕行方向

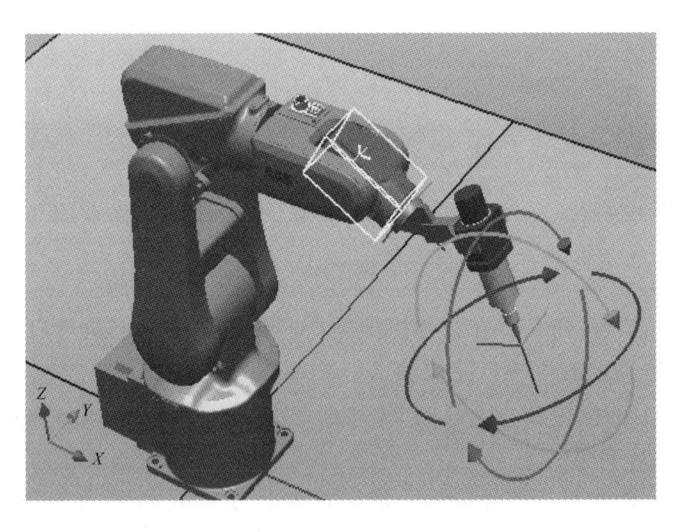

图 3.36

① 单击“ABB”按钮，选择“手动操纵”，如图 3.37 所示。

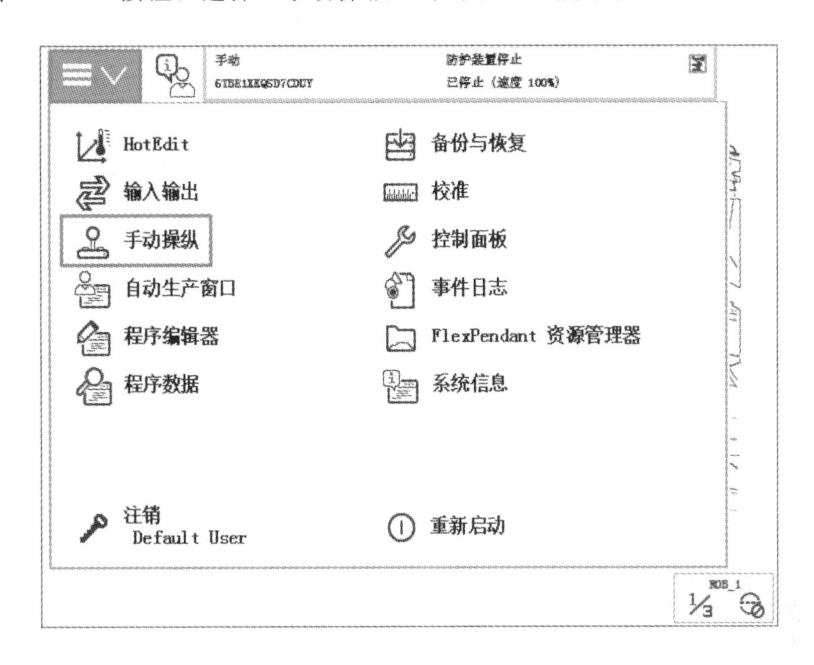

图 3.37

② 单击“动作模式”，如图 3.38 所示。

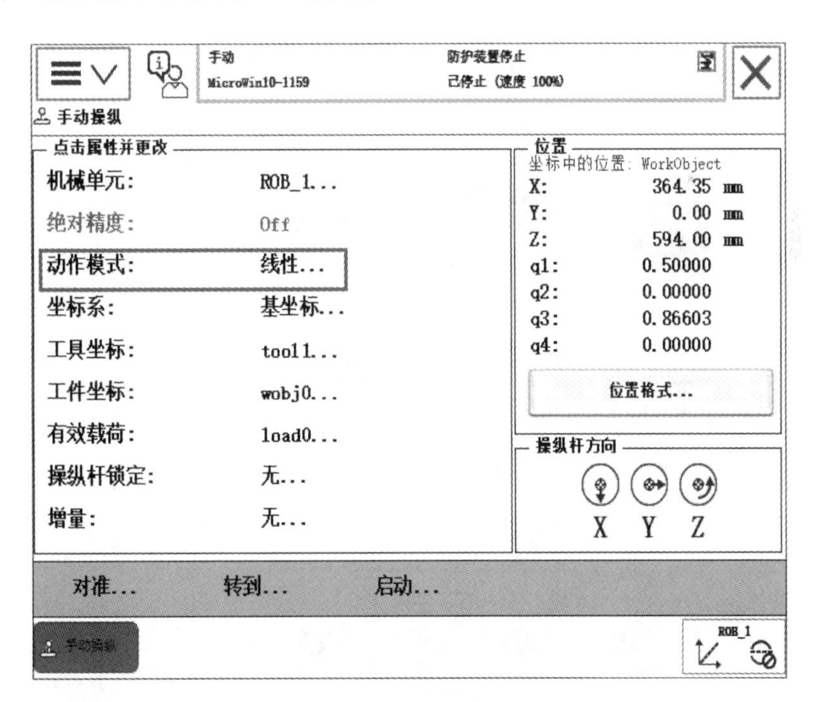

图 3.38

③ 选中“重定位”，然后，单击“确定”，如图 3.39 所示。

④ 单击“坐标系”，如图 3.40 所示。

⑤ 选中“工具”，然后单击“确定”，如图 3.41 所示。

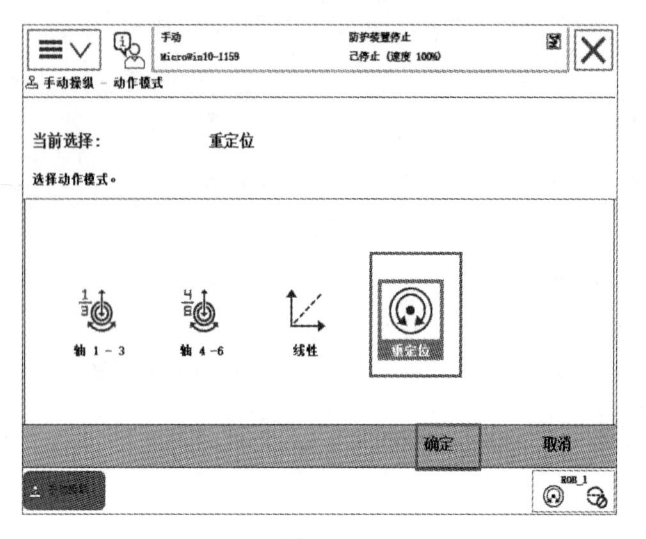

图 3.39

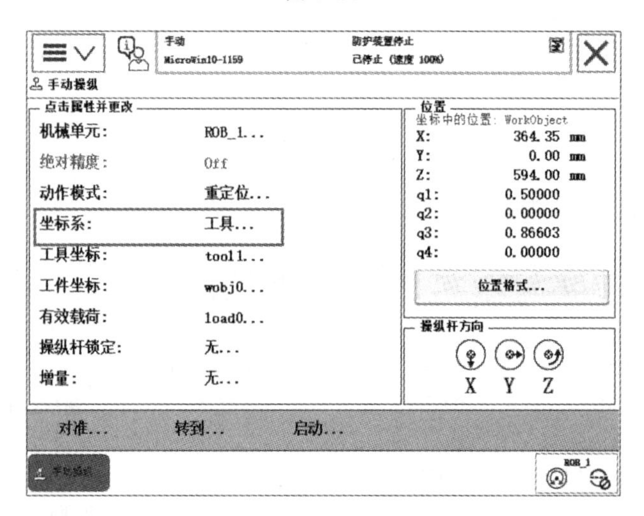

图 3.40

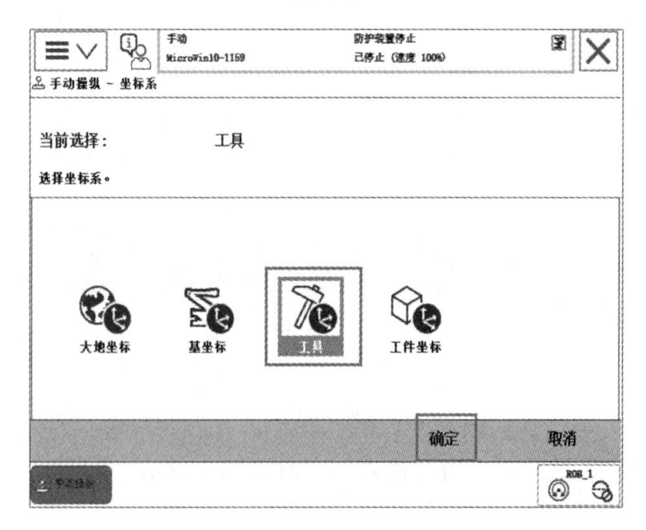

图 3.41

⑥ 单击“工具坐标”，如图 3.42 所示。

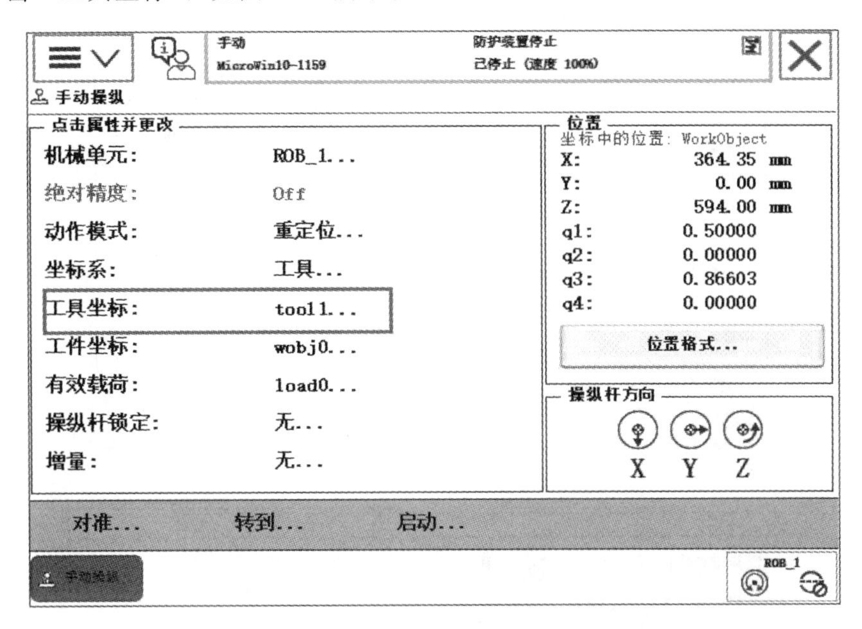

图 3.42

⑦ 选中正在使用的“tool1”，然后单击“确定”，如图 3.43 所示。

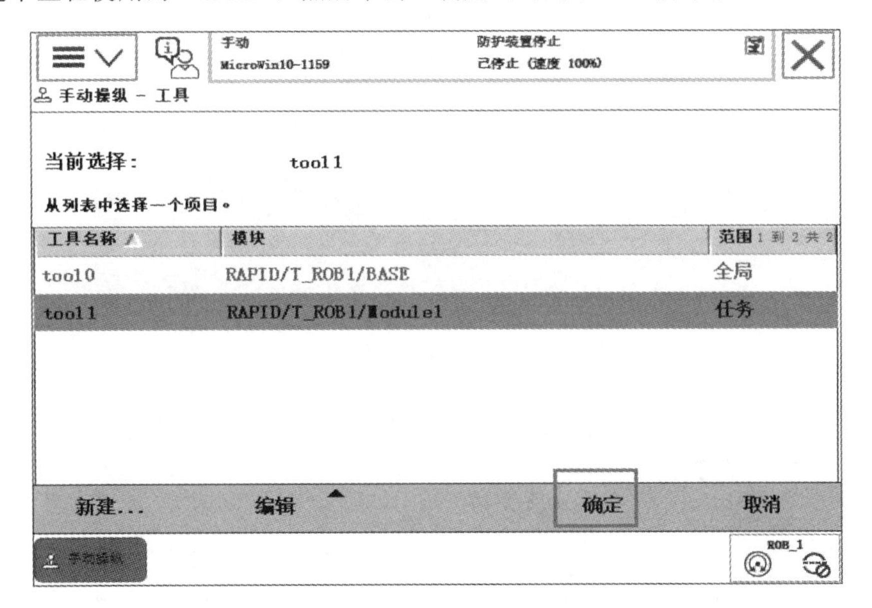

图 3.43

⑧ 用手按下使能器按钮，并在状态栏中确认已正确进入“电机开启”状态，如图 3.44 所示；手动操作机器人控制手柄，完成机器人绕着工具 TCP 点做姿态调整的运动。

⑨ 图 3.45 为重定位运动绕行方向。

增量模式的使用如下。

① 选中“增量”，如图 3.46 所示。

② 根据需要选择增量的移动距离，然后单击“确定”，如图 3.47 所示。

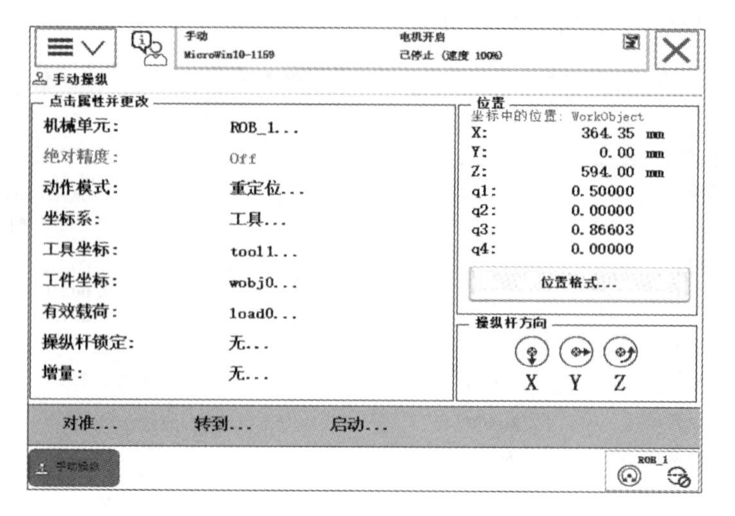

图 3.44

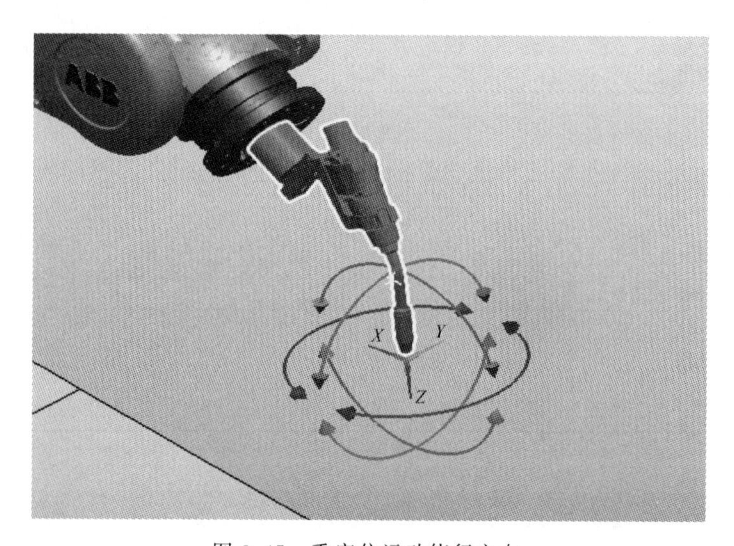

图 3.45 重定位运动绕行方向

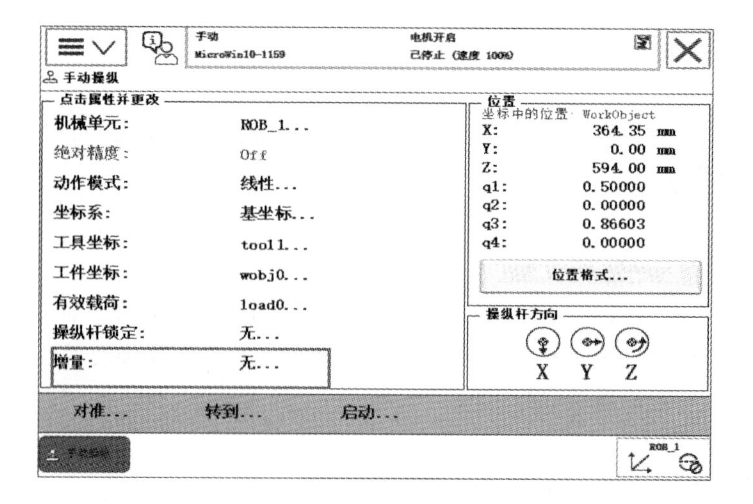

图 3.46

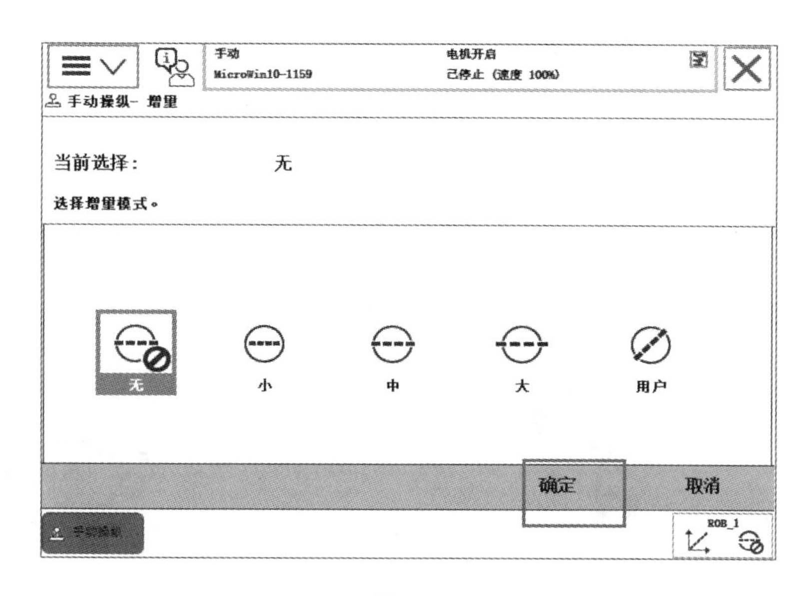

图 3.47

③ 表 3.3 中为增量的移动距离和角度大小。

表 3.3

序号	增量	移动距离/mm	角度/(°)
1	小	0.05	0.005
2	中	1	0.02
3	大	5	0.2
4	用户	自定义	自定义

手动操纵的快捷菜单如下。

① 单击屏幕右下角的快捷菜单按钮（图 3.48）。

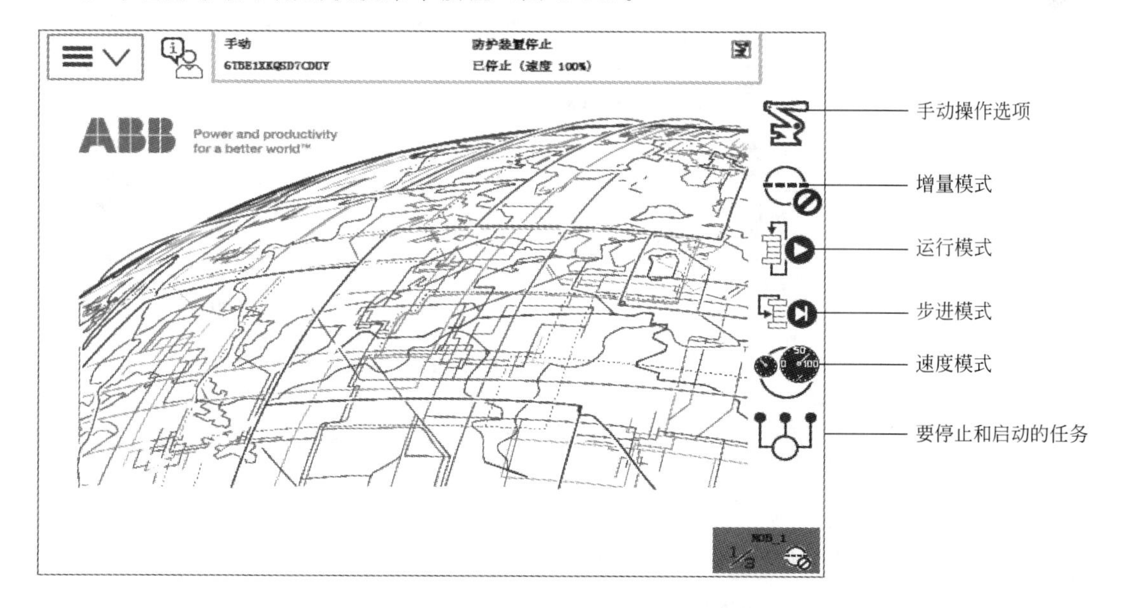

图 3.48

② 单击“手动操作”按钮，单击“显示详情”展开菜单；可以对当前的“工具数据”“工件坐标”“操纵杆速度”“增量开/关”“碰撞监控开/关”“坐标系选择”“动作模式选择”进行设置（图 3.49）。

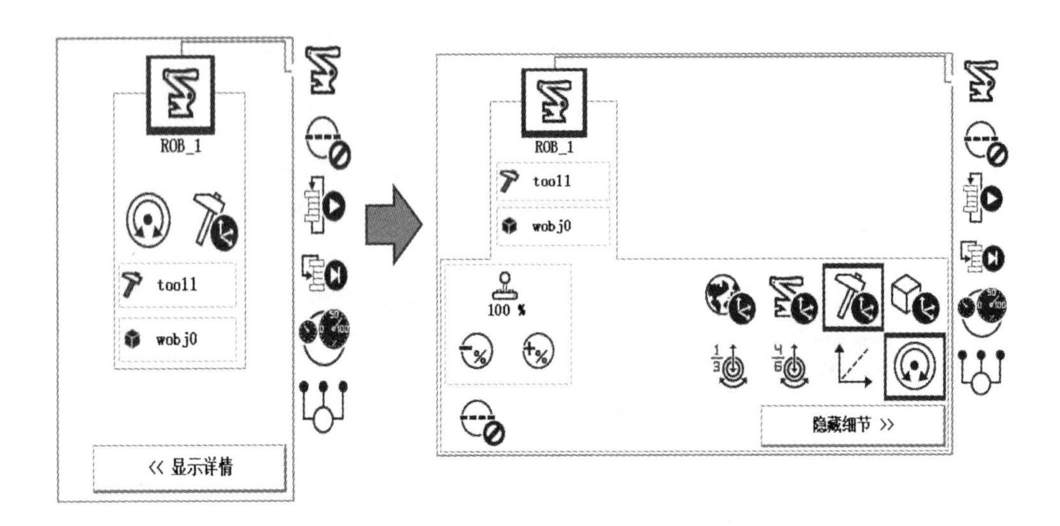

图 3.49

③ 单击“增量模式”按钮，选择需要的增量，如果是自定义增量值，可以选择“用户模块”，然后单击“显示值”就可以进行增量值的自定义（图 3.50）。

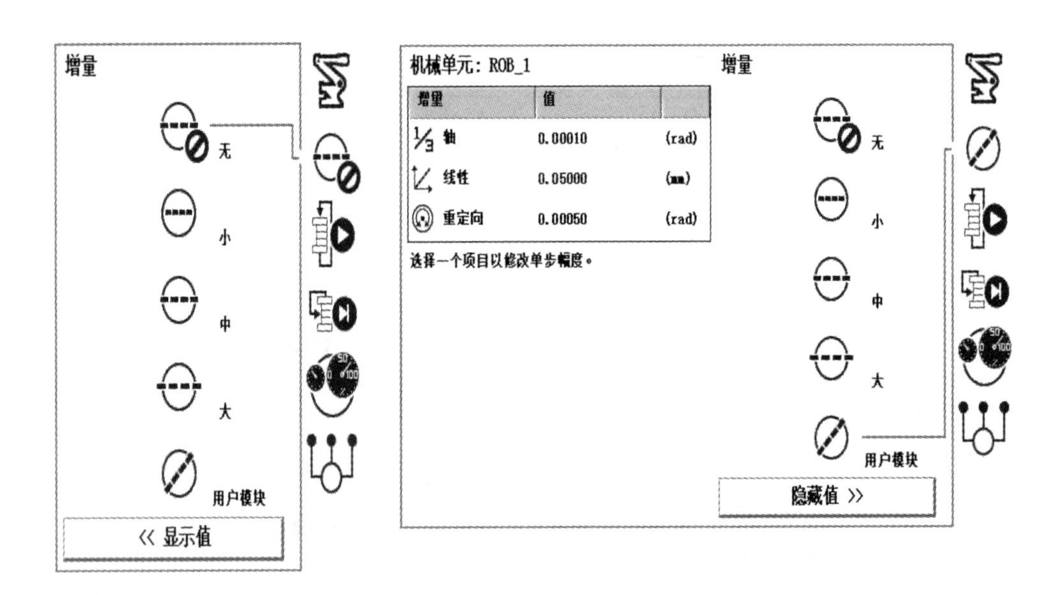

图 3.50

④ 单击“运行模式”按钮（图 3.51）。

⑤ 单击“速度模式”按钮，弹出速度的调整界面（图 3.52）。

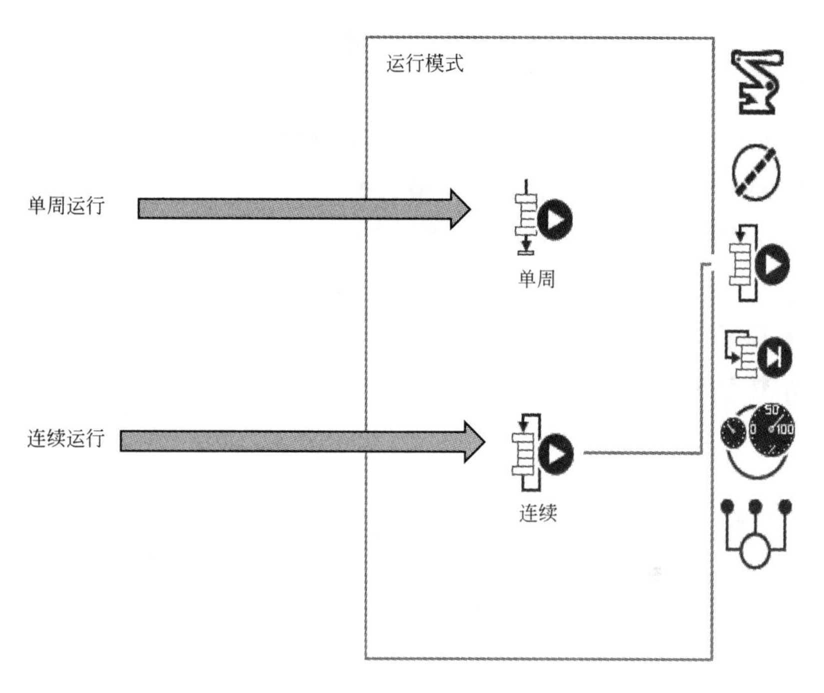

图 3.51

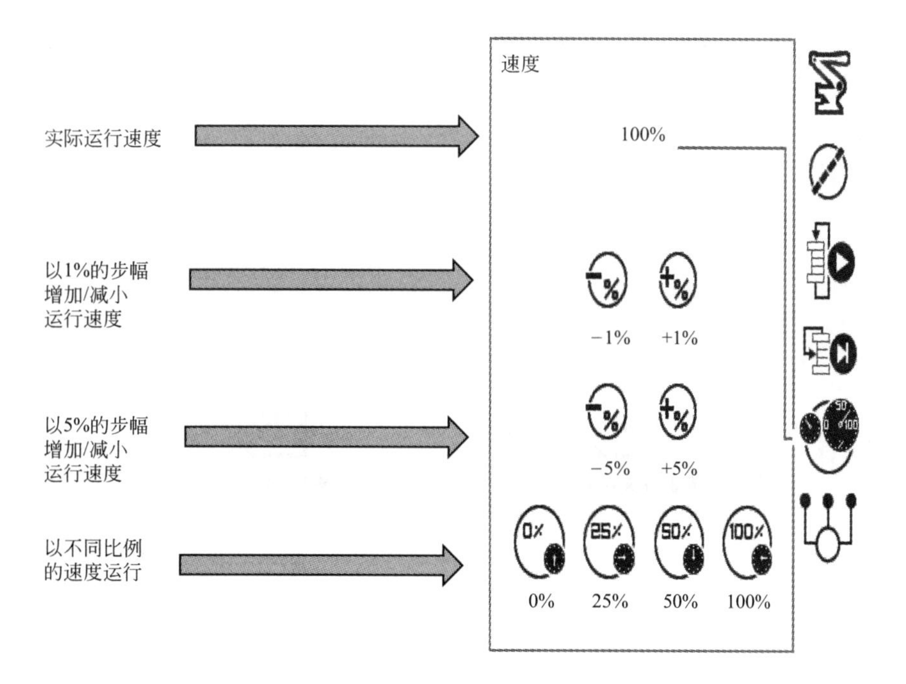

图 3.52

3.4 工业机器人的数据备份与恢复

(1) 数据备份

① 单击“ABB”按钮，选择“备份与恢复”，如图 3.53 所示。

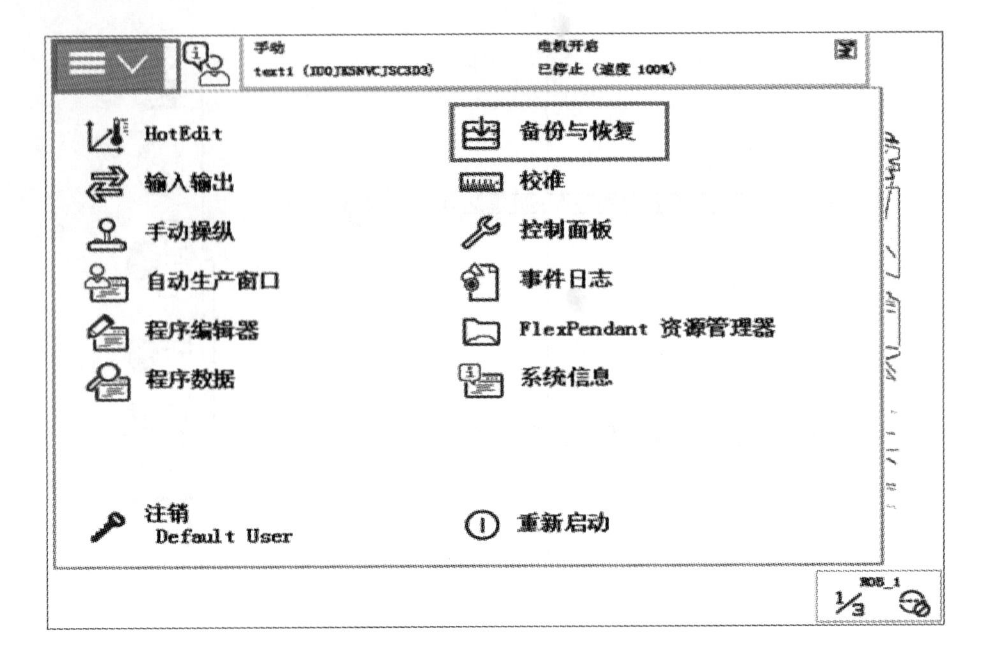

图 3.53

② 单击“备份当前系统…”按钮，如图 3.54 所示。

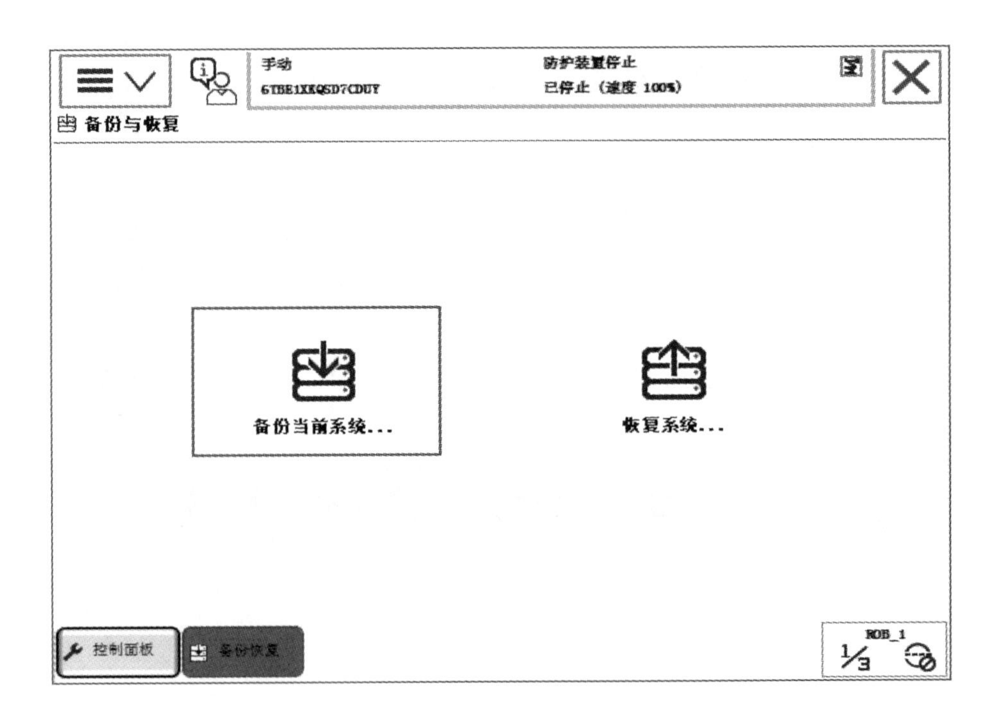

图 3.54

③ 单击“ABC…”按钮，进行存放备份数据目录名称的设定；单击“…”，选择备份存放的位置（机器人硬盘或者 USB 存储设备）；单击“备份”进行备份的操作，如图 3.55 所示。

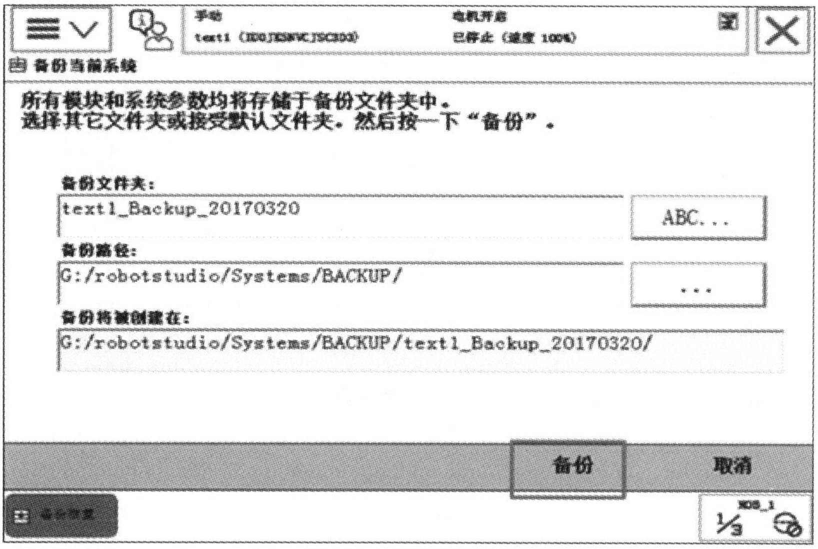

手动
text1 (IDOJKSNVCJSCIO3)
电机开启
已停止 (速度 100%)
备份当前系统
所有模块和系统参数均将存储于备份文件夹中。
选择其它文件夹或接受默认文件夹。然后按一下“备份”。
备份文件夹:
text1_Backup_20170320
ABC...
备份路径:
G:/robotstudio/Systems/BACKUP/
...
备份将被创建在:
G:/robotstudio/Systems/BACKUP/text1_Backup_20170320/
备份
取消
ROB_1
1/3

图 3.55

④ 等待备份的完成，如图 3.56 所示。

图 3.56

(2) 数据恢复

① 单击“ABB”按钮，选择“备份与恢复”，单击“恢复系统…”按钮，如图 3.57 和图 3.58 所示。

② 单击“…”，选择备份存放的目录，单击“恢复”，完成系统恢复操作，如图 3.59 所示。

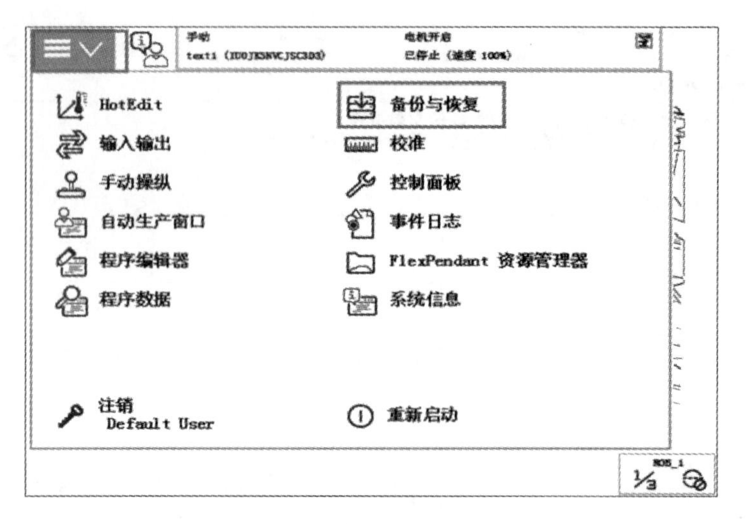

图 3.57

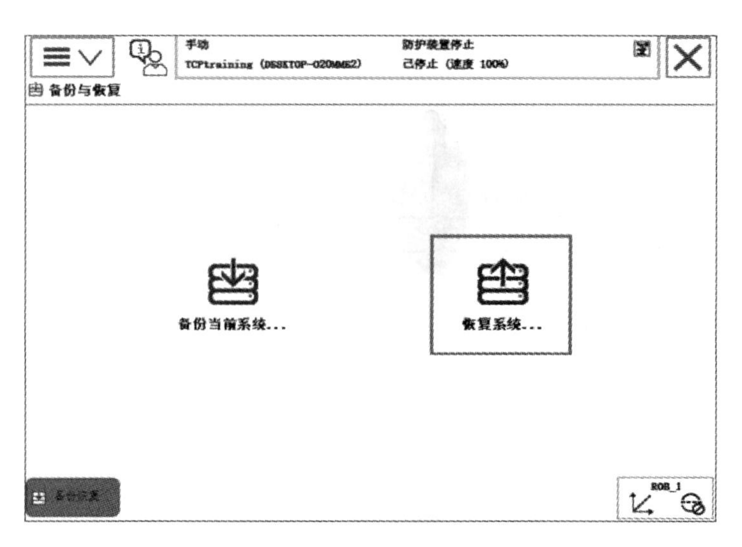

图 3.58

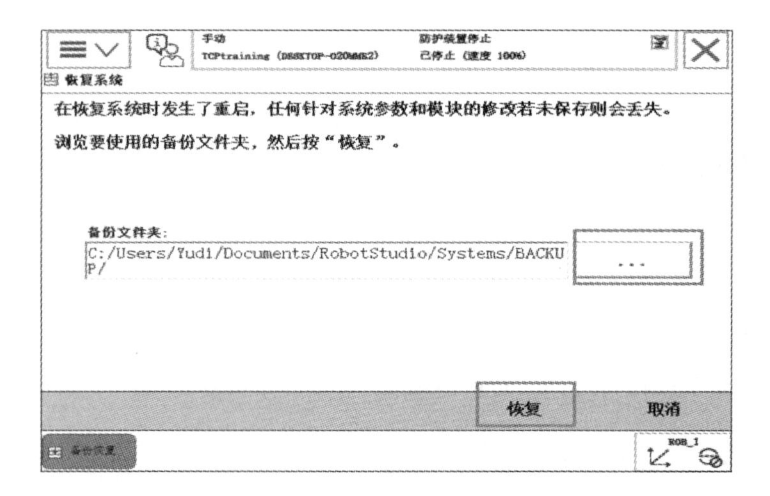

图 3.59

3.5 工业机器人的校准

（1）认识机器人六轴的同步标记位置（零点位置，见图 3.60）

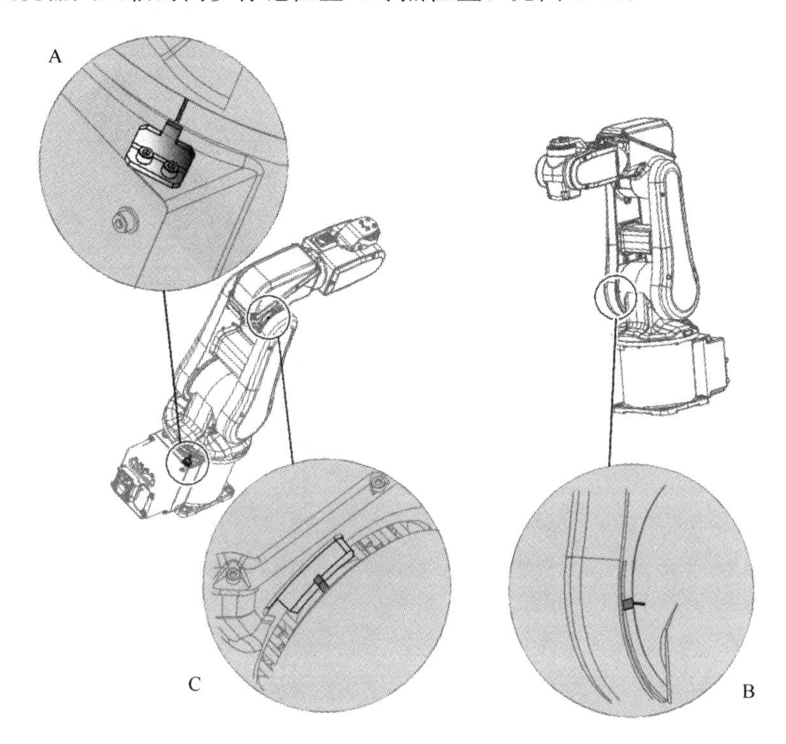

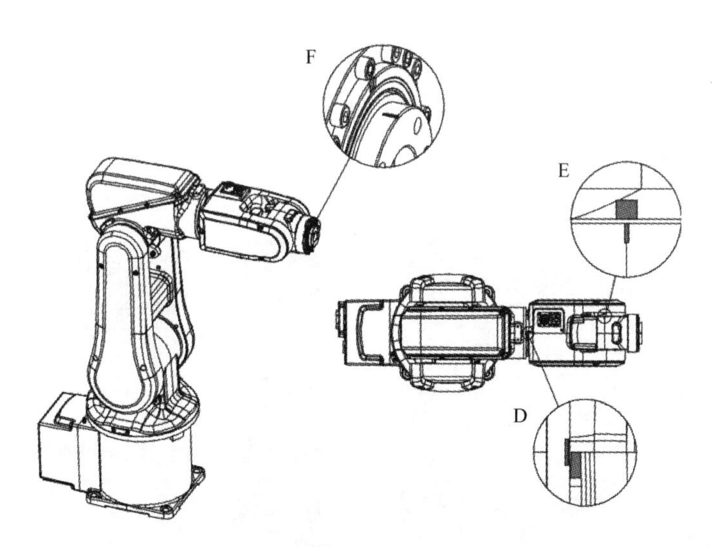

图 3.60

A—同步标记，轴 1；B—同步标记，轴 2；C—同步标记，轴 3；
D—同步标记，轴 4；E—同步标记，轴 5；F—同步标记，轴 6

检验零位步骤详见表 3.4 与图 3.61。

表 3.4 手动检验零位步骤

序号	操作
1	在 ABB 菜单中，单击 Jogging(微动控制)
2	单击 Motion mode(动作模式)选择要进行微调的一组轴
3	单击以选择要微调的轴：轴 1、2 或 3
4	将机器人轴手动运行至 FlexPendant 上轴位置值为零的位置
5	检查轴校准标记是否正确对准，如没有对准，更新转数计数器

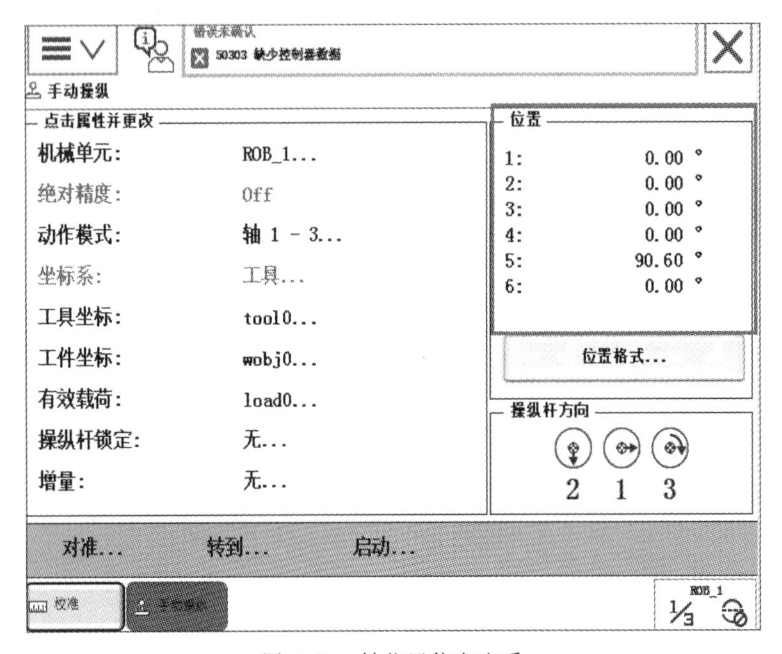

图 3.61 轴位置信息查看

(2) 微校

微校流程一般不需要进行操作，只有当 TCP 数据不准确时，才需要专业人员进行操作，非专业人员不能操作。

轴 1～6 校准针脚的位置如图 3.62～图 3.66 所示，各轴的旋转方向与角度见表 3.5。

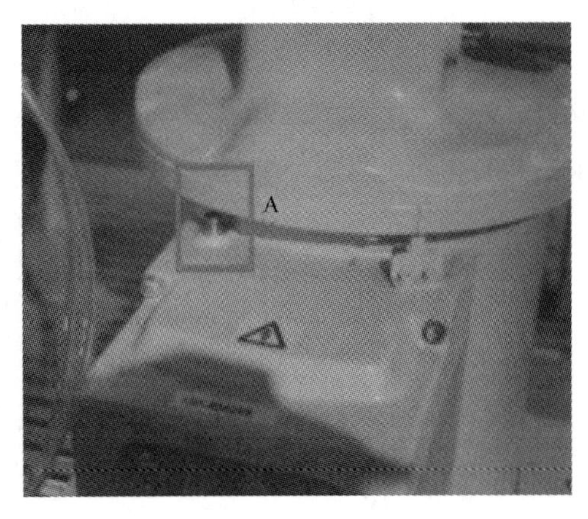

图 3.62 轴 1

图 3.63 轴 2

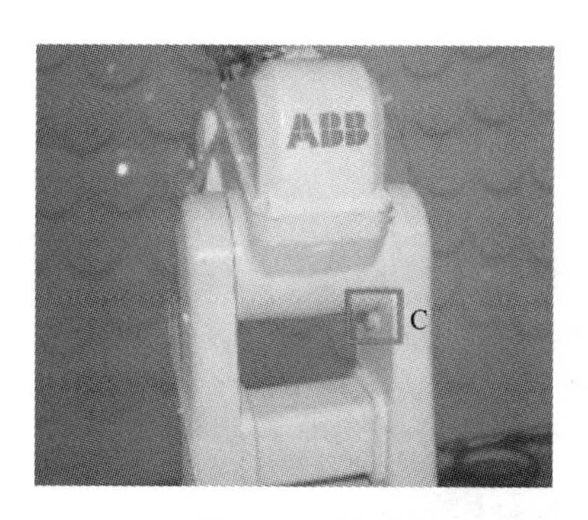

图 3.64　轴 3

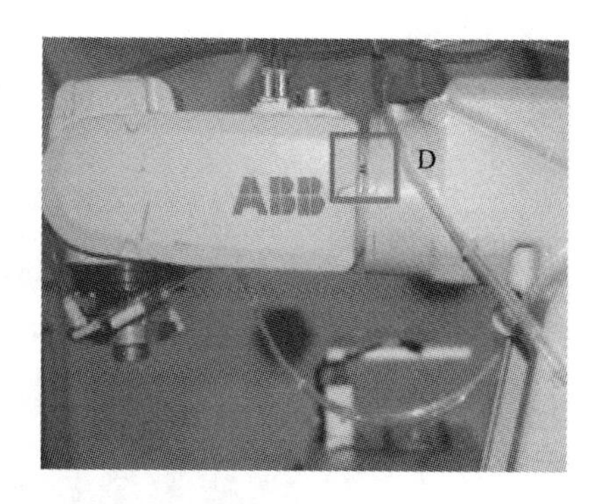

图 3.65　轴 4

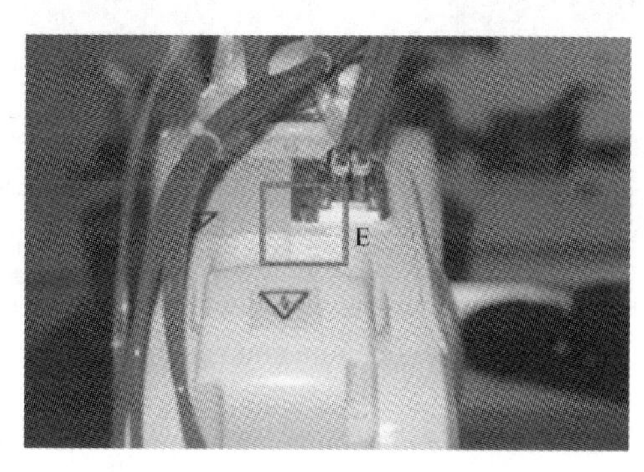

图 3.66　轴 5、轴 6

表 3.5　各轴旋转方向与角度

项目	说　　明	项目	说　　明
1	校准，轴 1(将轴 1 旋转−170.2°)	C	校准针脚，轴 3
A	校准针脚，轴 1	4	校准，轴 4(将轴 4 旋转−174.7°)
2	校准，轴 2(将轴 2 旋转−115.1°)	D	校准针脚，轴 4
B	校准针脚，轴 2	5-6	校准，轴 5、轴 6(将轴 5 旋转−90°，将轴 6 旋转 90°)
3	校准，轴 3(将轴 3 旋转 75.8°)	E	校准针脚，轴 5、轴 6

微校具体步骤：

① 关闭机器人的所有电力与气压供给。

② 从校准针脚上拆下所有阻尼器。

③ 将校准工具安装到轴 6 上，如图 3.67 所示。

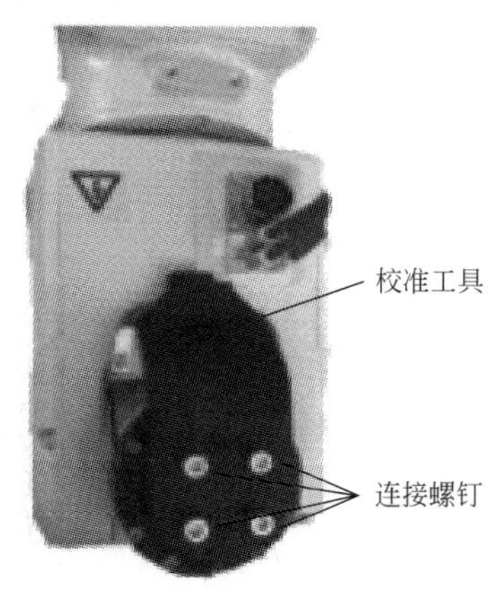

图 3.67　校准工具的安装

④ 释放制动闸。

⑤ 手动旋转轴 4～6，直至每个轴的两个校准针脚相互接触，如图 3.68 所示。

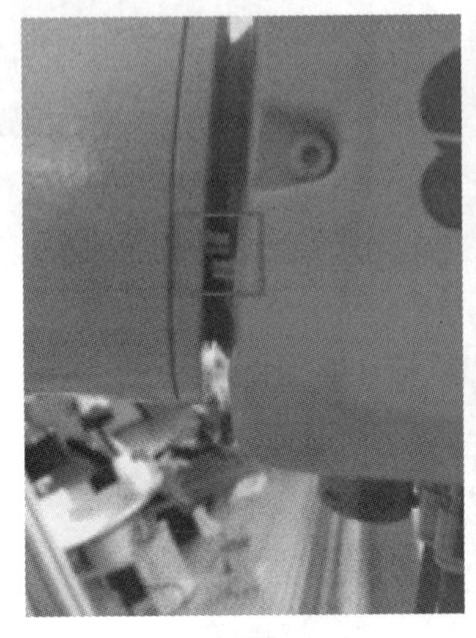

(a) 轴4

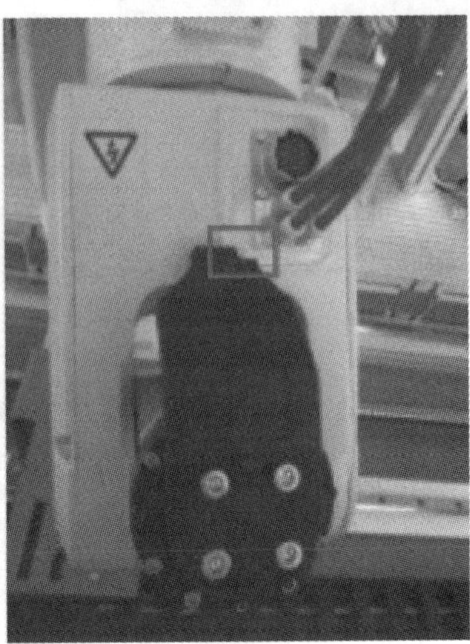

(b) 轴5、轴6

图 3.68　轴 4～6

⑥ 单击“校准”，如图 3.69 所示。

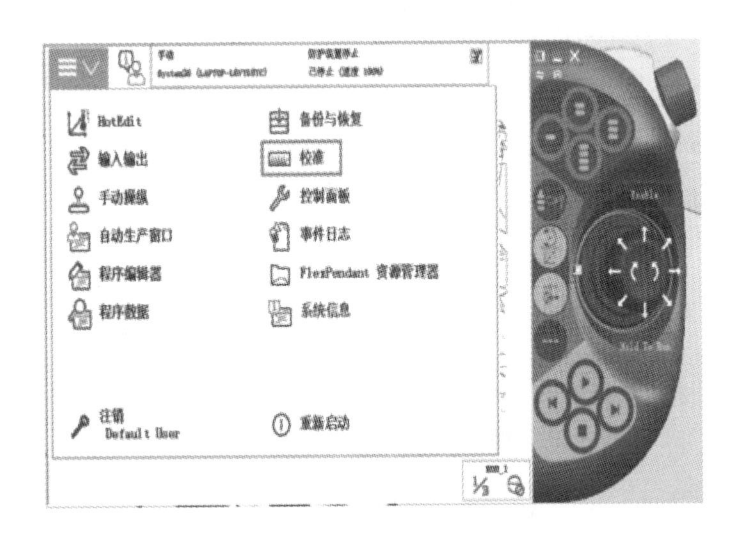

图 3.69

⑦ 单击“ROB _ 1”，如图 3.70 所示。

⑧ 单击“手动方法（高级）”，如图 3.71 所示。

⑨ 依次单击“校准 参数”“微校”，如图 3.72 所示。

⑩ 在弹出的对话框中，单击“是”，如图 3.73 所示。

⑪ 选择轴 4～6，单击“校准”，如图 3.74 所示。

⑫ 在弹出的对话框中，单击“校准”，如图 3.75 所示。

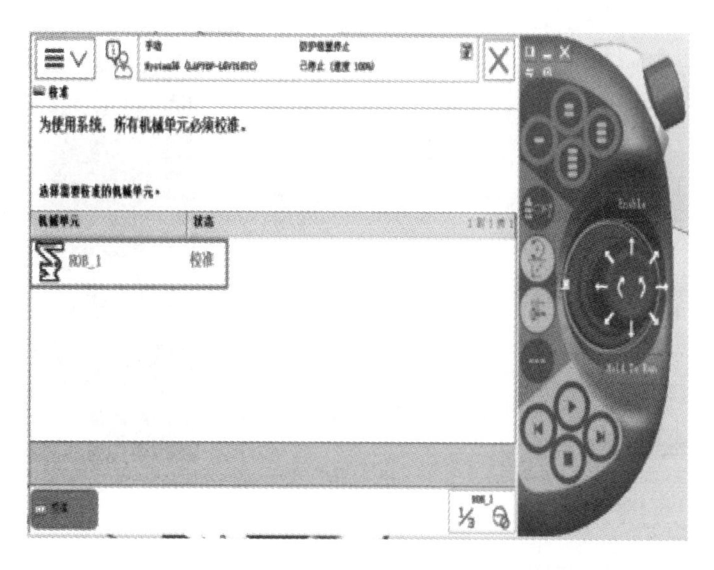

图 3.70

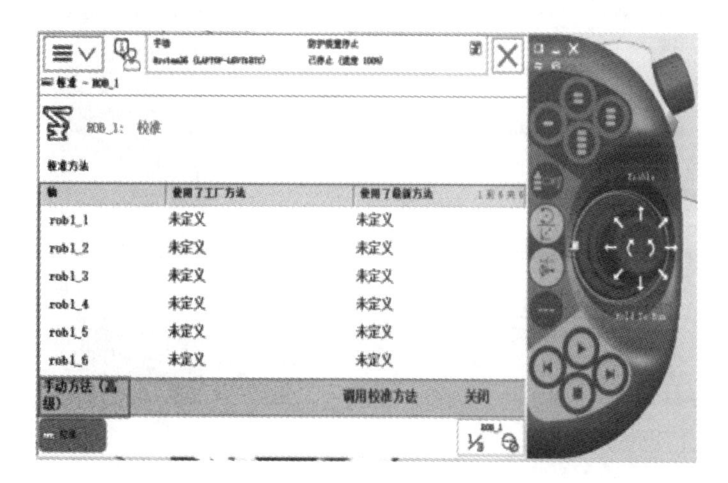

图 3.71

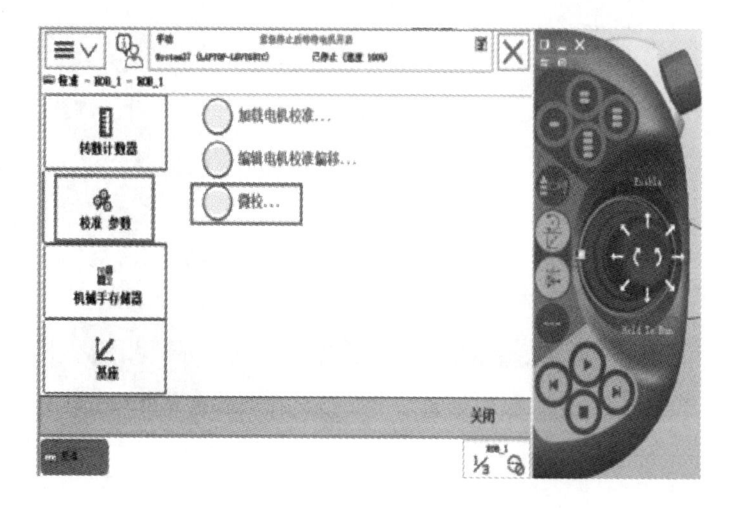

图 3.72

图 3.73

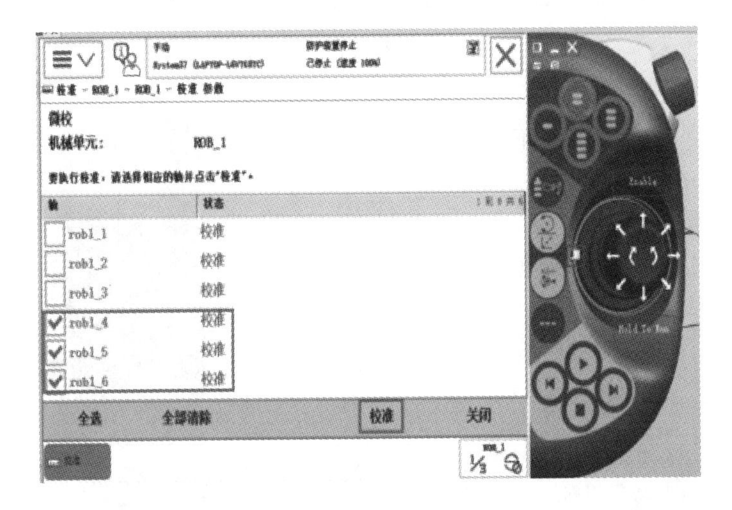

图 3.74

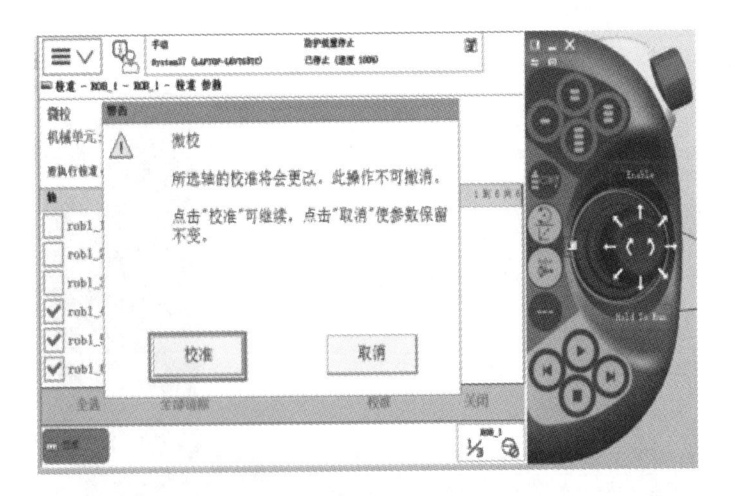

图 3.75

⑬ 在弹出的对话框中，单击“确定”，如图 3.76 所示。

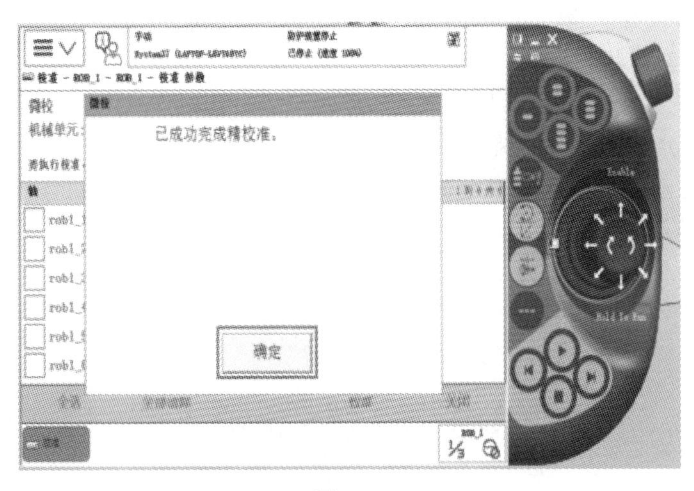

图 3.76

⑭ 校准完成后，请使用 FlexPendant 将每个轴推到零度位置。

⑮ 手动旋转轴 1～3，直至每个轴的两个校准针脚相互接触，如图 3.77 所示。

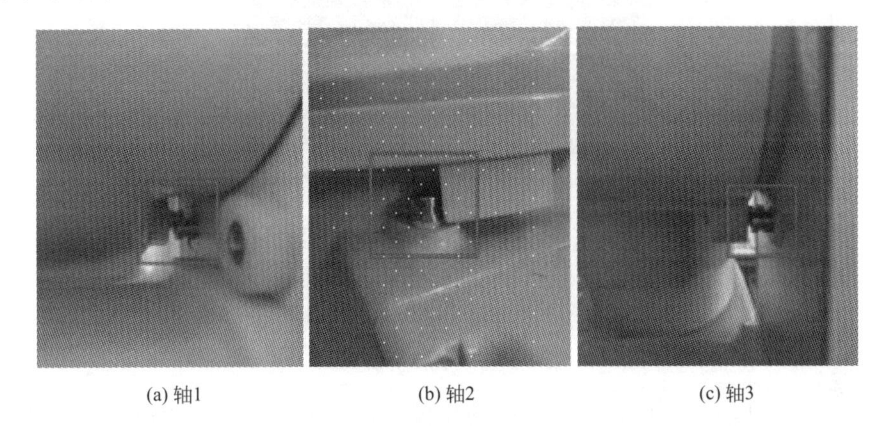

(a) 轴1　　(b) 轴2　　(c) 轴3

图 3.77　轴 1～3

⑯ 继续操作步骤⑥～⑩。

⑰ 选择轴 1～3，单击“校准”，如图 3.78 所示。

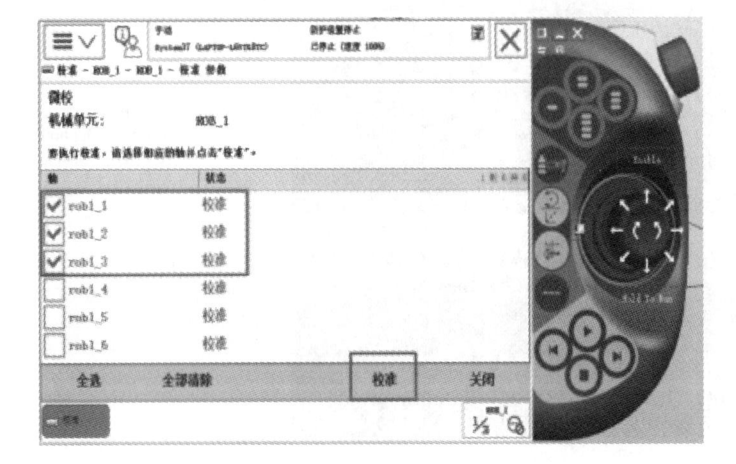

图 3.78

⑱ 继续操作步骤⑫～⑭。

（3）机器人更新转数计数器

① ABB机器人六个关节轴都是一个机械原点位置（图3.79）。

转数计数器需要更新操作的情况：

a. 更换伺服电动机转数计数器电池后；

b. 当转数计数器发生故障，修复后；

c. 转数计数器与测量板之间断开过以后；

d. 断电后，机器人关节轴发生了移动；

e. 当系统报警提示“10036转数计数器未更新”时。

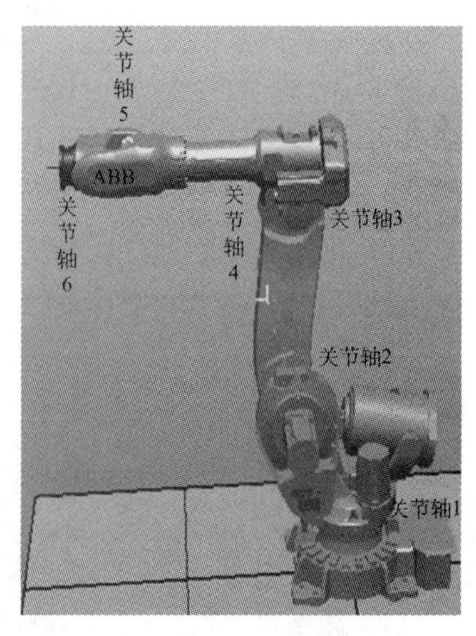

图3.79 ABB机器人

② 分别通过手动操纵，选择对应的轴动作模式，“轴4～6”和“轴1～3”按着顺序依次将机器人六个轴转到机械原点刻度位置（图3.80），各关节轴运动的顺序为轴4、5、6、1、2、3。

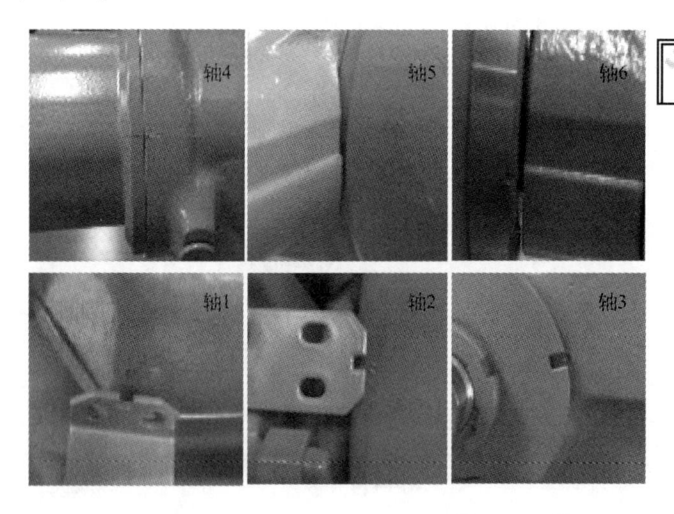

图3.80 轴1～6

如果机器人由于安装位置的关系，无法六个轴同时到达机械原点刻度位置，则可以逐一对关节轴进行转数计数器更新。

③ 在主菜单界面选择“校准”，如图 3.81 所示。

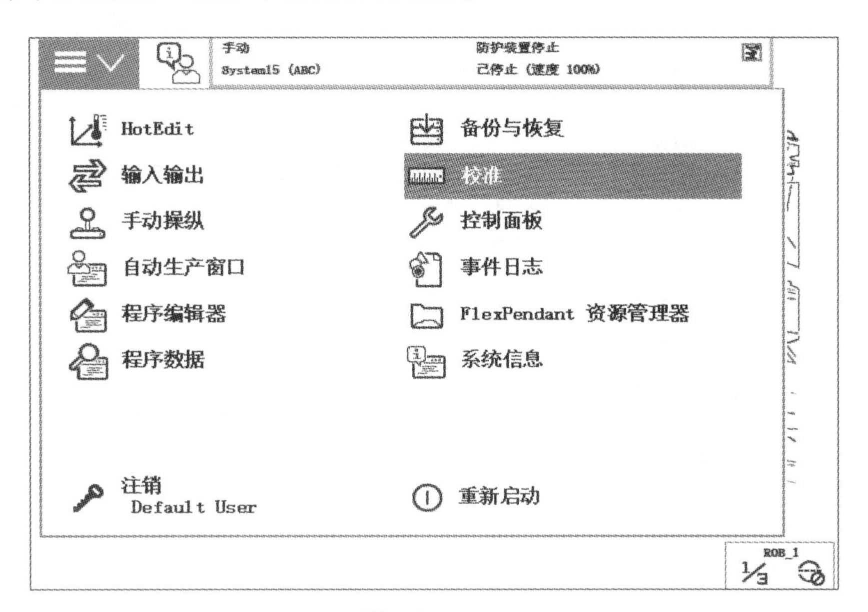

图 3.81

④ 单击“ROB_1”，如图 3.82 所示。

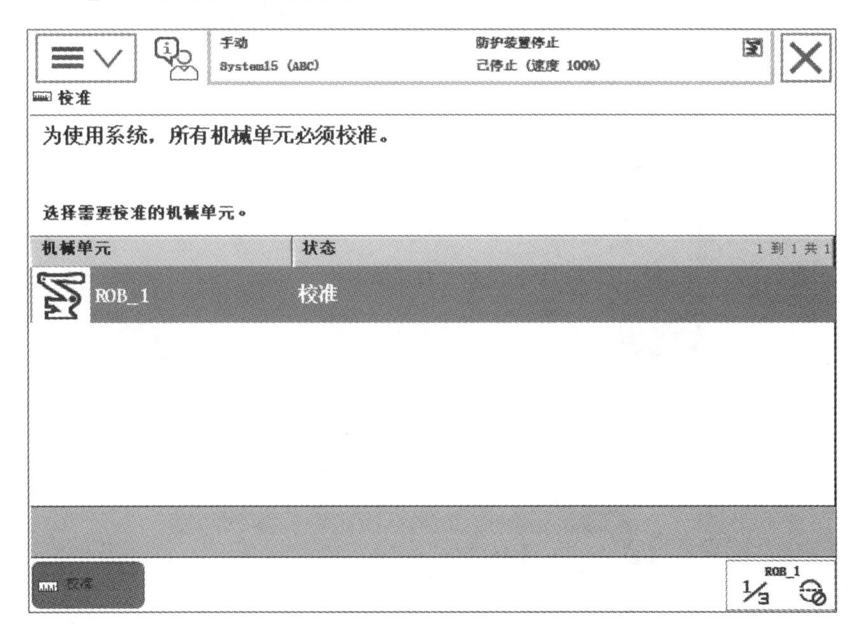

图 3.82

⑤ 单击“手动方法（高级）”，如图 3.83 所示。

⑥ 选择“校准 参数”，选择“编辑电机校准偏移...”，如图 3.84 所示。

⑦ 在弹出对话框中单击“是”，如图 3.85 所示。

⑧ 弹出编辑电机校准偏移界面，要对六个轴的偏移参数进行修改（图 3.86)。

⑨ 将机器人本体上电动机校准偏移记录下来（图 3.87)；在编辑电动机校准偏移中输入机器人本体上的电动机校准偏移数据，然后单击“确定”，如图 3.88 所示。

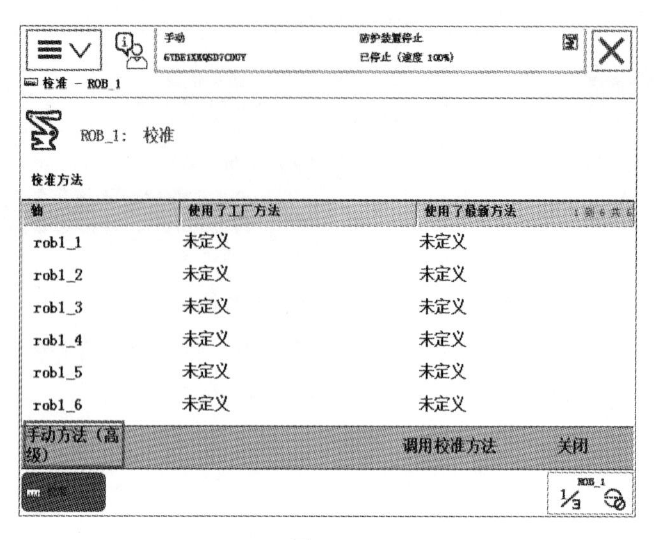

图 3.83

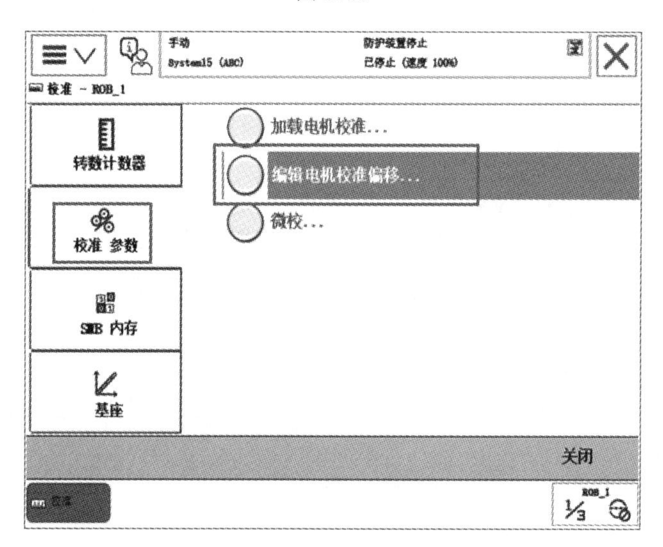

图 3.84

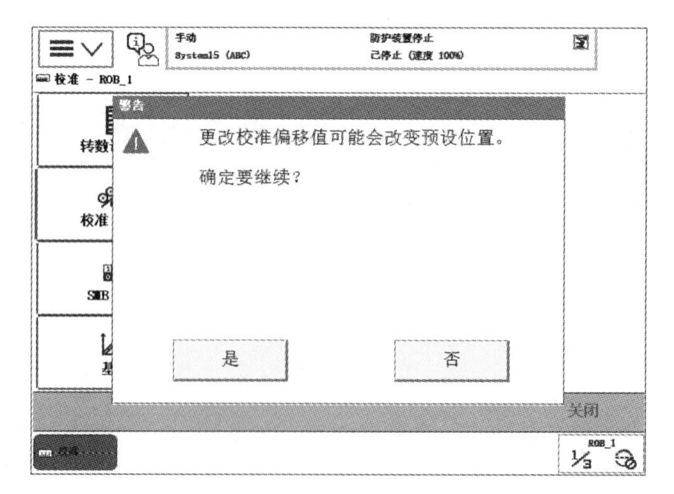

图 3.85

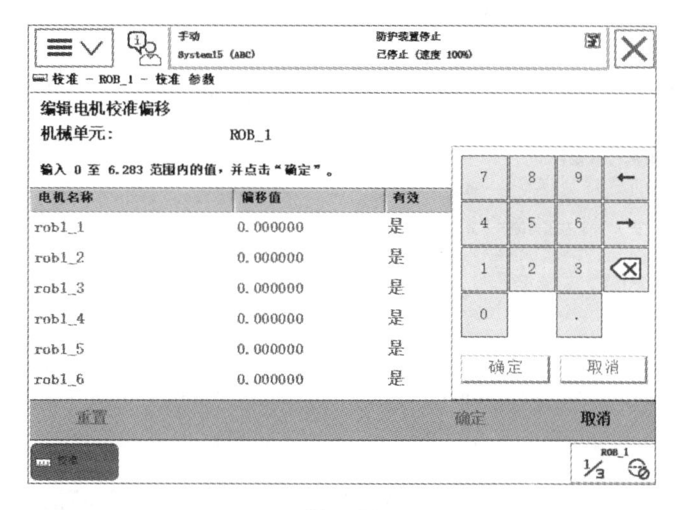

图 3.86

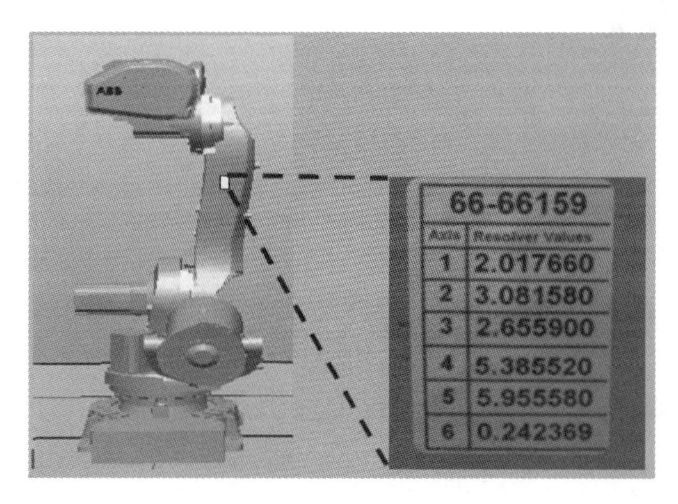

图 3.87

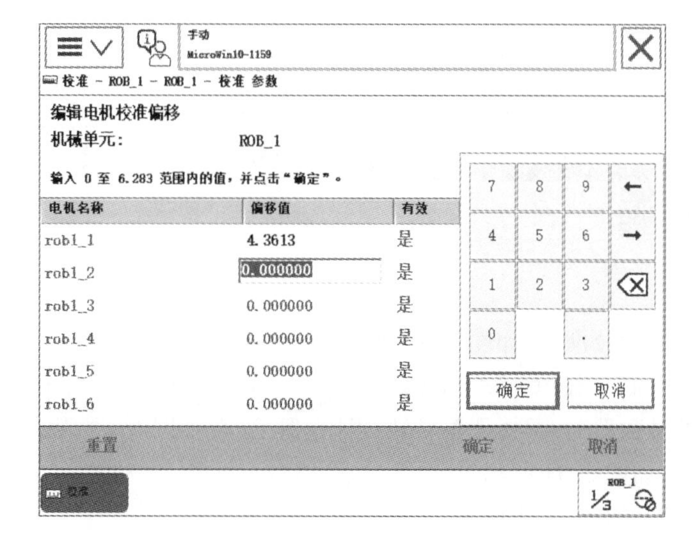

图 3.88

⑩ 输入新的校准偏移值后重新启动示教器，如图 3.89 所示。

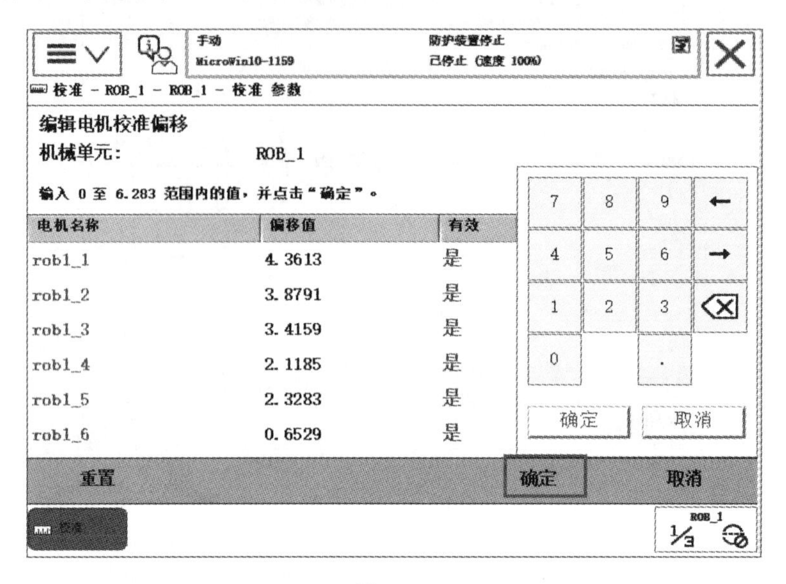

图 3.89

⑪ 单击“是”，完成系统重启，如图 3.90 所示。

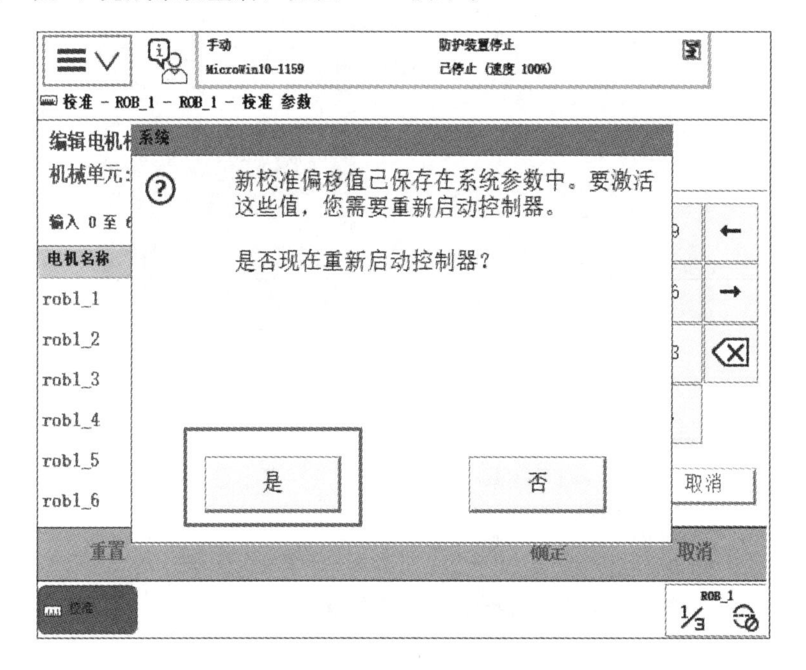

图 3.90

⑫ 重启后，单击“校准”，如图 3.91 所示。

⑬ 选择“ROB _ 1”，如图 3.92 所示。

⑭ 选择“转数计数器”，选择“更新转数计数器...”，如图 3.93 所示。

⑮ 单击“是”，如图 3.94 所示。

⑯ 单击“确定”，如图 3.95 所示。

⑰ 单击“全选”，然后单击“更新”，如图 3.96 所示。

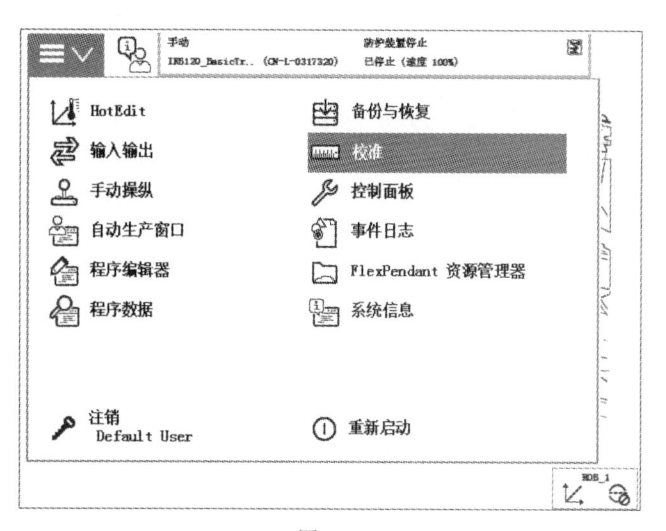

图 3.91

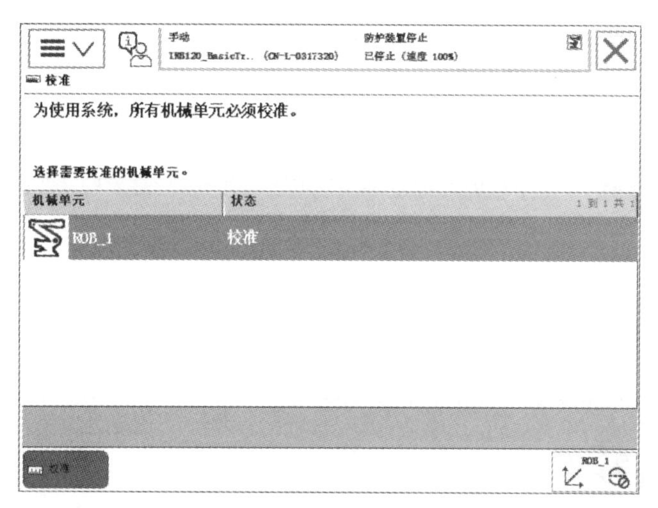

图 3.92

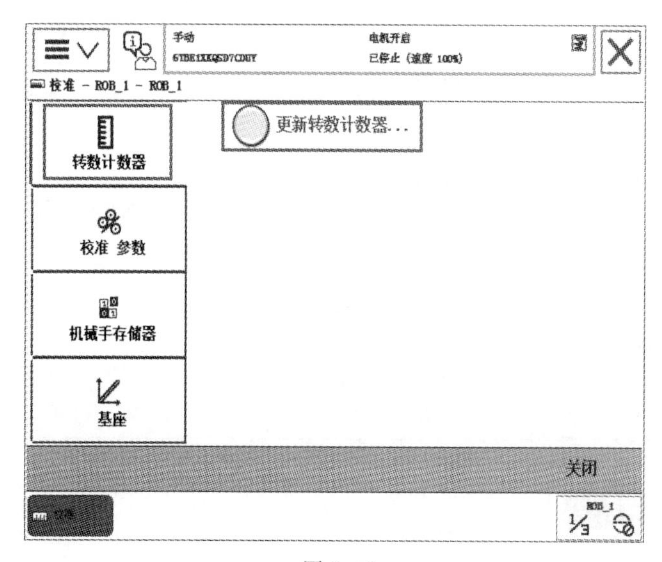

图 3.93

图 3.94

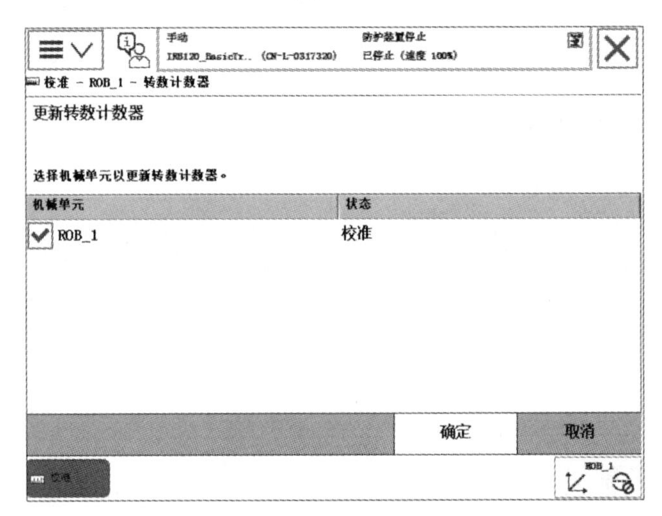

图 3.95

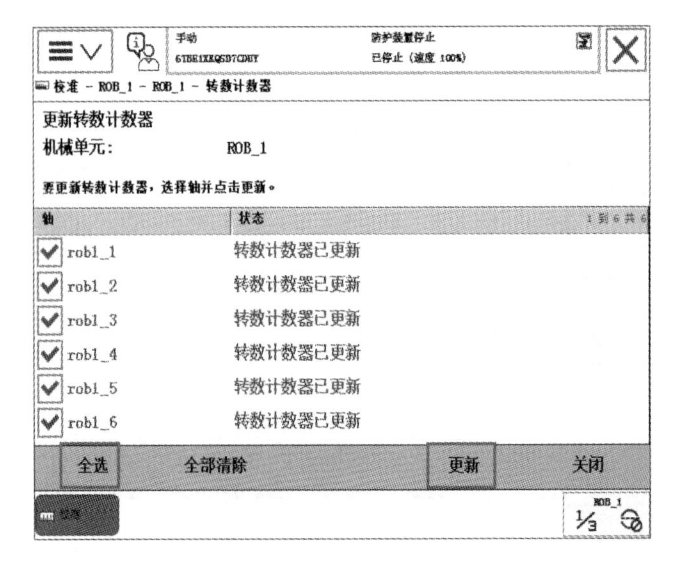

图 3.96

⑱ 单击“更新”，如图 3.97 所示。

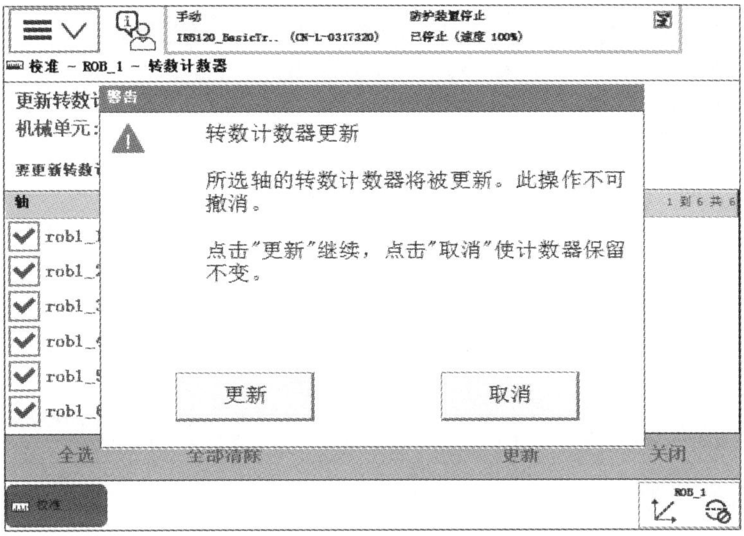

手动　IRB120_BasicTr.. (CN-L-0317320)　防护装置停止　已停止 (速度 100%)

校准 - ROB_1 - 转数计数器

更新转数计数器

机械单元:

要更新转数计数器，选择轴并点击更新。

警告

转数计数器更新

所选轴的转数计数器将被更新。此操作不可撤消。

点击"更新"继续，点击"取消"使计数器保留不变。

更新　取消

轴　1 到 6 共 6

rob1_1

rob1_2

rob1_3

rob1_4

rob1_5

rob1_6

全选　全部清除　更新　关闭

校准　ROB_1

图 3.97

⑲ 等待系统完成更新工作，如图 3.98 所示。

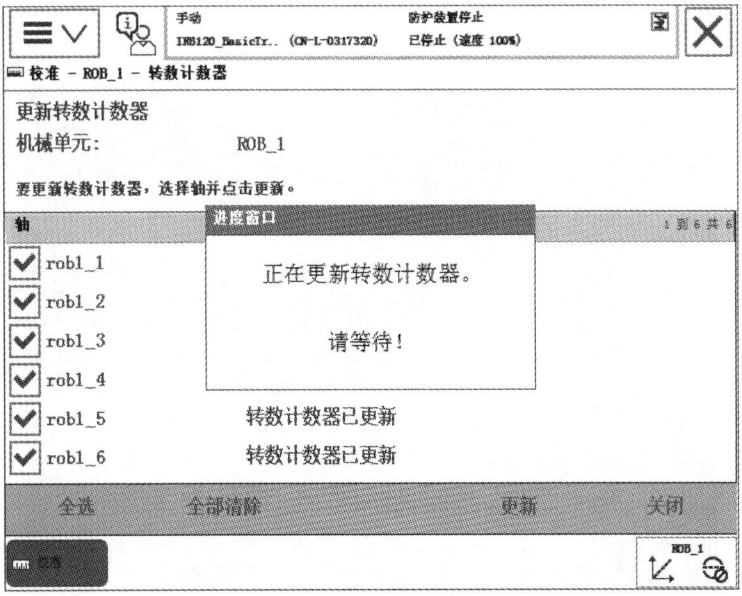

手动　IRB120_BasicTr.. (CN-L-0317320)　防护装置停止　已停止 (速度 100%)

校准 - ROB_1 - 转数计数器

更新转数计数器

机械单元:　ROB_1

要更新转数计数器，选择轴并点击更新。

轴　1 到 6 共 6

进度窗口

正在更新转数计数器。

请等待!

rob1_1

rob1_2

rob1_3

rob1_4

rob1_5　转数计数器已更新

rob1_6　转数计数器已更新

全选　全部清除　更新　关闭

校准　ROB_1

图 3.98

⑳ 当显示“转数计数器更新已成功完成”时，单击“确定”更新完毕（图 3.99）。

手动 MicroWin10-1159 防护装置停止 已停止（速度 100%）

校准 - ROB_1 - ROB_1 - 转数计数器

更新转数计

机械单元：

要更新转数计

轴 1 到 6 共 6

rob1_1

rob1_2

rob1_3

rob1_4

rob1_5

rob1_6

更新转数计数器

转数计数器更新已成功完成。

确定

全选 全部清除 更新 关闭

校准 ROB_1 1/3

图 3.99

3.6 SMB电池更换

（1）电池组的位置

电池组的位置在底座盖的内部，如图 3.100 所示。

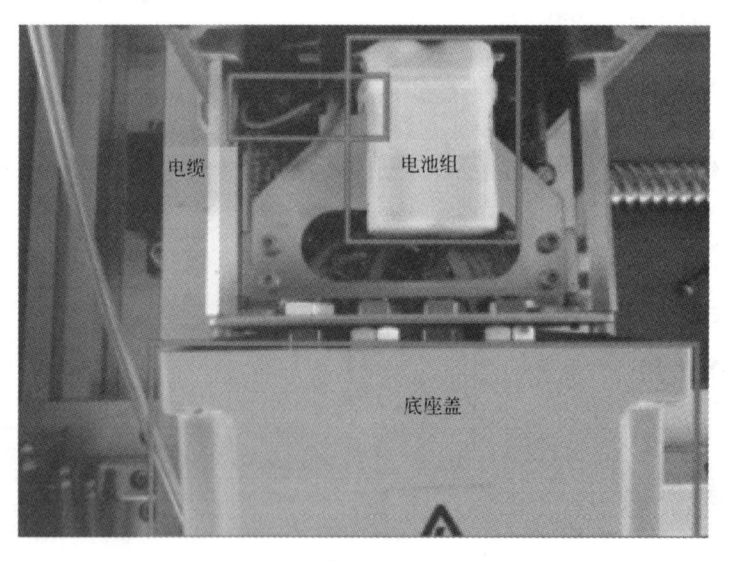

图 3.100

（2）卸下电池组

① 关闭机器人所有电力与气压供给。

② 通过卸下连接螺钉从机器人上卸下底座盖。

③ 断开电池电缆与编码器接口电路板的连接。

④ 切断电缆带。

⑤ 卸下电池组。

（3）重新安装电池组

① 用电缆带安装新电池组。

② 将电池电缆与编码器接口电路板连接。

③ 用其连接螺钉将底座盖重新安装到机器人上。

④ 更新转数计数器。

3.7 ABB机器人程序数据的建立

RAPID 程序的架构说明如下（参见图 3.101 与表 3.6）。

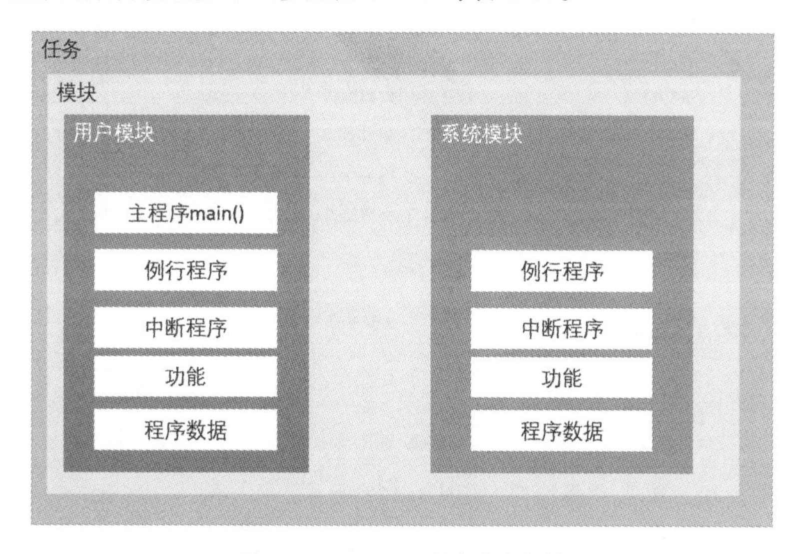

图 3.101 RAPID 程序基本架构

表 3.6 RAPID 程序架构

程序模块 1	程序模块 2	程序模块 3	系统模块
程序数据	程序数据	……	程序数据
主程序 main	例行程序	……	例行程序
例行程序	中断程序	……	中断程序
中断程序	功能	……	功能
功能		……	

① RAPID 程序由程序模块与系统模块组成。一般只通过新建程序模块来构建机器人的程序，而系统模块多用于系统方面的控制。

② 可以根据不同的用途创建多个程序模块，如专门用户主控制的程序模块。用于位置计算的程序模块，用于存放数据的程序模块，这样便于归类管理不同用途的例行程序与数据。

③ 每一个程序模块包含了程序数据、例行程序、中断程序和功能四种对象，但在一个

模块中不一定都有这四种对象，程序模块之间的数据、例行程序、中断程序和功能是可以互相调用的。

④ 在 RAPID 程序中，只有一个主程序 main，存在于任意一个程序模块中，并且是作为整个 RAPID 程序执行的起点。

RAPID 程序中包含了一连串控制机器人的指令，执行这些指令可以实现对机器人的控制操作。应用程序是使用称为 RAPID 编程语言的特定词汇和语法编写而成的。RAPID 是一种英文编程语言，所包含的指令可以移动机器人、设置输出、读取输入，还能实现决策、重复其他指令、构造程序与系统操作员交流等功能。RAPID 程序的基本架构如图 3.101 所示。

在这里介绍用机器人示教器进行程序模块和例行程序创建及相关操作（新系统的首次创建与其次创建不一样，以下为首次创建）。

① 单击“程序编辑器”，打开程序编辑器，如图 3.102 所示。

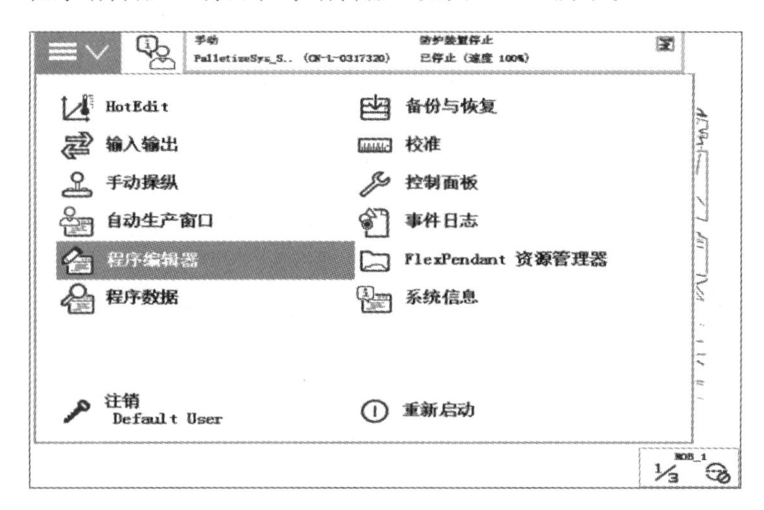

图 3.102

② 如需增加模块，单击“模块”，如图 3.103 所示。

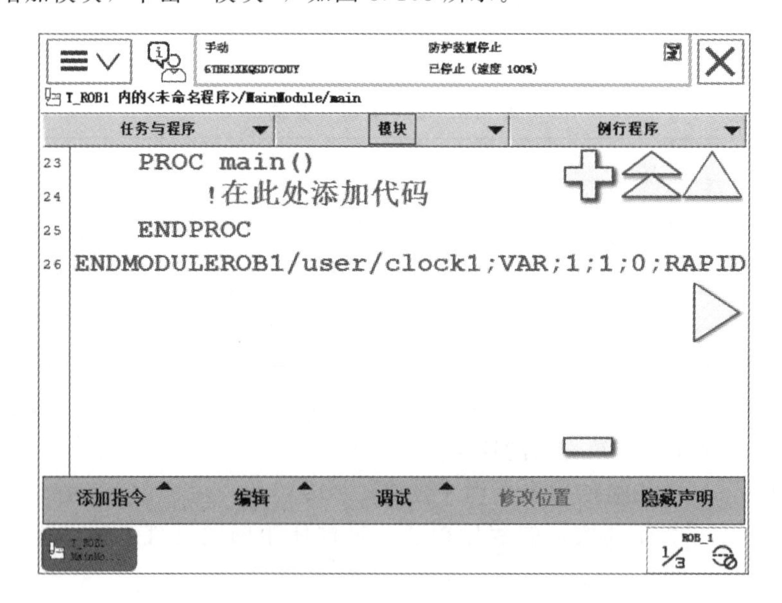

图 3.103

③ 单击“文件”菜单，选择“新建模块”，如图 3.104 所示（注：两个系统模块不能删）。

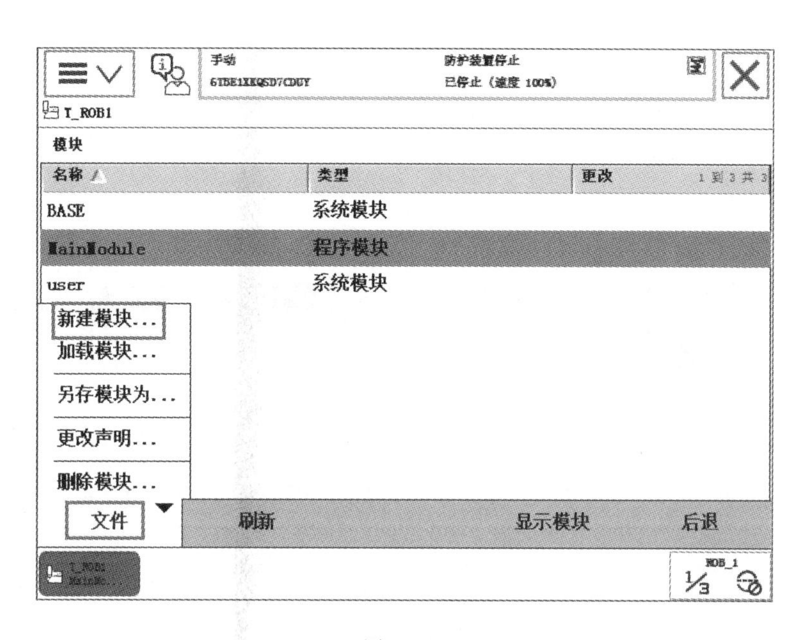

图 3.104

④ 单击“是”，如图 3.105 所示。

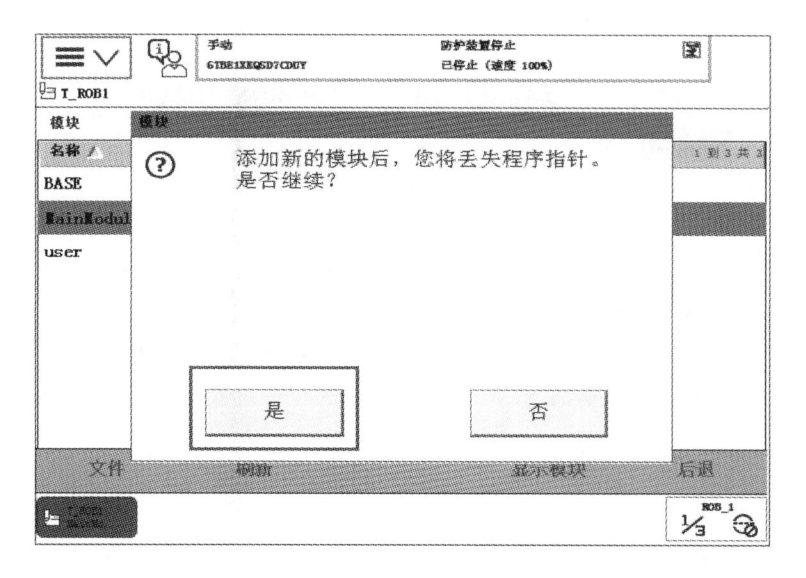

图 3.105

⑤ 通过按钮“ABC...”进行模块名称的设定，类型默认为程序模块（Program），然后单击“确定”创建，如图 3.106 所示。

⑥ 选中模块 Module1，然后单击“显示模块”，如图 3.107 所示。

⑦ 如增加例行程序，单击“例行程序”进行例行程序的创建，如图 3.108 所示。

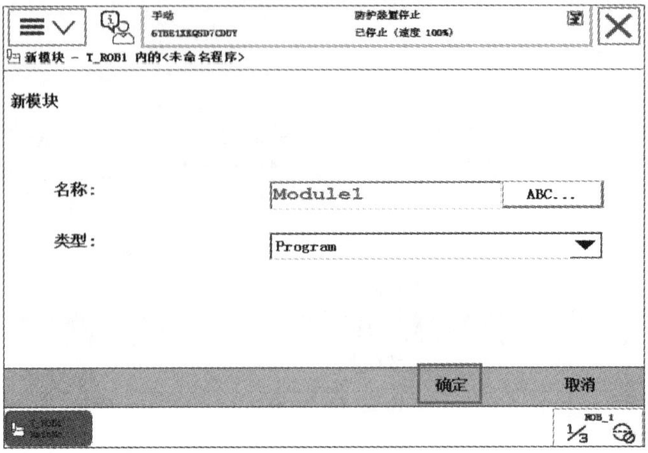

手动
6TBE1XEQSD7CDUY
防护装置停止
已停止（速度 100%）
新模块 - T_ROB1 内的<未命名程序>
新模块
名称：
Module1
ABC...
类型：
Program
确定
取消
ROB_1

图 3.106

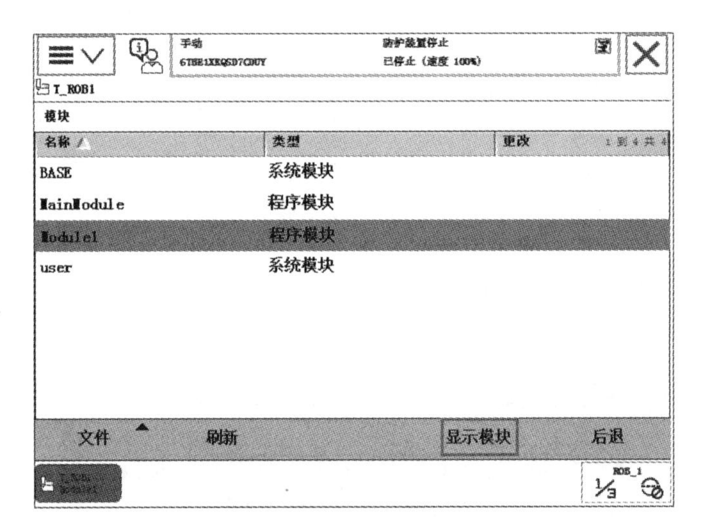

图 3.107

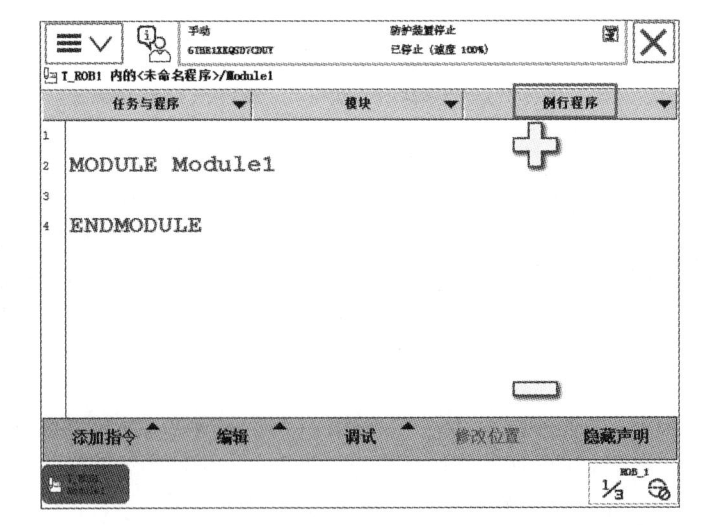

图 3.108

⑧ 打开“文件”菜单，选择“新建例行程序”，如图 3.109 所示。

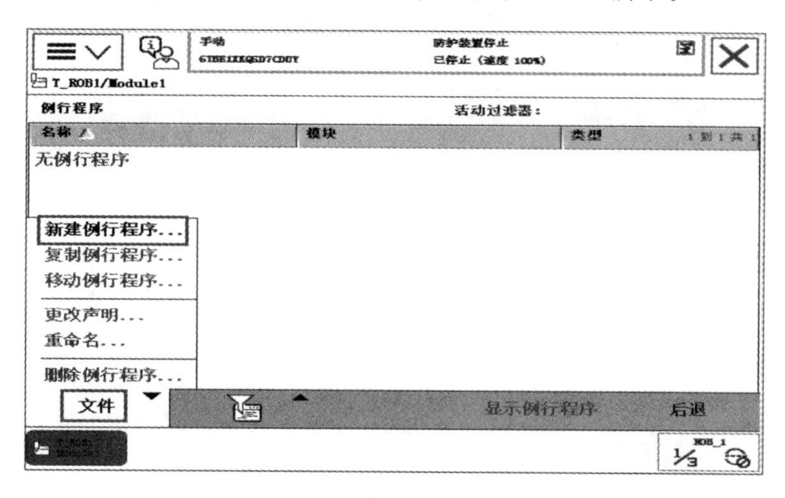

图 3.109

⑨ 可以根据自己需要新建例行程序，用于被主程序 main 调用或例行程序互相调用；名称可以在系统保留字段之外自由定义；单击“确定”完成新建，如图 3.110 所示（注：主程序已默认创建）。

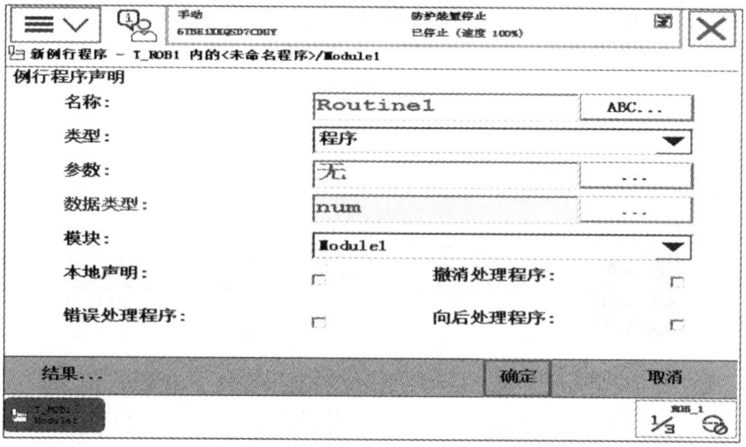

图 3.110

⑩ 单击“后退”，后退至程序模块，如图 3.111 所示。

⑪ 选择主程序模块，单击“显示模块”，进入编程状态，如图 3.112 所示。

⑫ 编程界面如图 3.113 所示（程序和注释都不能是中文，否则重启系统后中文就会乱码）。

⑬ 单击“！在此处添加代码”进行程序编辑，单击“编辑”再单击“剪切”进行删除中文注释，如图 3.114 所示（新系统的首次创建与其次创建不一样，以下为首次创建）。

⑭ 选中要插入指令的程序位置（图 3.115），高显为蓝色。

⑮ 单击“添加指令”，打开指令列表，如图 3.116 所示。

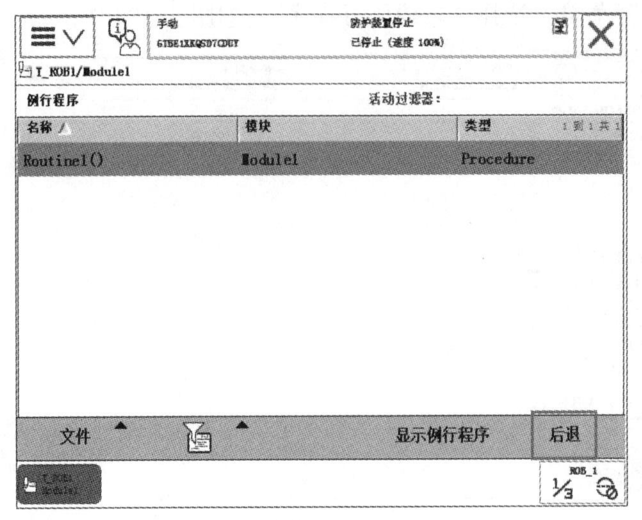

图 3.111

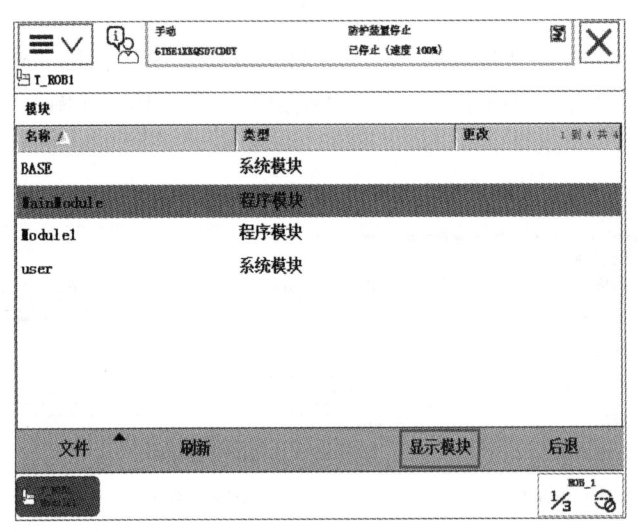

图 3.112

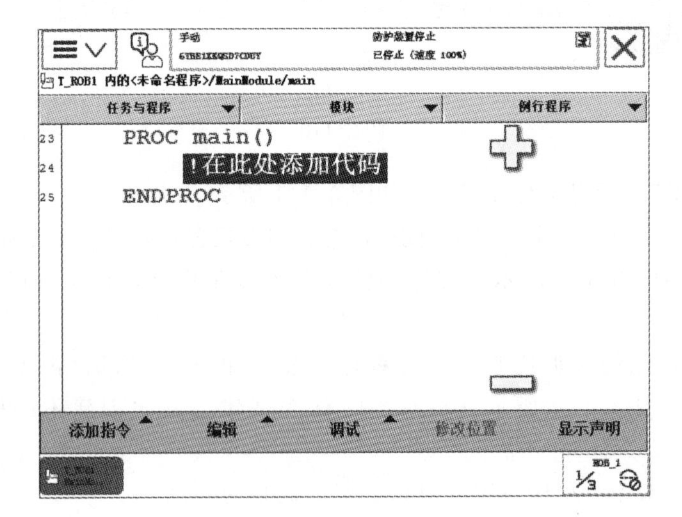

图 3.113

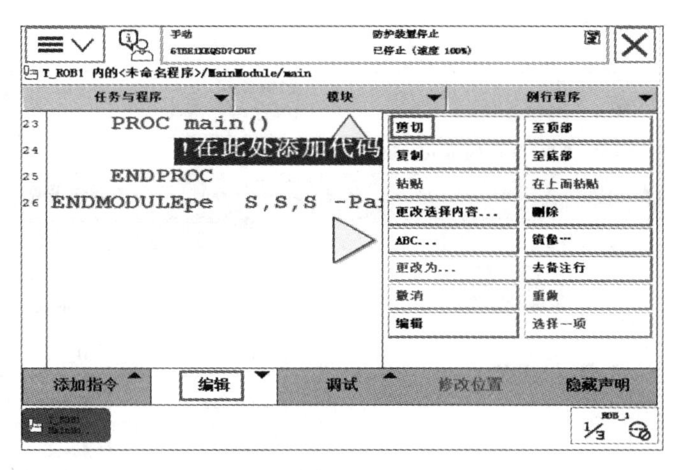

图 3.114

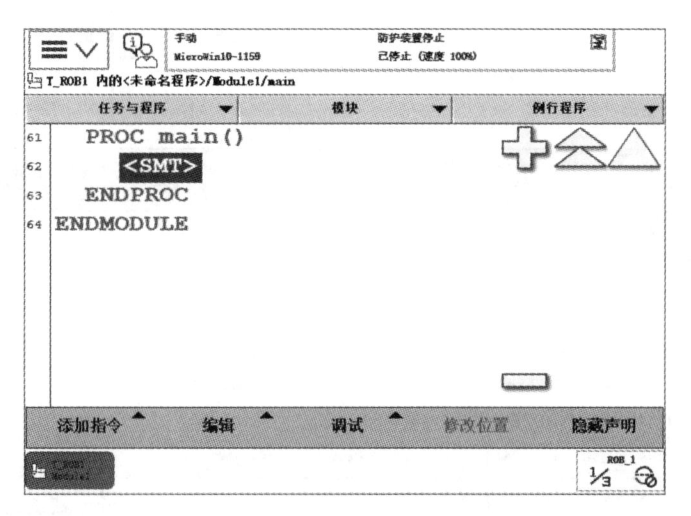

图 3.115

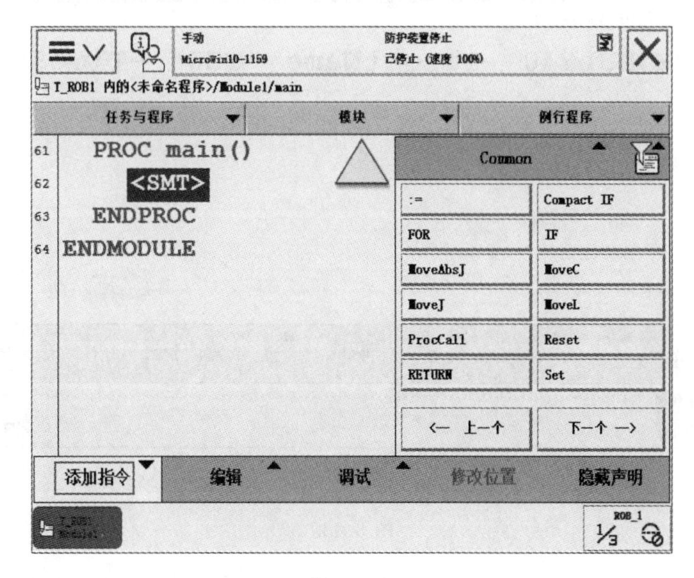

图 3.116

⑯ 任意添加一个指令，如 MoveJ（图 3.117）。

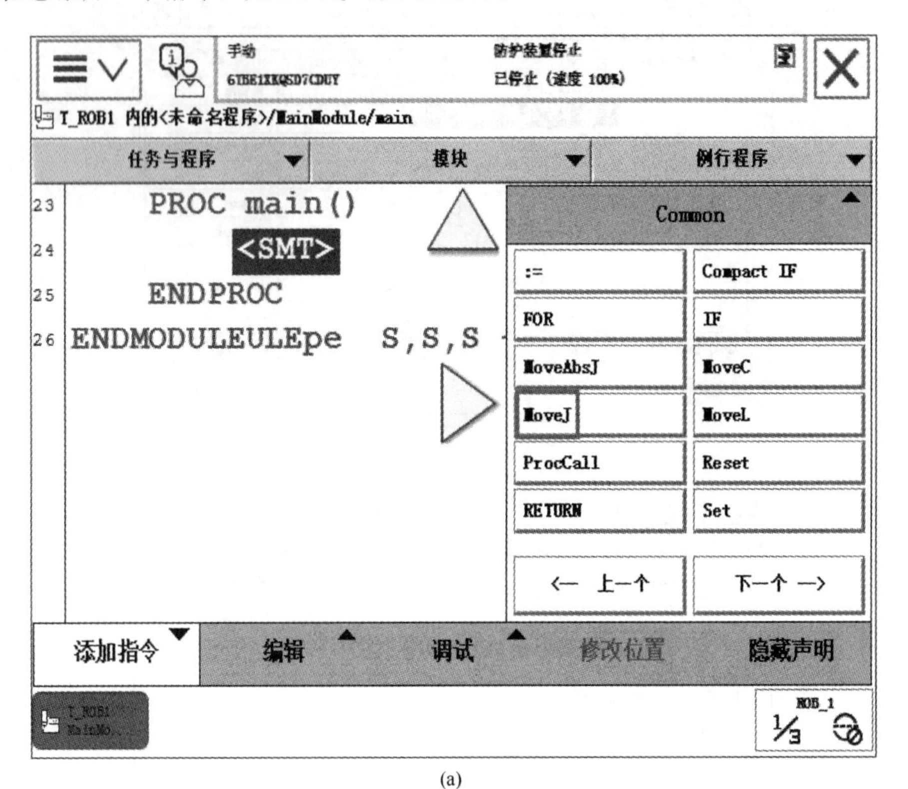

(a)

(b)

图 3.117

⑰ 单击“Common”按钮可以切换到其他分类的指令列表，如图 3.118 所示。

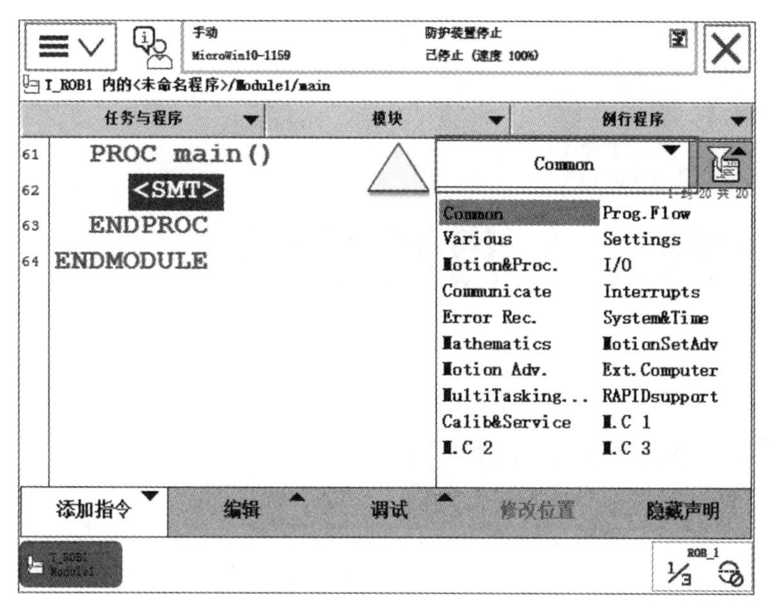

手动
MicroWin10-1159
防护装置停止
已停止 (速度 100%)
T_ROB1 内的<未命名程序>/Module1/main
任务与程序
模块
例行程序
61 PROC main()
62 <SMT>
63 ENDPROC
64 ENDMODULE
Common
1 到 20 共 20
Common
Prog.Flow
Various
Settings
Motion&Proc.
I/O
Communicate
Interrupts
Error Rec.
System&Time
Mathematics
MotionSetAdv
Motion Adv.
Ext.Computer
MultiTasking...
RAPIDsupport
Calib&Service
M.C 1
M.C 2
M.C 3
添加指令
编辑
调试
修改位置
隐藏声明
T_ROB1
Module1
ROB_1
1/3

图 3.118

第4章 工业机器人调试基础

4.1 RobotStudio软件应用

RobotStudio 是 ABB 公司专门开发的工业机器人离线编程软件，界面友好，功能强大。离线编程在实际机器人安装前，通过可视化及可确认的解决方案和布局来降低风险，并通过创建更加精确的路径来获得更高的部件质量，在此之前，软件的正确安装与授权激活是仿真软件的使用基础。

（1）软件安装步骤

软件安装步骤如图 4.1(a)～(e) 所示。

(a)

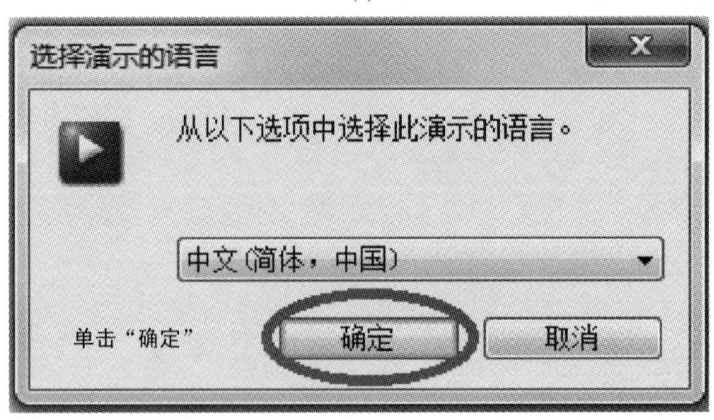

(b)

(c)

(d)

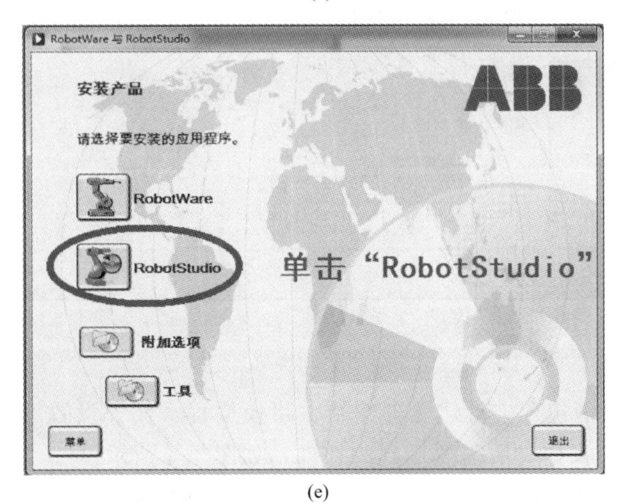

(e)

图 4.1　软件安装步骤

待 RobotStudio 安装完成，回到安装产品的界面，如图 4.2 所示，点击“退出”即可。

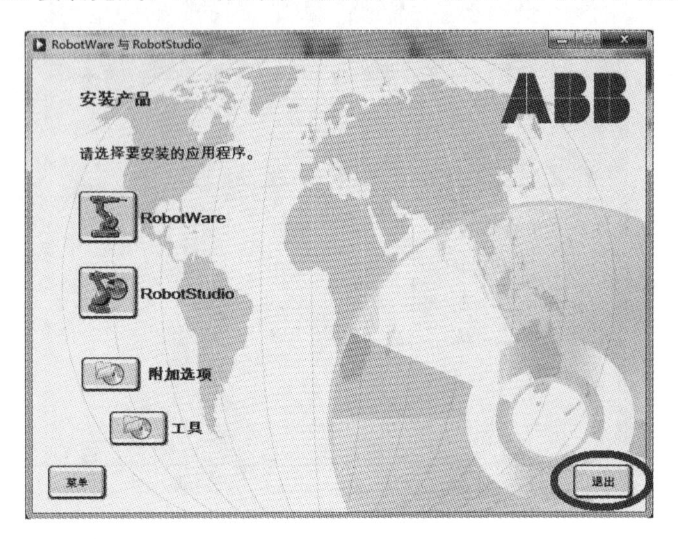

图 4.2

安装完成之后，在电脑桌面上能看到软件图标。

（2）软件界面介绍

RobotStudio 软件界面包含“文件”“基本”“建模”“仿真”“控制器”“RAPID”和“Add-Ins”这 7 个功能选项卡。

“文件”功能选项卡包含打开已有工作站，关闭、保存工作站和新建工作站等选项，如图 4.3 所示。

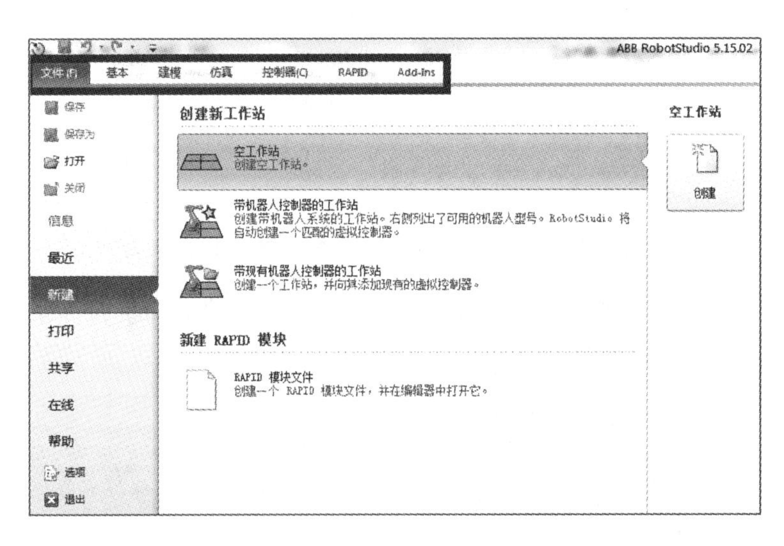

图 4.3

“基本”功能选项卡包含进行建立工作站、路径编程、任务设置、系统同步、手动操纵和 3D 视角这几个方面操作时所需要用到的控件，如图 4.4 所示。

“建模”功能选项卡包含创建和分组工作站组件、创建实体、测量以及其他 CAD 操作所需的控件，如图 4.5 所示。

图 4.4

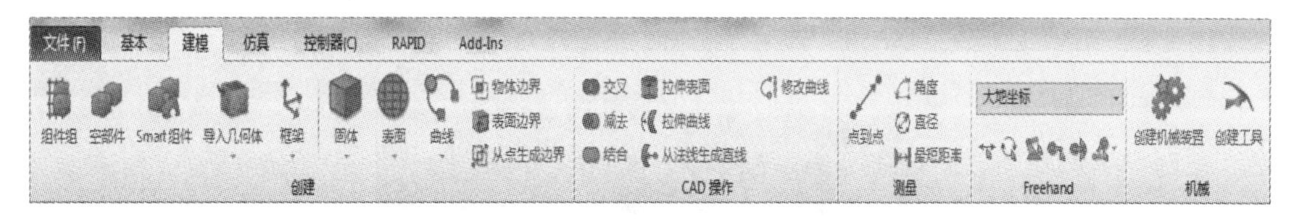

图 4.5

“仿真”功能选项卡包含碰撞监控，仿真的设定、控制和录像等控件，如图 4.6 所示。

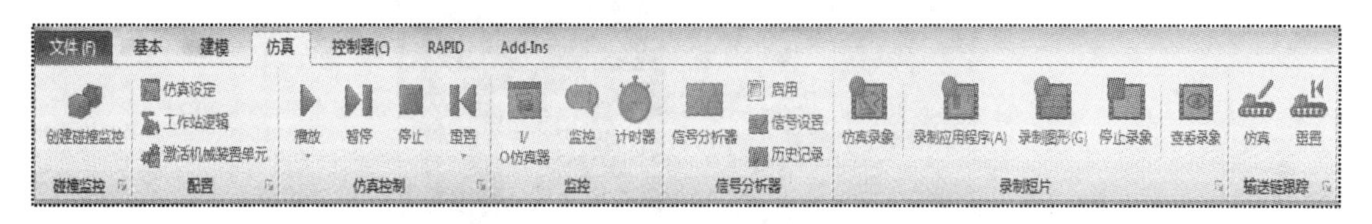

图 4.6

“控制器”功能选项卡包含用于虚拟控制器的同步、配置和分配给它的任务控制措施。它还包含用于管理真实控制器的控制功能，如图 4.7 所示。

图 4.7

“RAPID”功能选项卡包括 RAPID 编辑器的功能、RAPID 文件的管理以及用于 RAPID 编程的其他空间，如图 4.8 所示。

图 4.8

“Add-Ins”功能选项卡包含齿轮箱热量预测和 VSTA 的相关控件，如图 4.9 所示。

(3) 创建基本仿真机器人工作站

基本的机器人工作站包括工业机器人及工作对象。

构建机器人仿真工作站如图 4.10 所示，图中机器人型号为 IRB120，机器人末端法兰盘需要装有工具，为工作站配备图示小桌。

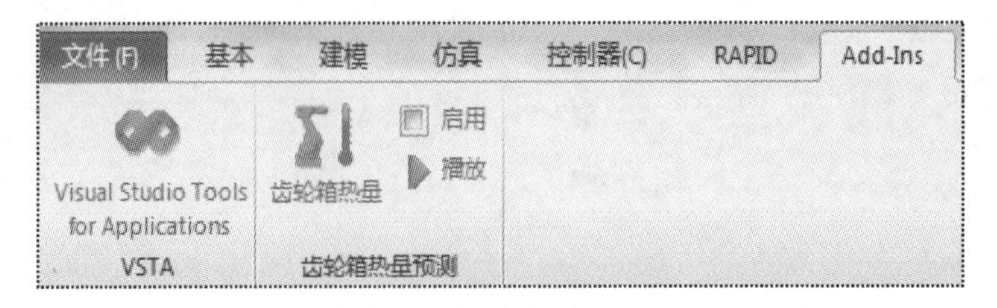

图 4.9

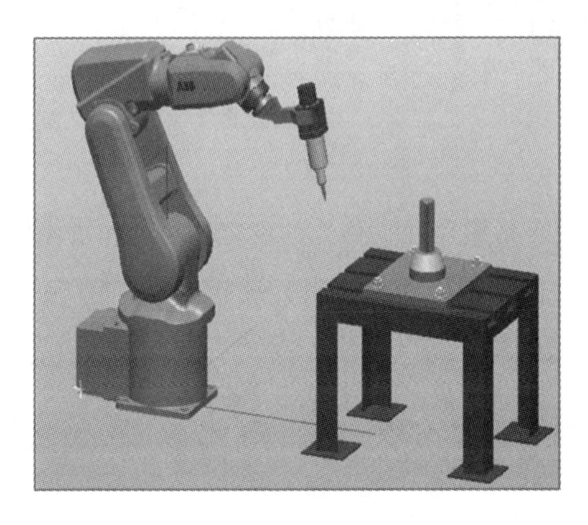

图 4.10

在“基本”功能选项卡的“ABB模型库”中，提供了几乎所有的机器人产品模型，作为仿真所用，如图 4.11 所示。

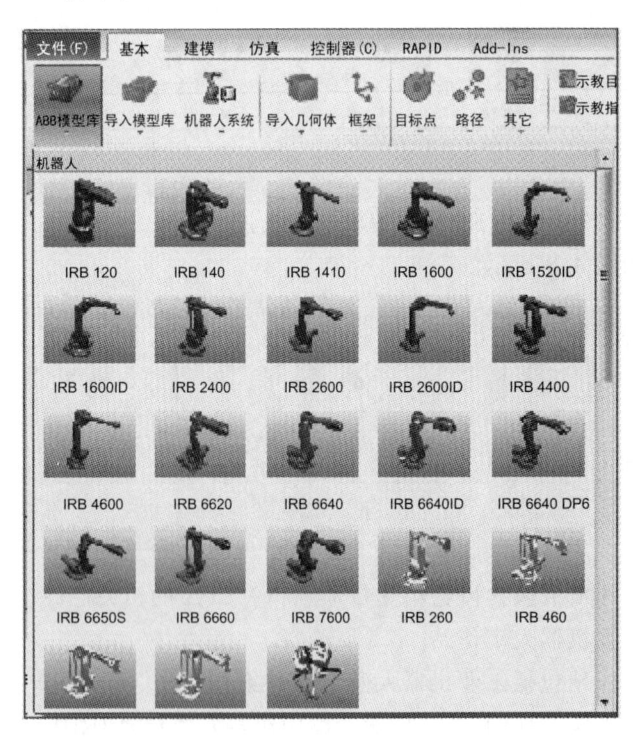

图 4.11

创建基本仿真机器人工作站的步骤如下。

① 导入机器人。单击选择其中型号为 IRB120 的机器人，确定好版本，点击“确定”即可（图 4.12）。在实际应用中，要根据项目的要求选定具体的机器人型号、相关版本、承重能力及到达距离等参数。

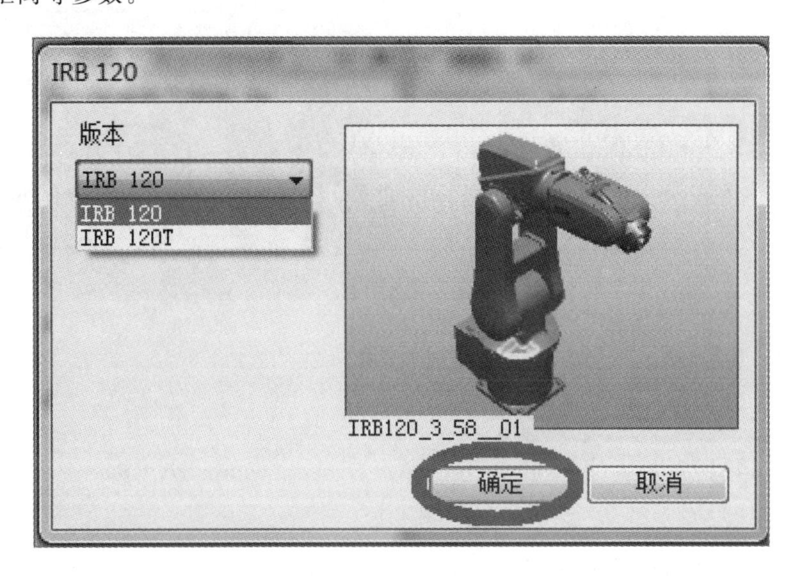

图 4.12

② 导入机器人工具并安装到法兰盘。先在“基本”功能选项卡中，打开“导入模型库”，选择“设备”，选择“myTool”（图 4.13）。

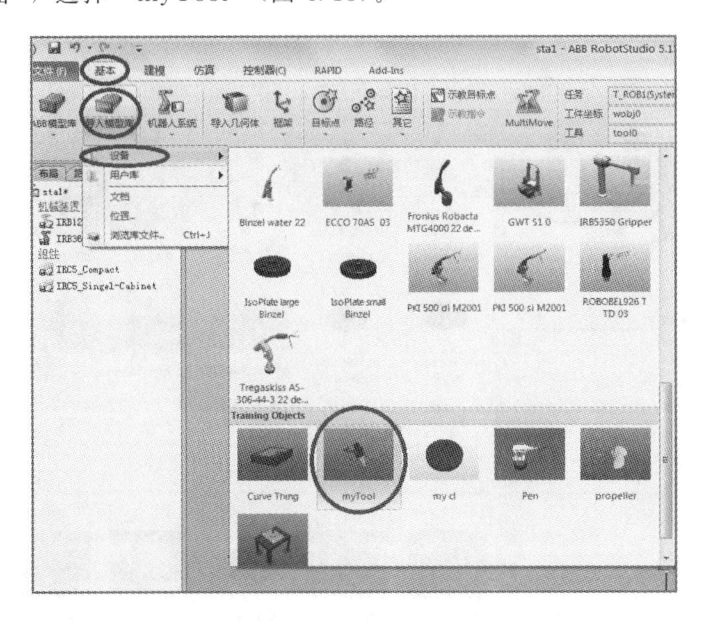

图 4.13

将工具安装到机器人法兰盘的操作如图 4.14 所示，在“MyTool”上按住左键，点击“安装到”，选择需要安装工具的机器人，出现图 4.14(b) 所示对话框，点击“是”，之后工具就能安装到机器人法兰盘了。

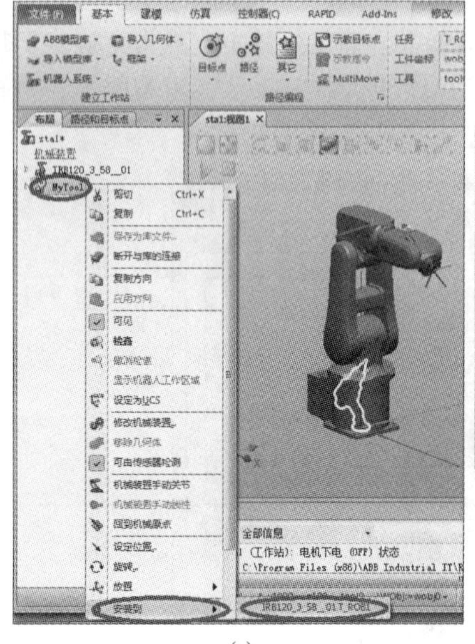

(a)

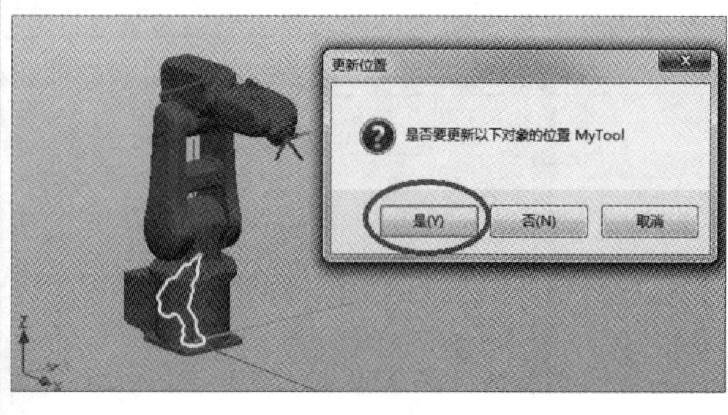

(b)

图 4.14

③ 加载机器人周边模型并布局工作站。类似于加载机器人工具的方法，加载小桌模型的操作如图 4.15 所示，在“基本”功能选项卡中，打开“导入模型库”，选择“设备”，选择“propeller table”。小桌模型导入之后，需要将它摆放到合适的位置，以便机器人能够到达。对于小桌模型位置的确定，先要使机器人显示其工作区域，方法如图 4.16 所示。

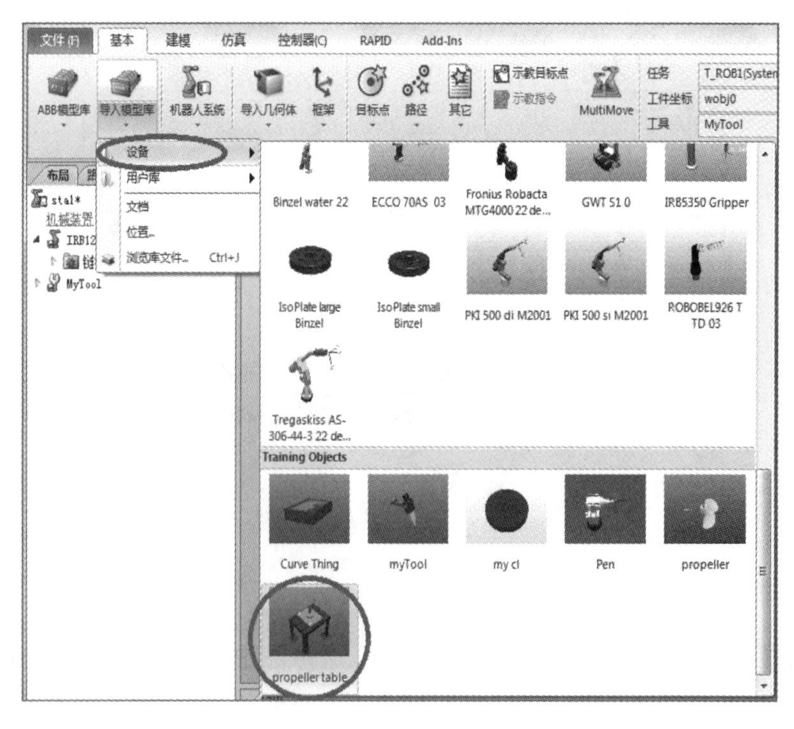

图 4.15

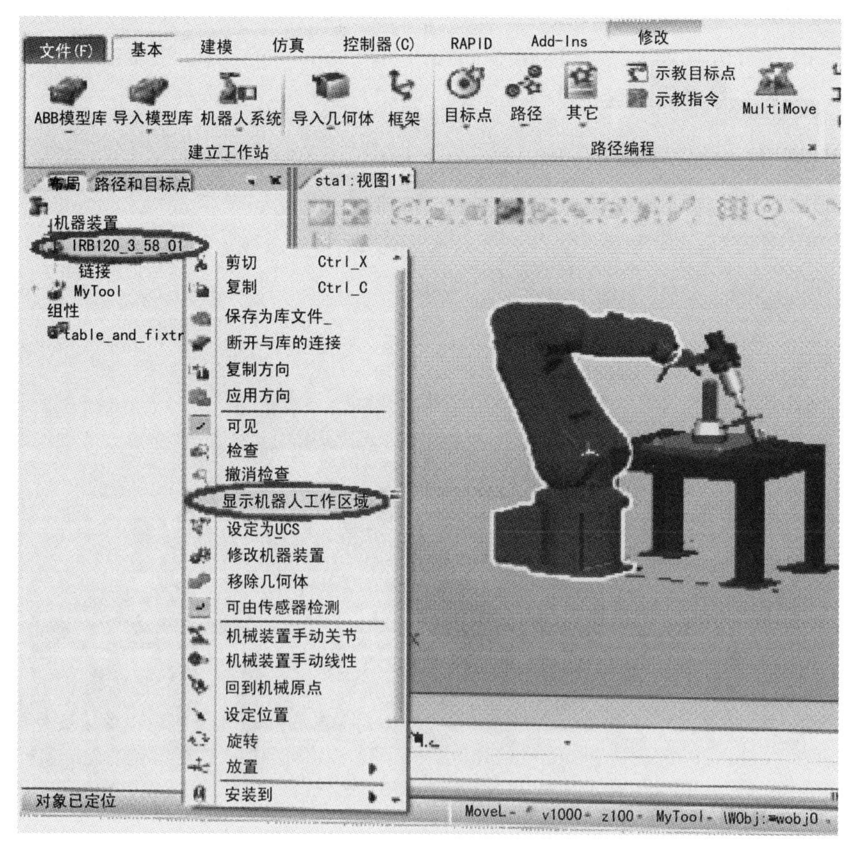

图 4.16

左键单击“IRB120＿3＿58＿01”，选择“显示机器人工作区域”，待机器人工作区域显示出来之后，移动小桌，使其保持在机器人的工作区域，方法如图 4.17 所示。选中“table＿and＿fixture＿140”，在“Freehand”工具栏，单击“移动”按钮，拖动箭头到达合适位置。

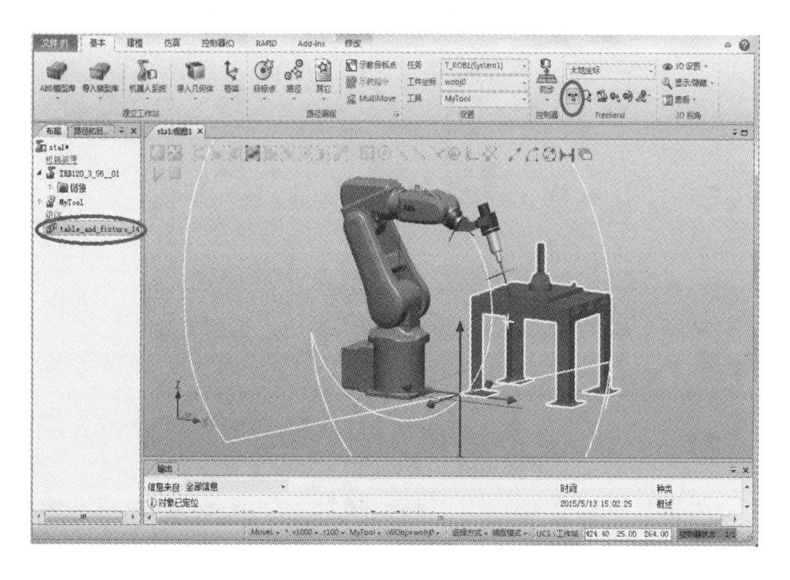

图 4.17

④ 建立机器人系统。在完成了工作站布局以后，要为机器人创建系统，使它具有电气的特性来完成相关的仿真操作。具体操作如图 4.18 所示，首先在“基本”功能选项卡下，单击“机器人系统”的“从布局...”。

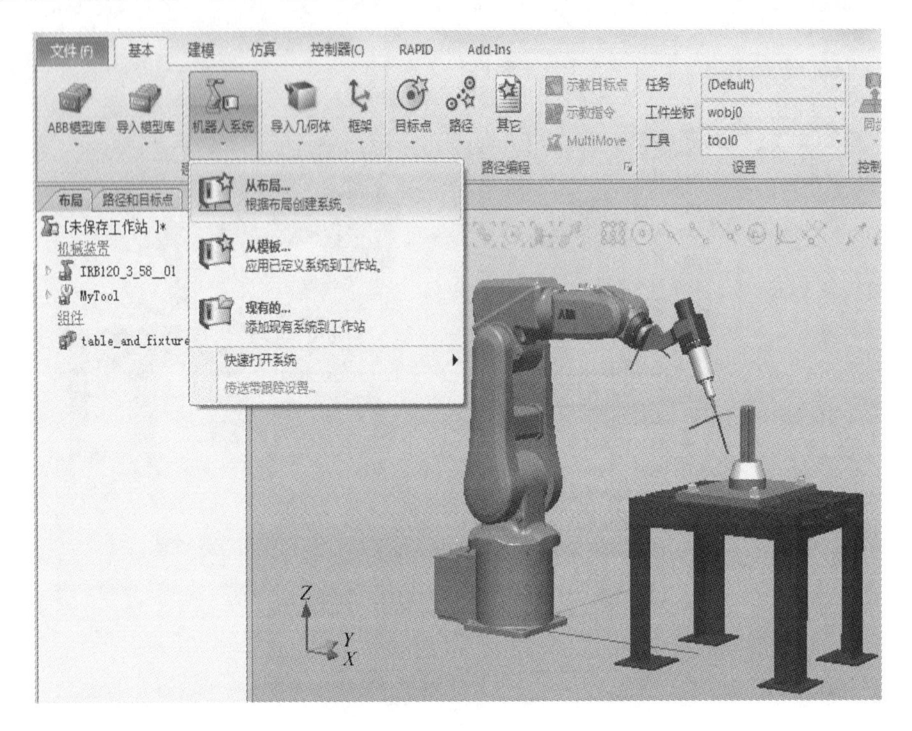

图 4.18

设定好系统的名称和保存的位置后，单击“下一个”(图 4.19)。

选择机械装置，再单击“下一个”(图 4.20)。

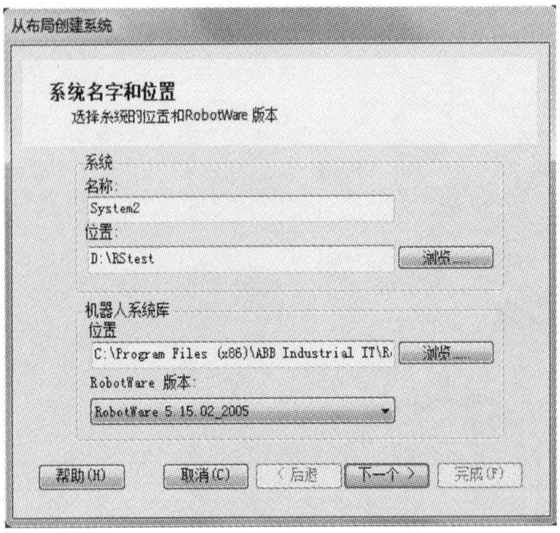

图 4.19

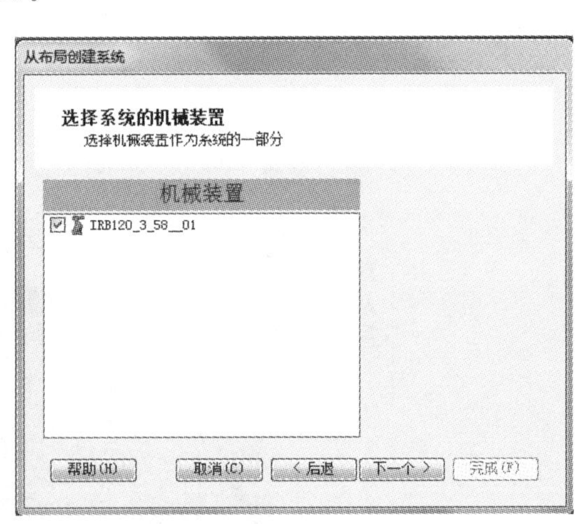

图 4.20

点击“选项”，为系统添加中文选项，勾选“644-5 Chinese”，点击“确定”，点击“完成”(图 4.21)。

系统建立完成后，可以看到右下角“控制器状态”为绿色，如图 4.22 所示。

(a)

(b)

图 4.21

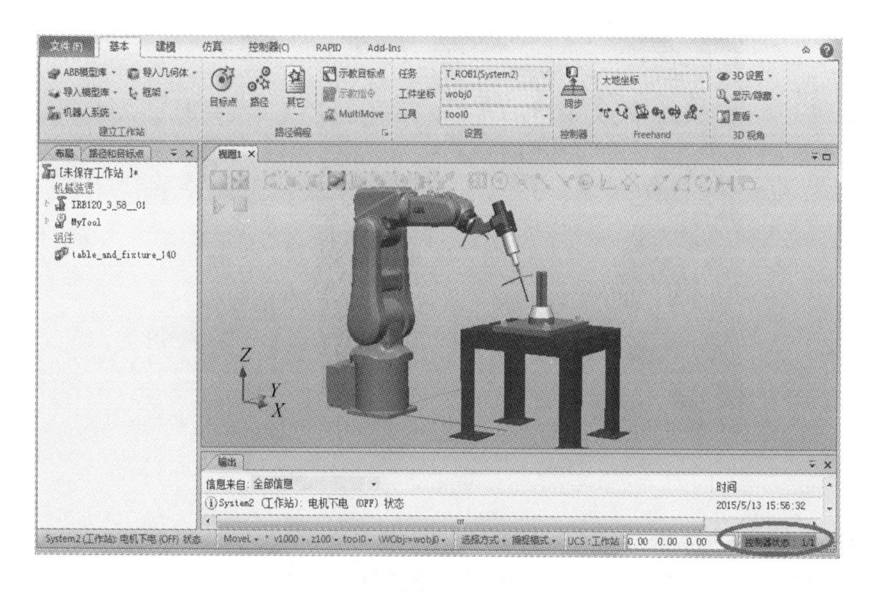

图 4.22

4.2 工业机器人工具坐标设定

工具数据 tooldata 用于描述安装在机器人第六轴上的工具坐标 TCP、质量、重心等参数数据。一般不同的机器人应用配置不同的工具，比如说用于弧焊的机器人就使用弧焊枪作为工具［图 4.23(a)］，而用于搬运板材的机器人就会使用吸盘式的夹具作为工具［图 4.23(b)］。

默认工具（tool0）的工具中心点位于机器人安装法兰的中心，如图 4.24 所示，图中标注点就是原始的 TCP 点。

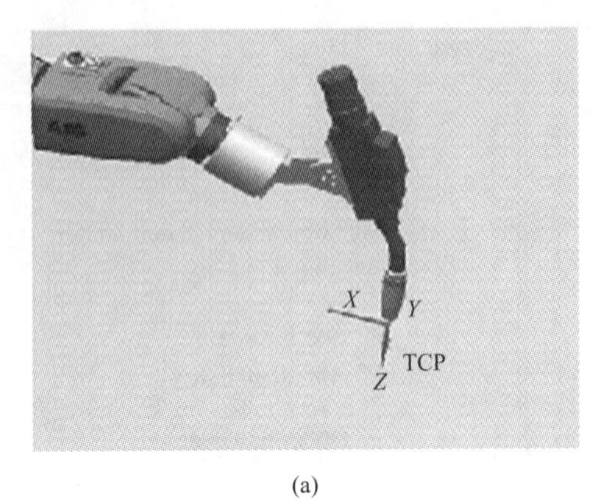

(a)

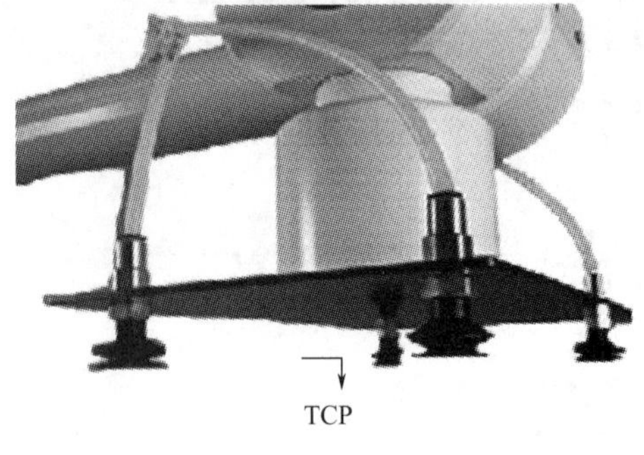

(b)

图 4.23

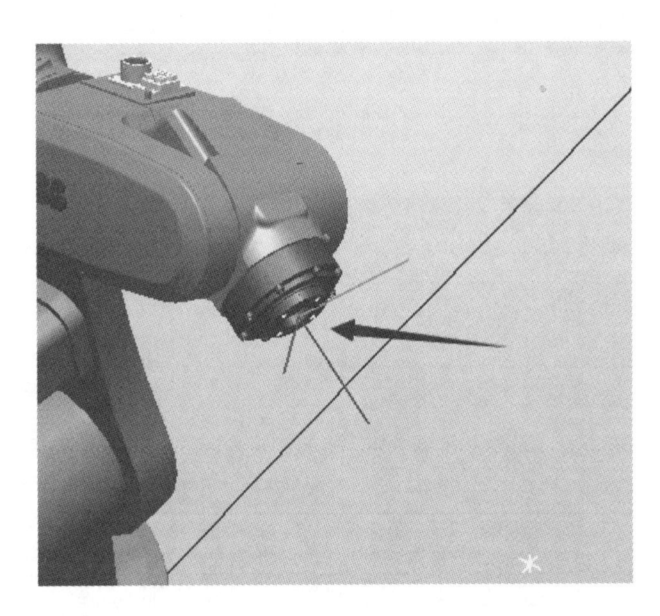

图 4.24

TCP 的设定原理如下。

① 首先在机器人工作范围内找一个非常精确的固定点作为参考点。

② 然后在工具上确定一个参考点（最好是工具的中心点）。

③ 用手动操纵机器人的方法，去移动工具上的参考点，以四种以上不同的机器人姿态尽可能与固定点刚好碰上。为了获得更准确的 TCP，在以下的例子中使用六点法进行操作，第四点是用工具的参考点垂直于固定点，第五点是工具参考点从固定点向将要设定为 TCP 的 X 方向移动，第六点是工具参考点从固定点向将要设定为 TCP 的 Z 方向移动。

④ 机器人通过这四个位置点的位置数据计算求得 TCP 的数据，然后 TCP 的数据就保存在 tooldata 这个程序数据中，从而被程序调用。

TCP 取点数量的区别：

4 点法，不改变 tool0 的坐标方向；

5 点法，改变 tool0 的 Z 方向；

6 点法，改变 tool0 的 X 和 Z 方向（在焊接应用最为常用）。

前三个点的姿态相差尽量大些，这样有利于 TCP 精度的提高。

机器人工具坐标系的建立示例：

① 单击“ABB”按钮，选择“手动操纵”，单击“工具坐标”，如图 4.25 所示。

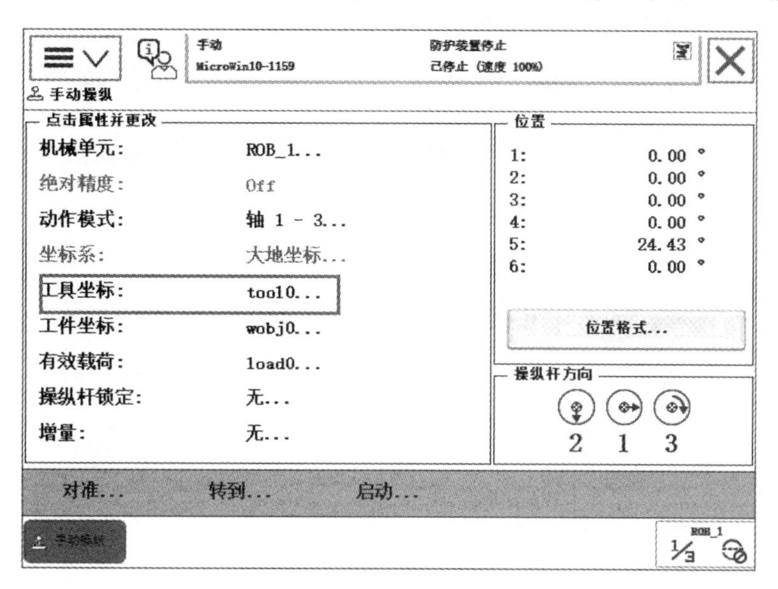

图 4.25

② 单击“新建…”，如图 4.26 所示。

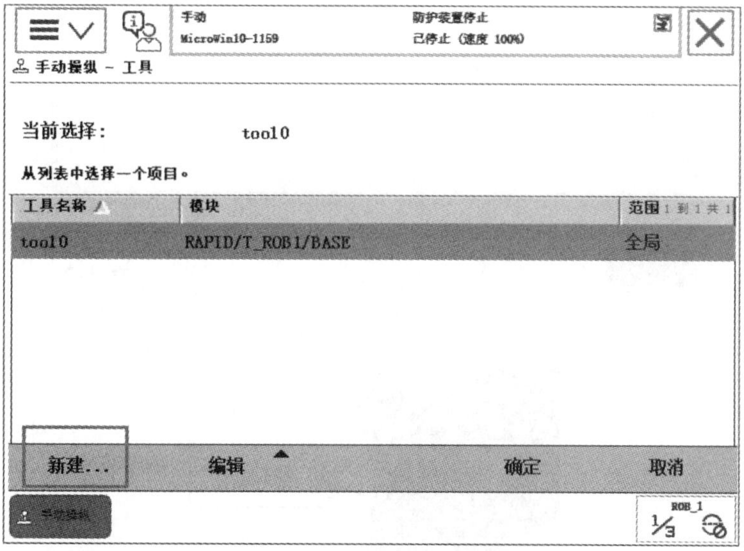

图 4.26

③ 选中 tool1，单击“编辑”菜单中的“定义…”选项，如图 4.27 所示。

④ 选择“TCP 和 Z，X”，使用六点法设定 TCP，如图 4.28 所示。

⑤ 选择合适的手动操纵模式，如图 4.29 所示。

⑥ 按下使能键，操作手柄靠近固定点，作为第一个点，单击“修改位置”完成第一点的修改，如图 4.30 所示。

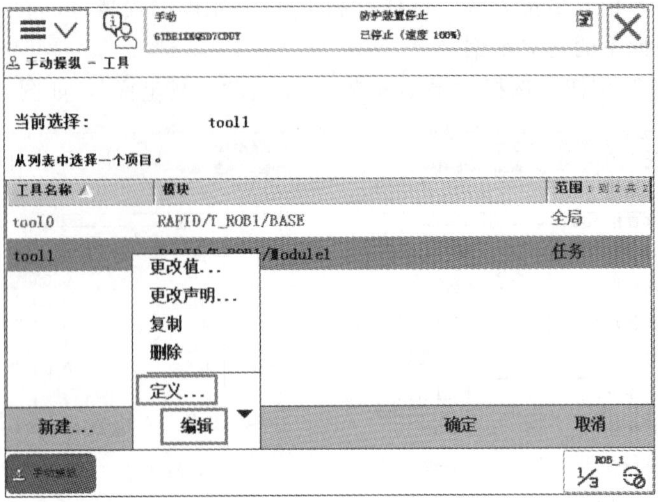

手动
6TBE1XXQSD7CDUY
防护装置停止
已停止（速度 100%）
手动操纵 - 工具
当前选择： tool1
从列表中选择一个项目。

工具名称	模块	范围
tool0	RAPID/T_ROB1/BASE	全局
tool1	RAPID/T_ROB1/Module1	任务

更改值...
更改声明...
复制
删除
定义...
新建... 编辑 确定 取消

图 4.27

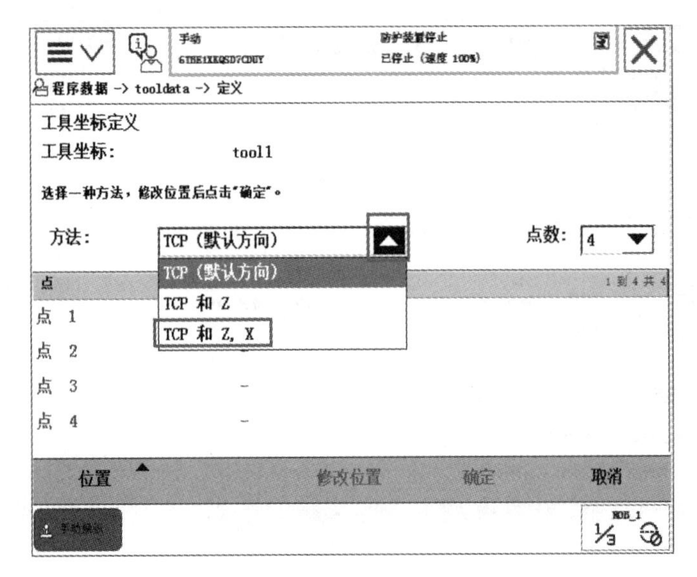

图 4.28

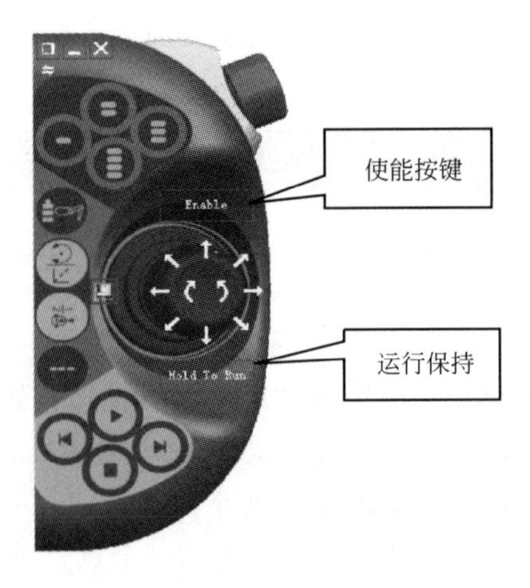

图 4.29

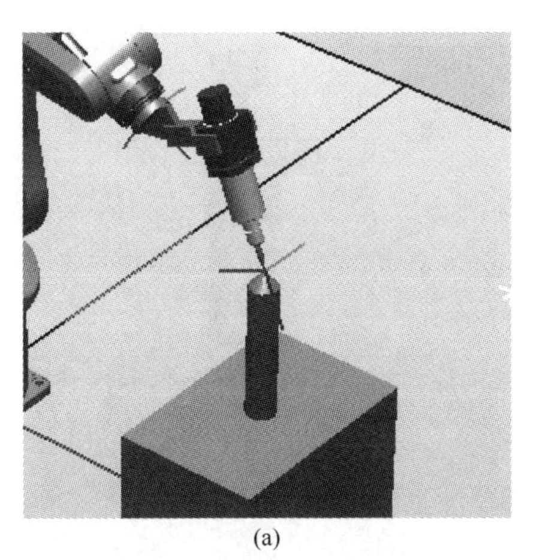

(a)

手动
MicroWin10-1159
防护装置停止
已停止（速度 100%）

程序数据 -> tooldata -> 定义

工具坐标定义
工具坐标：　tool1

选择一种方法，修改位置后点击"确定"。

方法：TCP 和 Z，X　　点数：4

点	状态
点 1	已修改
点 2	-
点 3	-
点 4	-

1 到 4 共 6

位置　修改位置　确定　取消

ROB_1
1/3

(b)

图 4.30

⑦ 按照上面的操作依次完成对点 2、3、4 的修改，如图 4.31～图 4.34 所示。

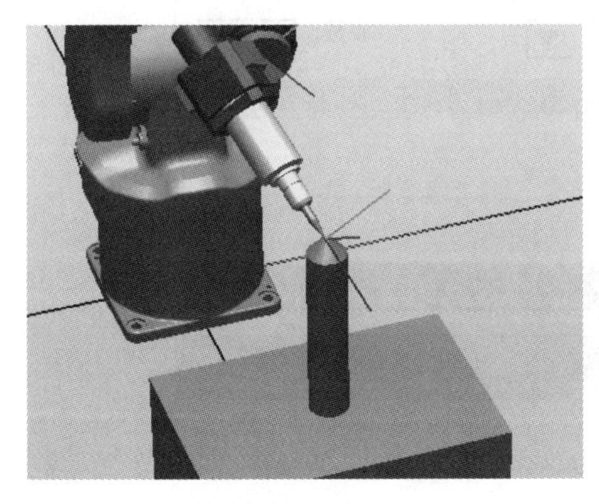

图 4.31　点 2

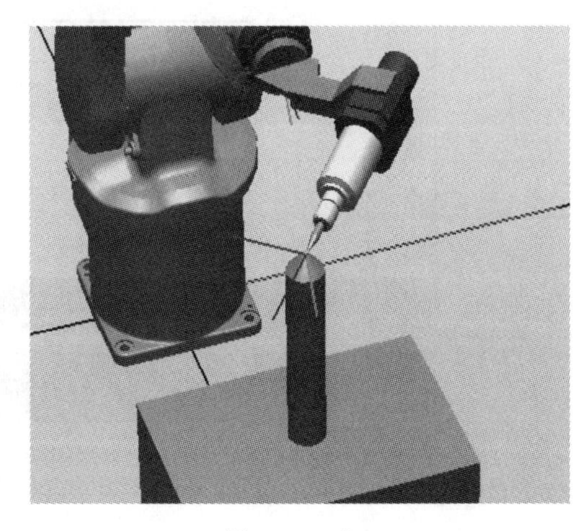

图 4.32　点 3

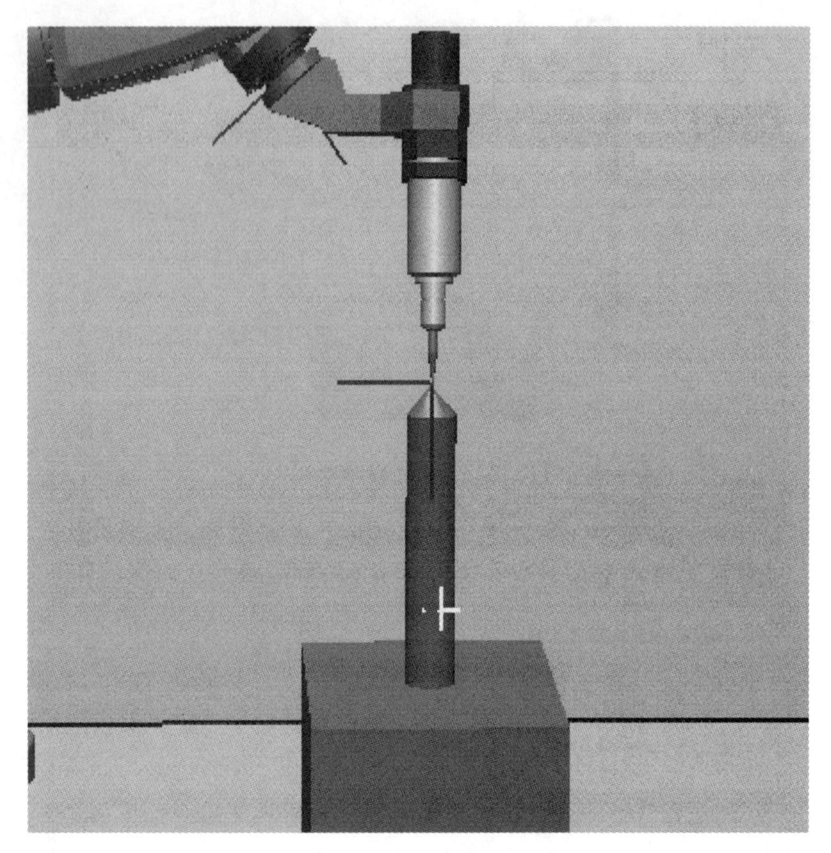

图 4.33　点 4

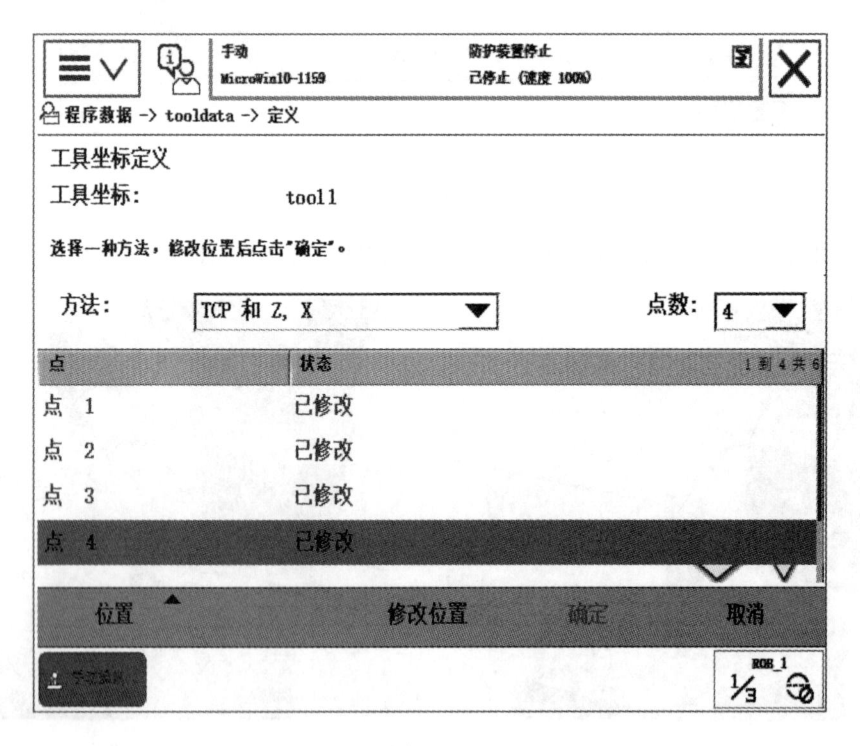
手动
MicroWin10-1159
防护装置停止
已停止 (速度 100%)
程序数据 -> tooldata -> 定义
工具坐标定义
工具坐标:
tool1
选择一种方法，修改位置后点击"确定"。
方法:
TCP 和 Z, X
点数:
4
点
状态
1 到 4 共 6
点 1
已修改
点 2
已修改
点 3
已修改
点 4
已修改
位置
修改位置
确定
取消
ROB_1
1/3

图 4.34

⑧ 工具参考点以点 4 的姿态从固定点移动到工具 TCP 的 $+X$ 方向，单击“修改位置”，如图 4.35 所示。

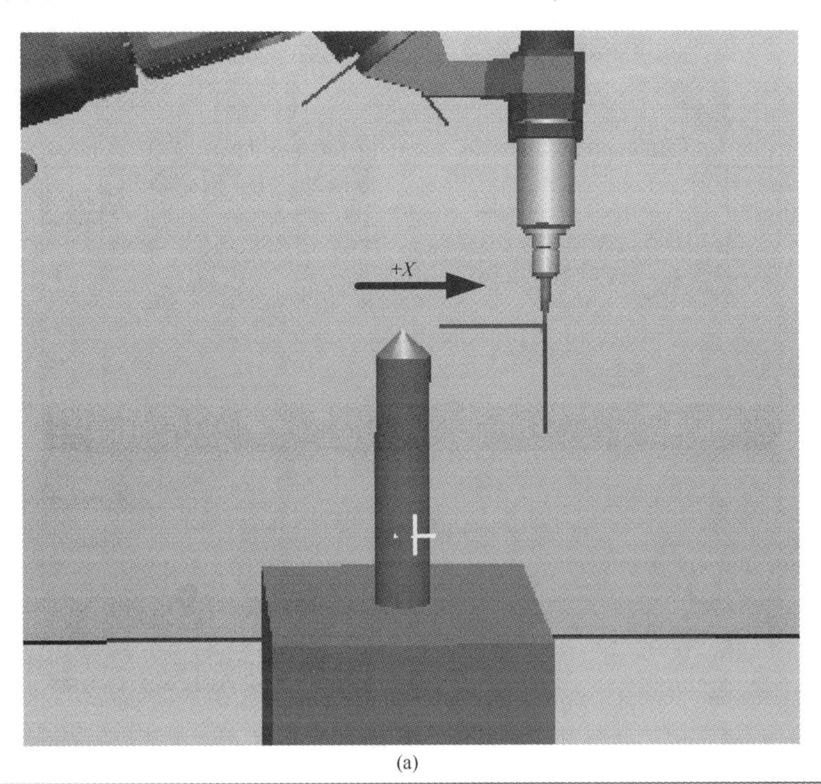

(a)

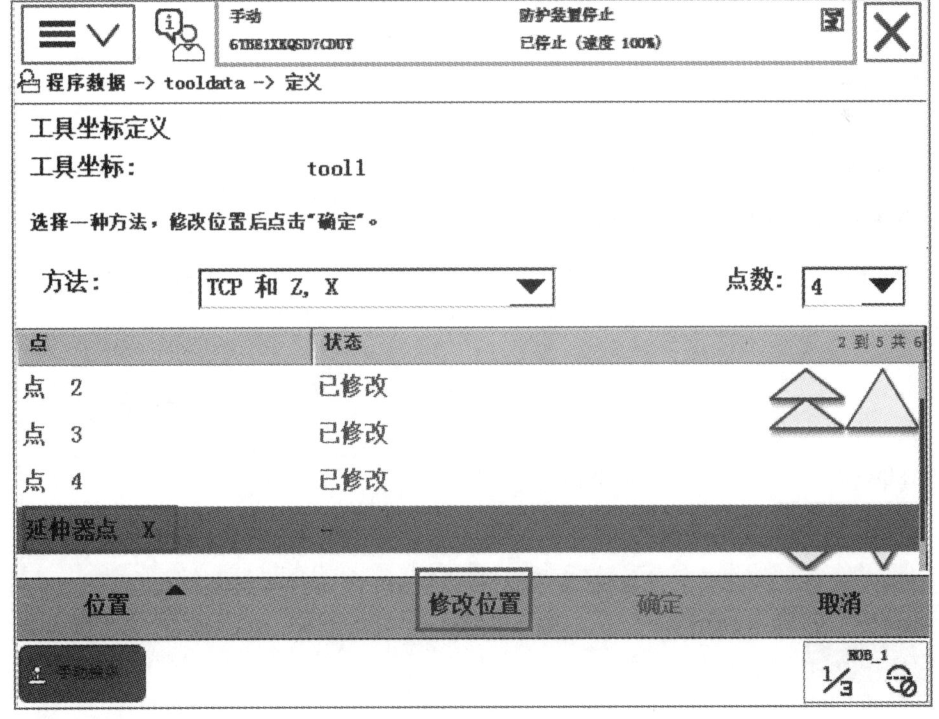

(b)

图 4.35

⑨ 工具参考点以点 4 的姿态从固定点移动到工具 TCP 的 +Z 方向，单击“修改位置”，如图 4.36 所示。

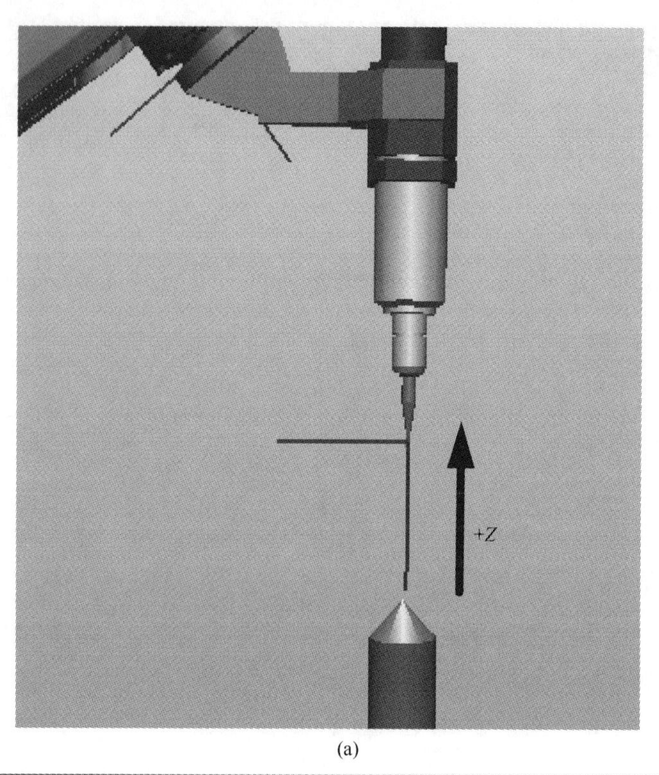

(a)

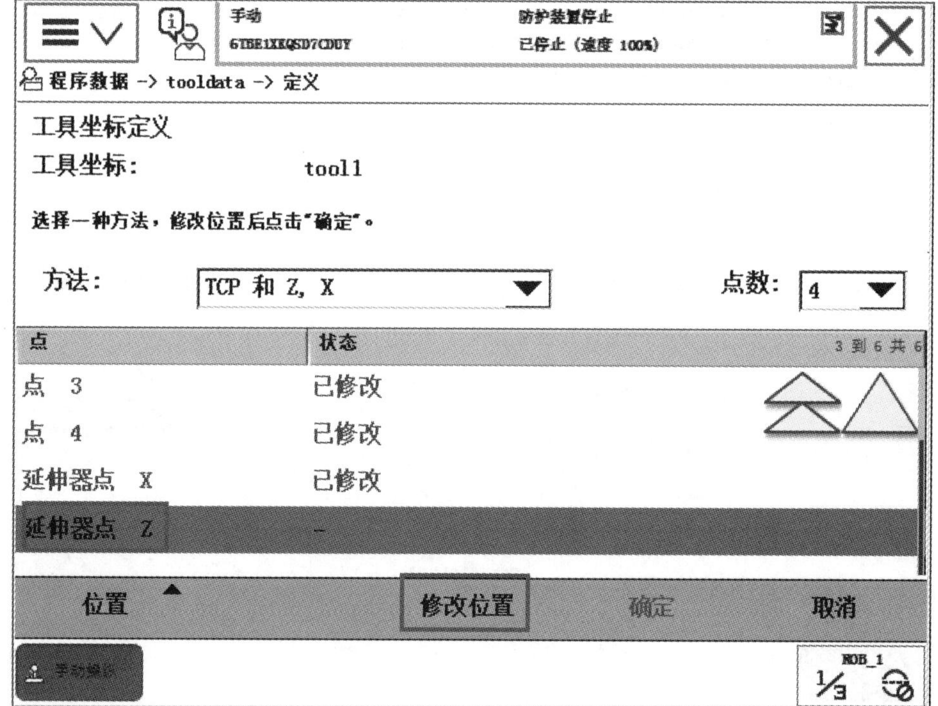

(b)

图 4.36

⑩ 单击“确定”，如图 4.37 所示。

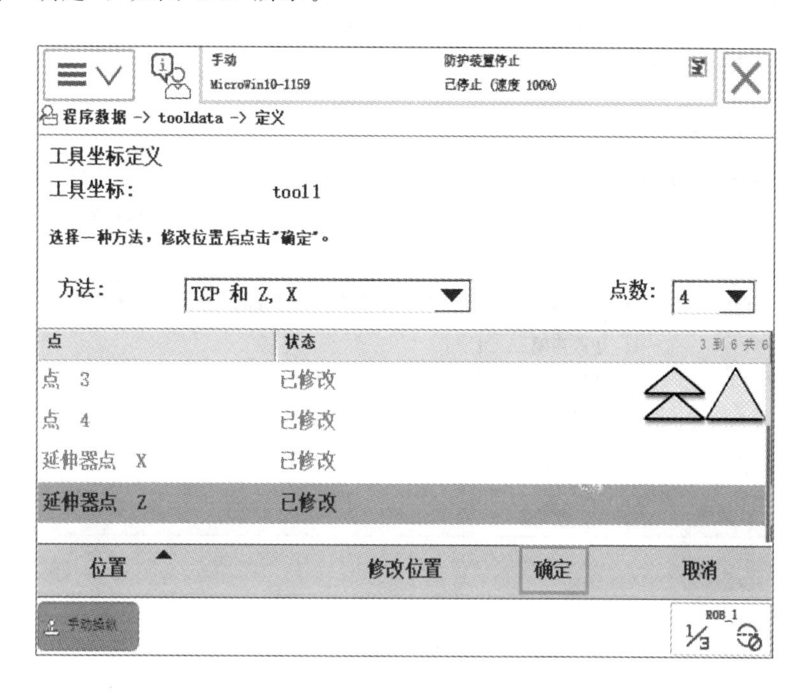

图 4.37

⑪ 查看误差，越小越好，但也要以实际验证效果为准，单击“确定”，如图 4.38 所示。

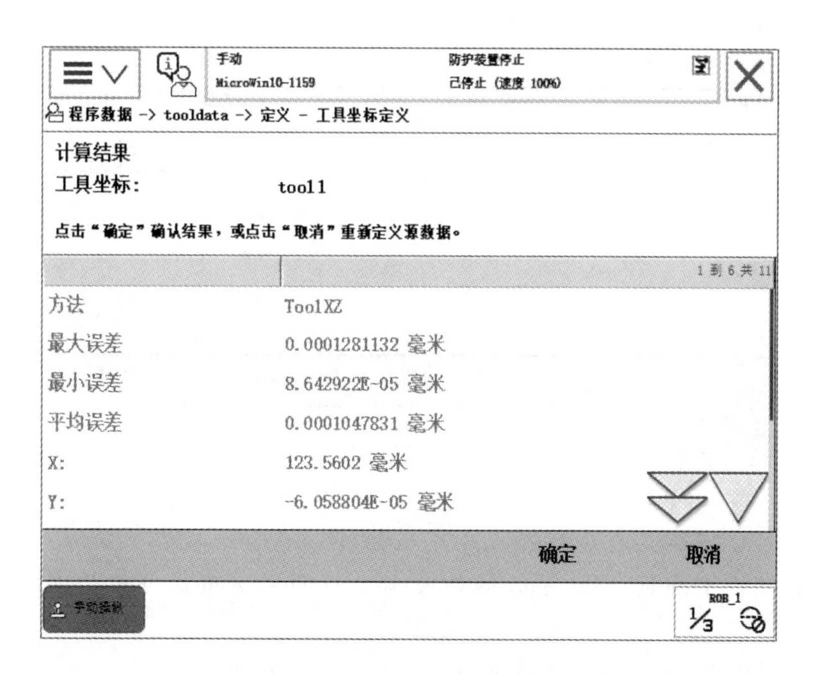

图 4.38

⑫ 选中“tool1”，然后打开“编辑”菜单选择“更改值...”，如图 4.39 所示。

⑬ 显示更改值菜单，如图 4.40 所示。

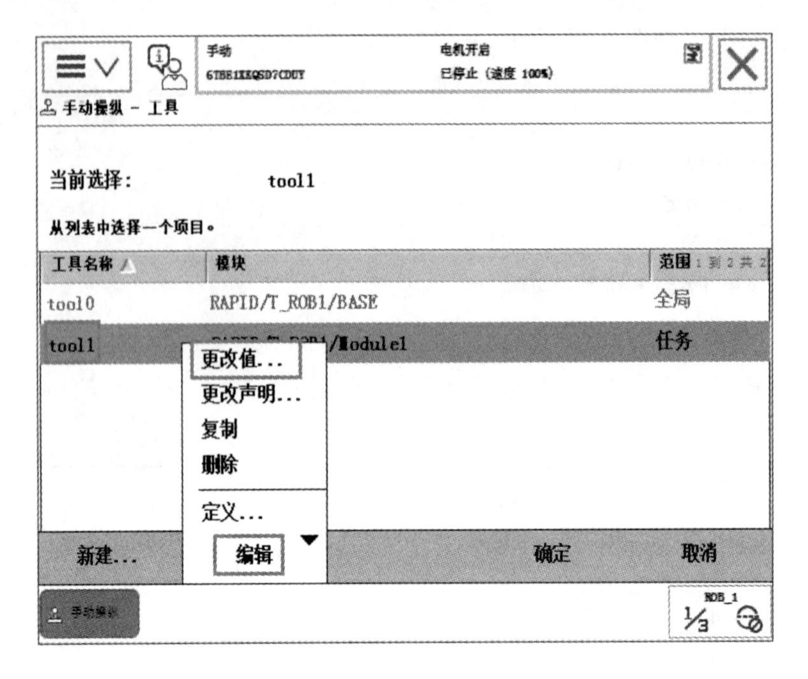

图 4.39

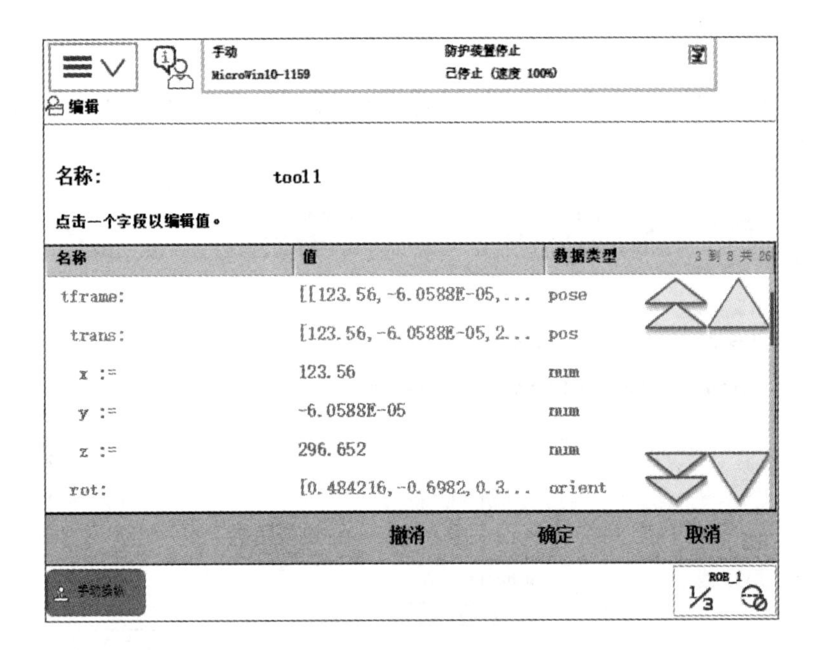

图 4.40

⑭ 单击箭头向下翻页，将 mass 的值改为工具的实际重量（单位 kg），如图 4.41 所示。

⑮ 编辑工具中心坐标，以实际为准最佳，如图 4.42 所示。

⑯ 单击“确定”，如图 4.43 所示。

⑰ 按照工具重定位动作模式，把坐标系选为“工具”；工具坐标选为“tool1”，可看见 TCP 点始终与工具参考点保持接触，而机器人根据重定位操作改变姿态（图 4.44）。

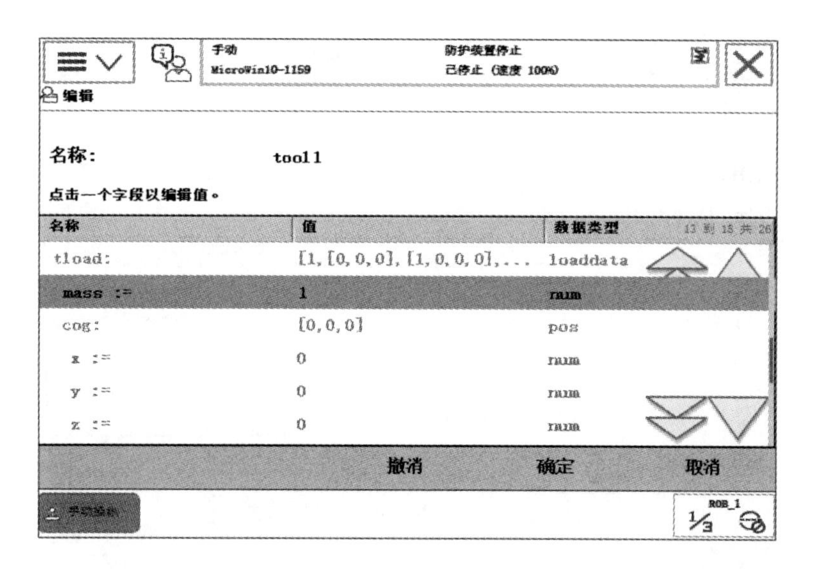

图 4.41

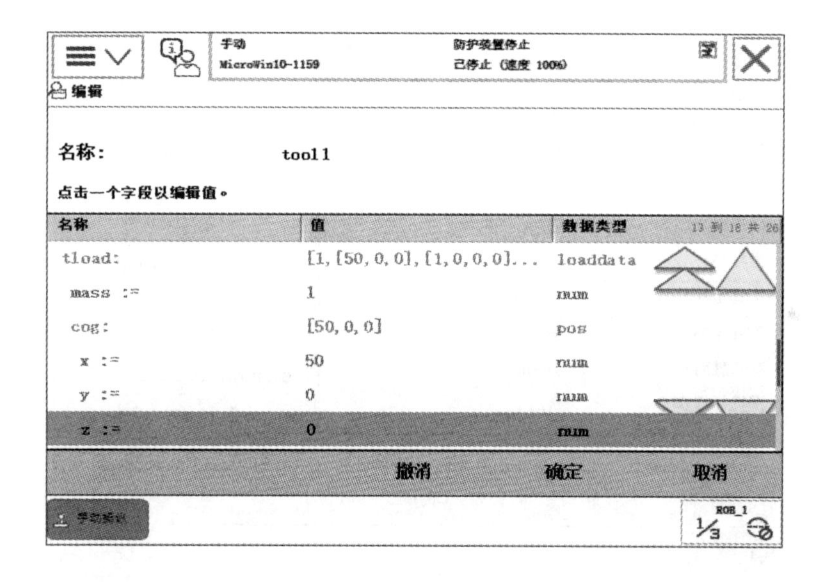

图 4.42

思考：什么时候需要重新定义工具坐标呢？

① 工具重新安装；

② 更换工具；

③ 工具使用后出现运动误差。

注意：

① 一般情况，最好使用六点法；

② 为操作方便，第四点最好垂直定义；

③ 一般定义在 User 模块中。

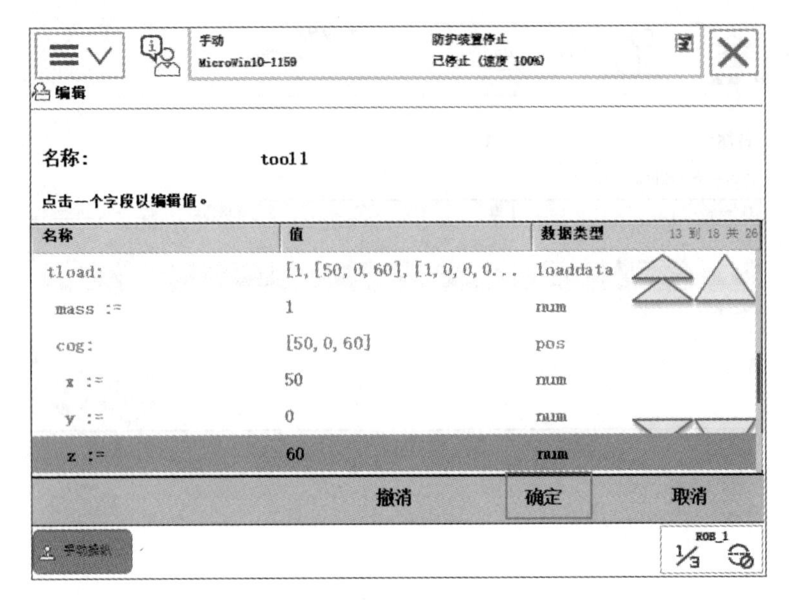

图 4.43

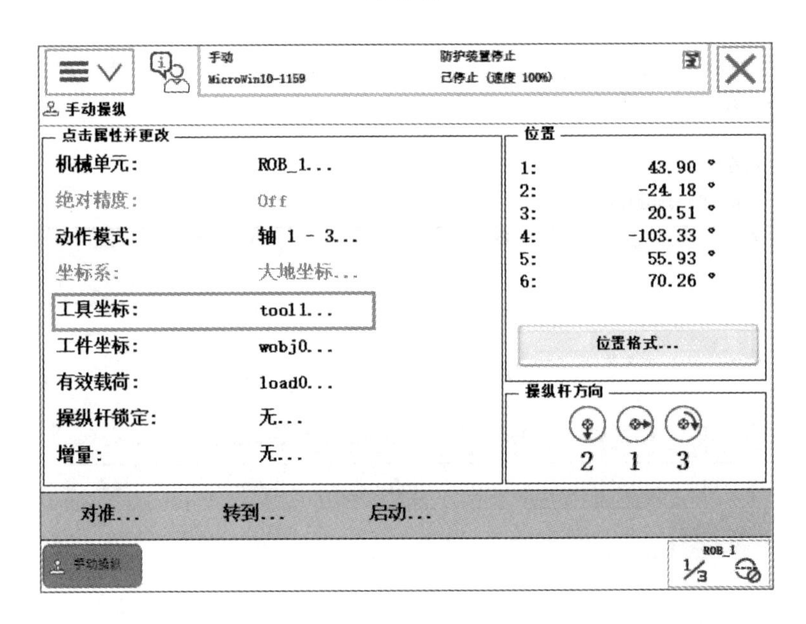

图 4.44

4.3 工业机器人工件坐标设定

工件坐标对应工件，它定义工件相对于大地坐标的位置。机器人可以有若干工件坐标系表示不同工件，或者表示同工件在不同位置的若干副本。

对机器人进行编程时就是在工件坐标中创建目标和路径，这带来很多优点：

① 重新定位工作站中的工件时，只需更改工件坐标的位置，所有路径将即刻随之更新。

② 允许操作以外部轴或传送导轨移动的工件，因为整个工件可连同其路径一起移动。

图 4.45 中，A 是机器人的大地坐标系，为了方便编程，给第一个工件建立了一个工件坐标系 B，并在这个工件坐标系 B 中进行轨迹编程。如果台子上还有一个一样的工件需要走一样的轨迹，那只需建立一个工件坐标系 C，将工件坐标系 B 中的轨迹复制一份，然后将工件坐标系从 B 更新为 C，则无需对一样的工件进行重复轨迹编程了。

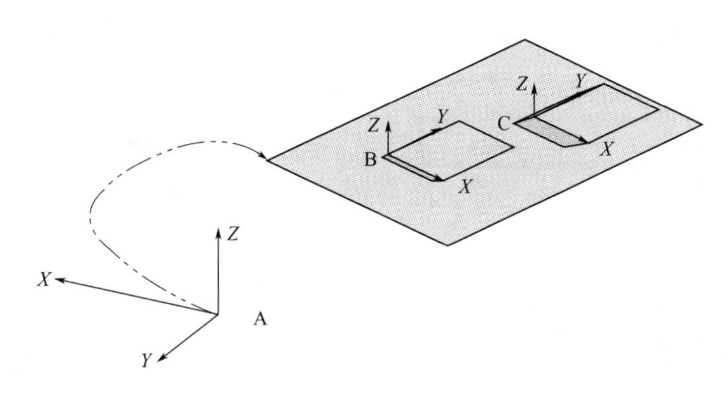

图 4.45

如图 4.46 所示，如果在工件坐标系 B 中对 A 对象进行了轨迹编程，当工件坐标位置变化成工件坐标系 D 后，只需在机器人系统重新定义工件坐标系 D，则机器人的轨迹就自动更新到 C，不需要再次轨迹编程。这是由于 A 相对于 B、C 相对于 D 的关系是一样的，并没有因为整体偏移而发生变化。

如图 4.47 所示，在对象的平面上，只需要定义三个点，就可以建立一个工件坐标。其中 X_1 点确定工件的原点，X_1、X_2 确定工件坐标系 X 正方向，X_1、Y_1 确定工件坐标系 Y 正方向。

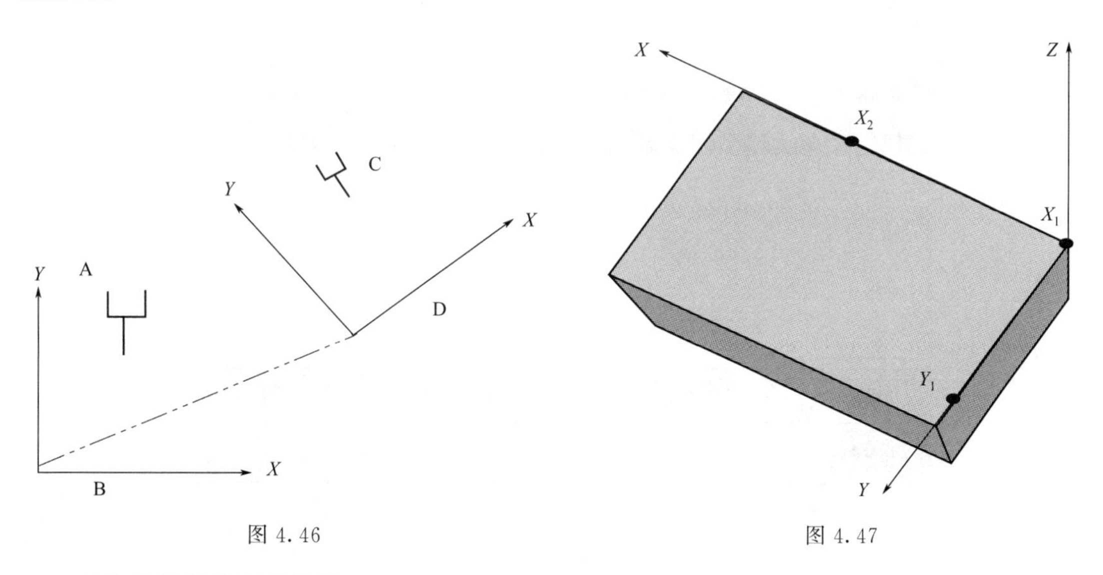

图 4.46　　　　图 4.47

工件坐标系的定义步骤：

① 在“手动操纵”面板中，选择“工件坐标”，如图 4.48 所示。

② 单击“新建...”，如图 4.49 所示。

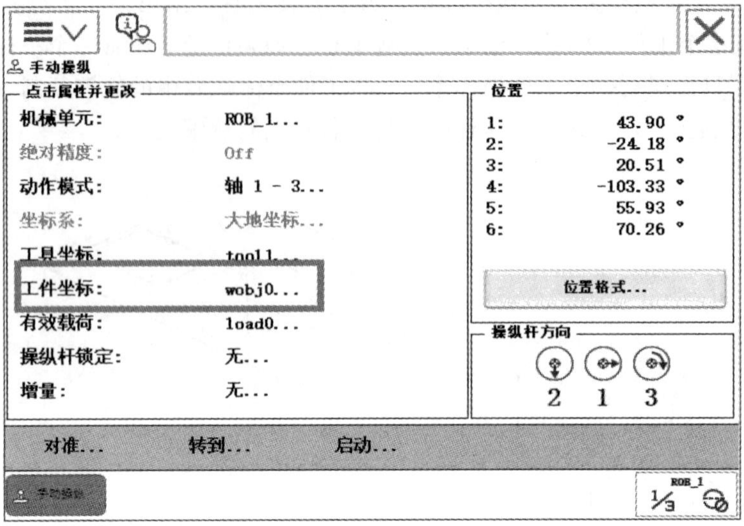

手动操纵

点击属性并更改

机械单元: ROB_1...

绝对精度: Off

动作模式: 轴 1 - 3...

坐标系: 大地坐标...

工具坐标: tool1...

工件坐标: wobj0...

有效载荷: load0...

操纵杆锁定: 无...

增量: 无...

位置

1: 43.90 °

2: -24.18 °

3: 20.51 °

4: -103.33 °

5: 55.93 °

6: 70.26 °

位置格式...

操纵杆方向

2 1 3

对准... 转到... 启动...

手动操纵

ROB_1 1/3

图 4.48

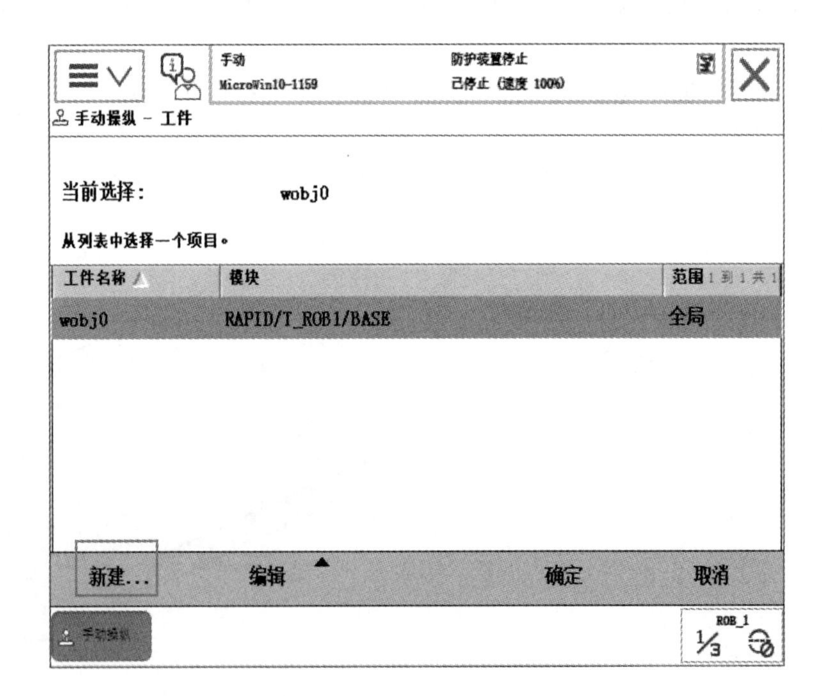

图 4.49

③ 对工件数据属性进行设定后，单击“确定”，如图 4.50 所示。

④ 打开“编辑”菜单，选择“定义...”，如图 4.51 所示。

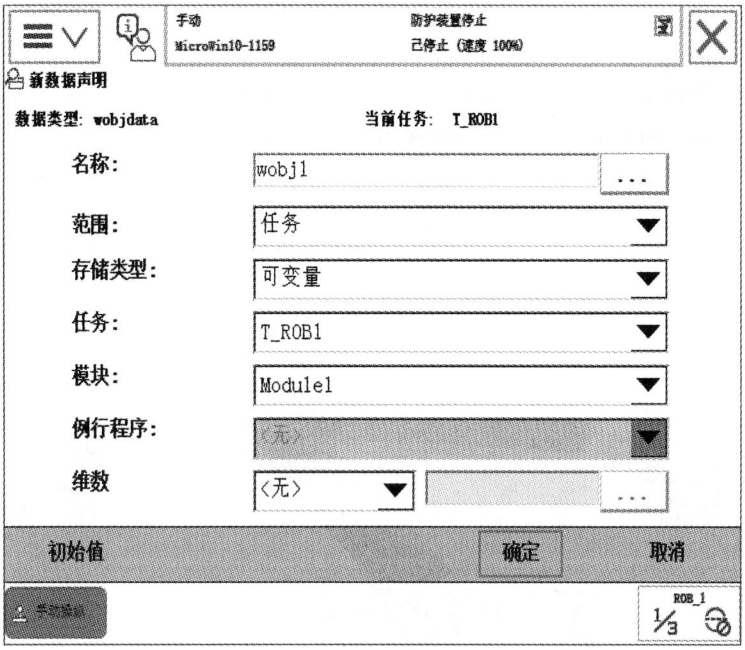

手动　MicroWin10-1159　防护装置停止　已停止（速度 100%）

新数据声明

数据类型：wobjdata　当前任务：T_ROB1

名称：wobj1 ...

范围：任务

存储类型：可变量

任务：T_ROB1

模块：Module1

例行程序：<无>

维数　<无> ...

初始值　确定　取消

手动操纵　ROB_1 1/3

图 4.50

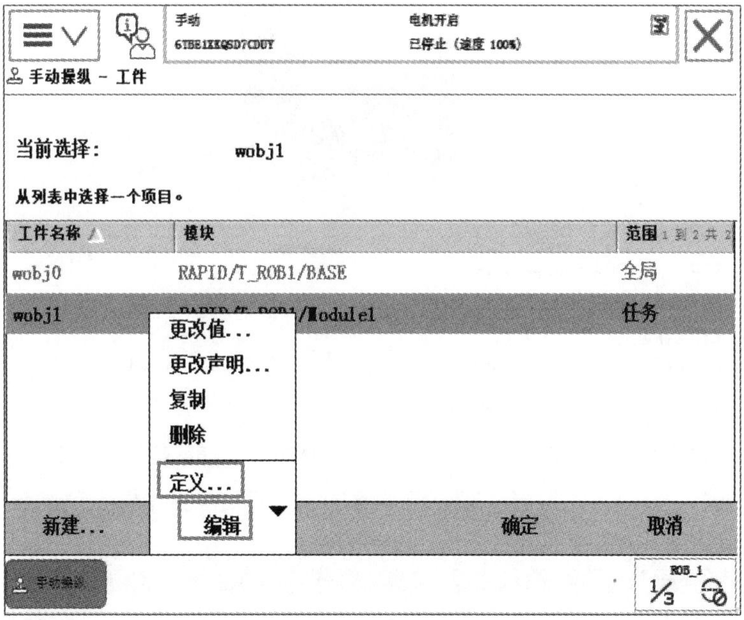

手动　6TBE1XXQSD7CDUY　电机开启　已停止（速度 100%）

手动操纵 - 工件

当前选择：　wobj1

从列表中选择一个项目。

工件名称	模块	范围 1 到 2 共 2
wobj0	RAPID/T_ROB1/BASE	全局
wobj1	RAPID/T_ROB1/Module1	任务

更改值...

更改声明...

复制

删除

定义...

新建...　编辑　确定　取消

手动操纵　ROB_1 1/3

图 4.51

⑤ 将用户方法设定为“3 点”，如图 4.52 所示。

⑥ 手动操作机器人的工具参考点靠近定义工件坐标系的 X_1 点，如图 4.53 所示。

⑦ 单击“修改位置”，将 X_1 点记录下来，如图 4.54 所示。

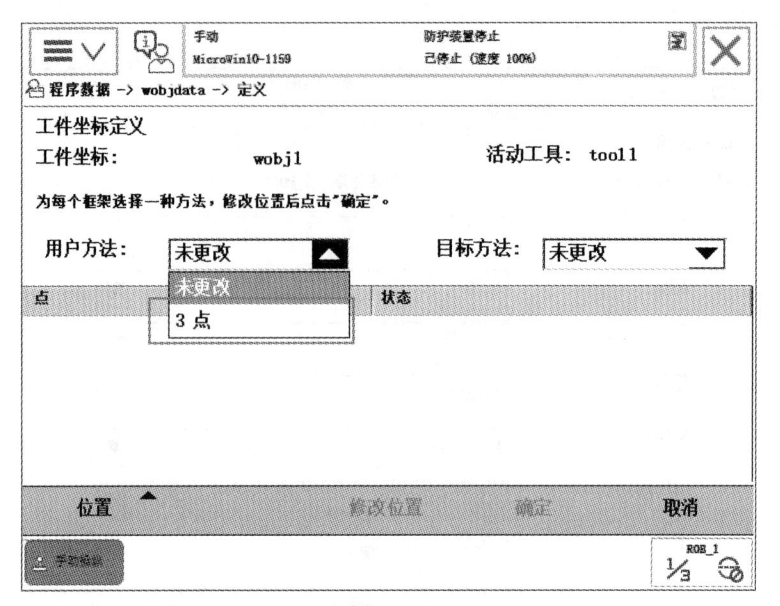

图 4.52

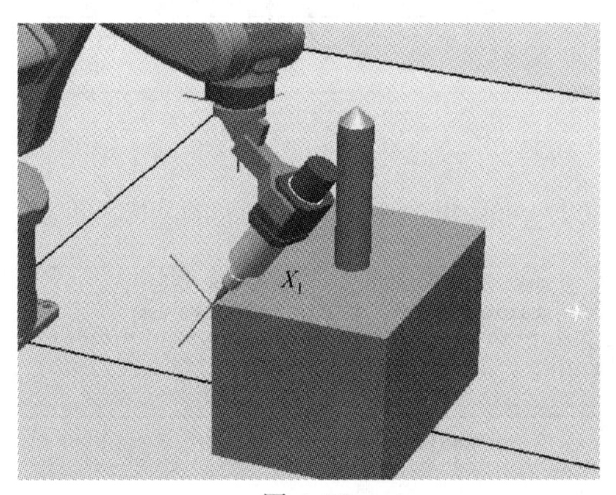

图 4.53

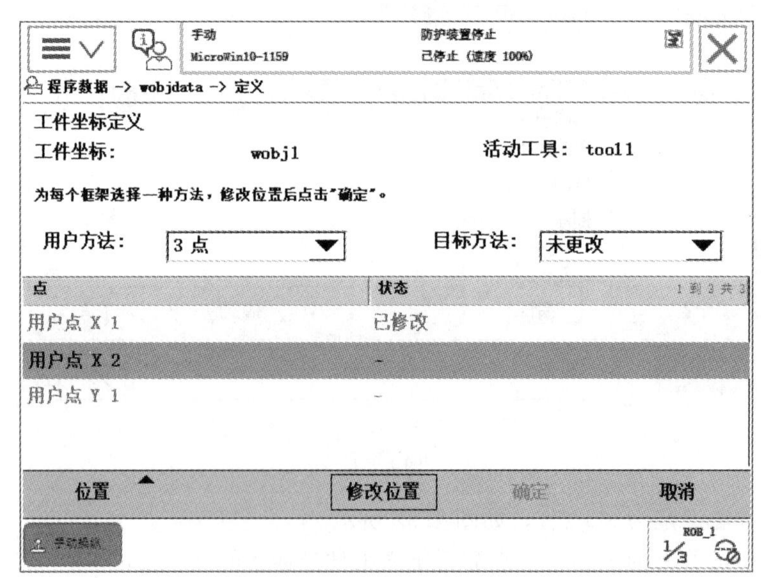

图 4.54

⑧ 手动操作机器人的工具参考点靠近定义工件坐标的 X_2 点（图 4.55），完成位置修改。

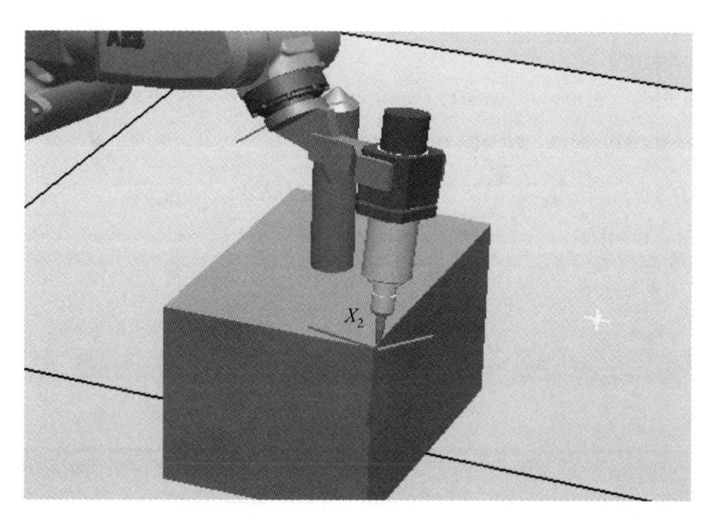

图 4.55

⑨ 手动操作机器人的工具参考点靠近定义工件坐标的 Y_1 点（图 4.56），完成位置修改。

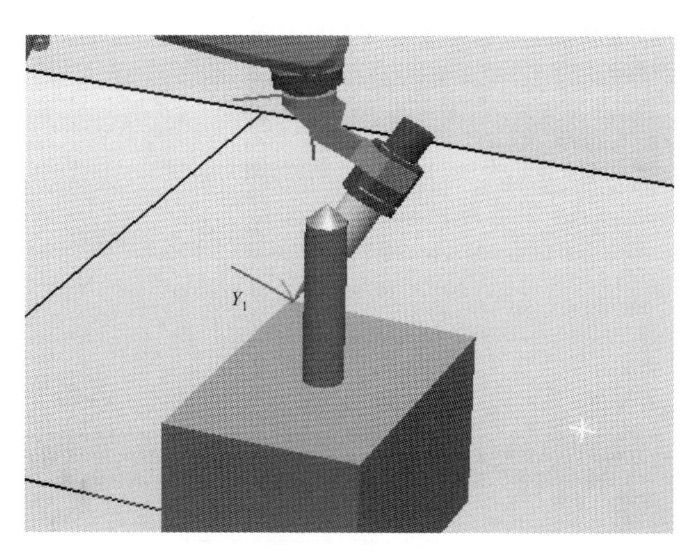

图 4.56

⑩ 单击“确定”，如图 4.57 所示。

⑪对工件位置进行确认后，单击“确定”，如图 4.58 所示。

坐标系选择新创建的工件坐标系，按下使能器按钮，用手拨动机器人手动操作摇杆使用线性动作模式，观察在工件坐标系下移动的方式（图 4.59）。

Loaddata 用于描述附于机械臂机械界面（机械臂安装法兰）的负载。负载数据常常定义机械臂的有效负载或支配负载（通过定位器的指令 GripLoad 或 MechUnitLoad 来设置），即机械臂夹具所施加的负载。同时将 Loaddata 作为 Tooldata 的组成部分，以描述工具负载。

手动 MicroWin10-1159 防护装置停止 已停止（速度 100%）

程序数据 -> wobjdata -> 定义

工件坐标定义

工件坐标： wobj1 活动工具： tool1

为每个框架选择一种方法，修改位置后点击"确定"。

用户方法： 3 点 目标方法： 未更改

点	状态
用户点 X 1	已修改
用户点 X 2	已修改
用户点 Y 1	已修改

位置 修改位置 确定 取消

ROB_1 1/3

图 4.57

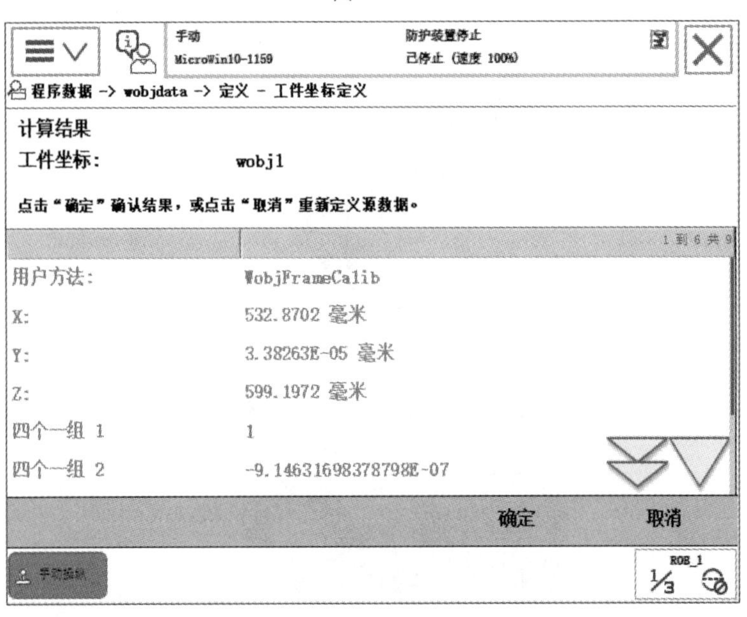

图 4.58

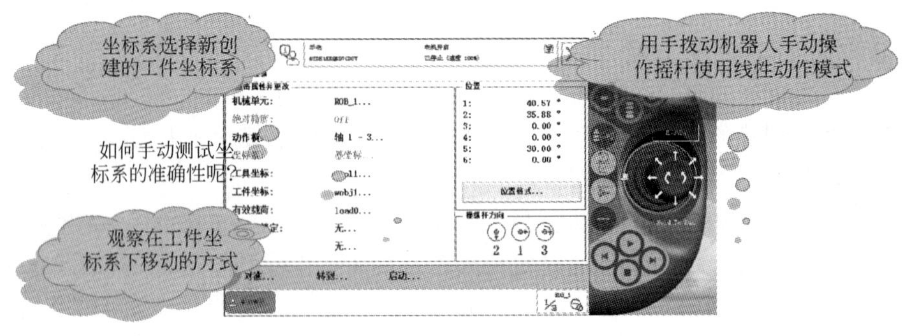

图 4.59

Loaddata 设置步骤如下：

① 选择“有效载荷”，如图 4.60 所示。

手动
MicroWin10-1159
防护装置停止
已停止 (速度 100%)
手动操纵
点击属性并更改
机械单元: ROB_1...
绝对精度: Off
动作模式: 轴 1 - 3...
坐标系: 大地坐标...
工具坐标: tool1...
工件坐标: wobj1...
有效载荷: load0...
操纵杆锁定: 无...
增量: 无...
位置
1: 51.49 °
2: -7.27 °
3: 7.71 °
4: -104.77 °
5: 64.29 °
6: 72.73 °
位置格式...
操纵杆方向
2 1 3
对准... 转到... 启动...
ROB_1
1/3

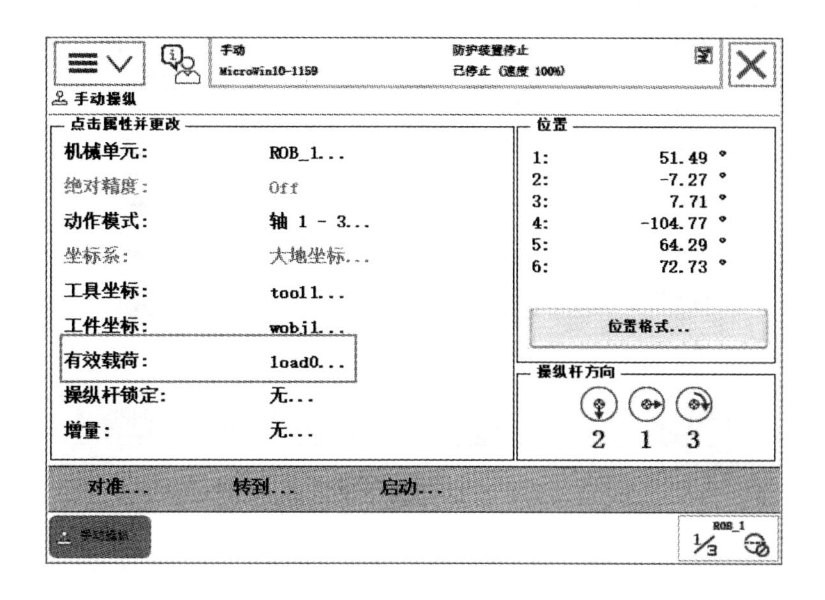

图 4.60

② 选择“新建”，如图 4.61 所示。

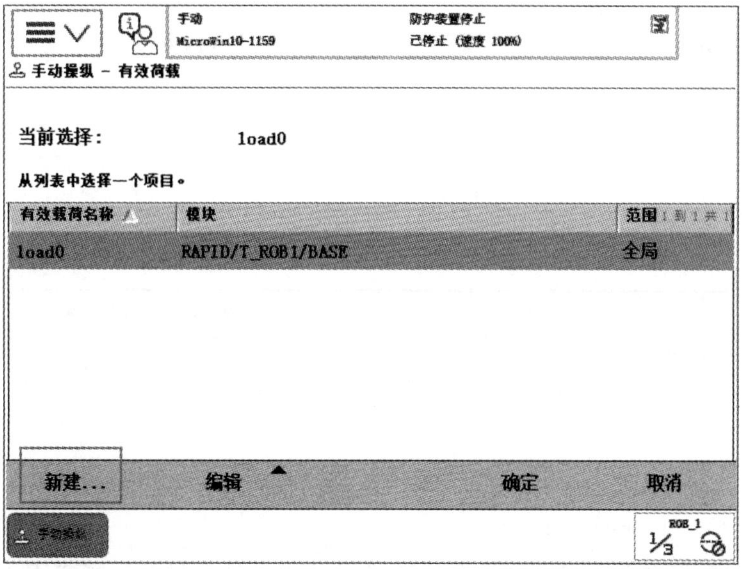

手动
MicroWin10-1159
防护装置停止
已停止 (速度 100%)
手动操纵 - 有效荷载
当前选择: load0
从列表中选择一个项目。
有效载荷名称 模块 范围
load0 RAPID/T_ROB1/BASE 全局
新建... 编辑 确定 取消
ROB_1
1/3

图 4.61

③ 单击“初始值”，如图 4.62 所示。

④ 对有效载荷进行实际数据设置，如图 4.63 所示。

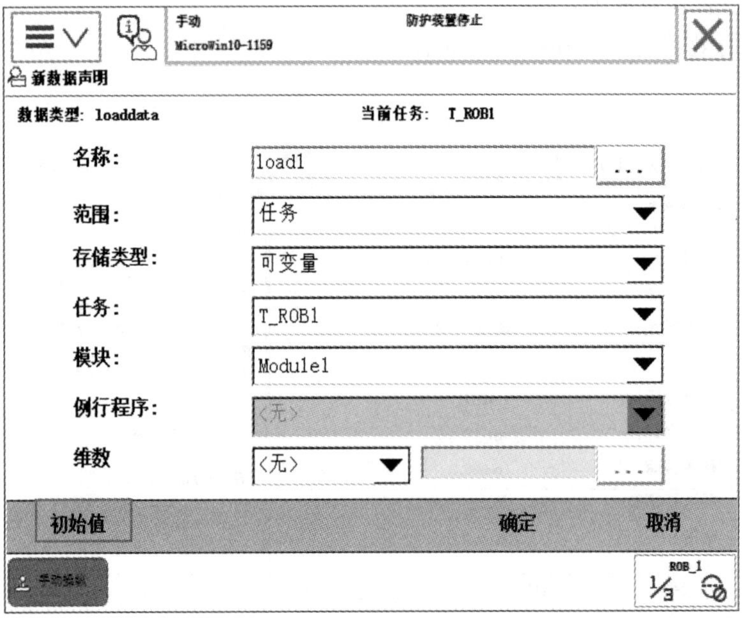

手动 防护装置停止
MicroWin10-1159
新数据声明
数据类型：loaddata 当前任务：T_ROB1
名称： load1
范围： 任务
存储类型： 可变量
任务： T_ROB1
模块： Module1
例行程序： 〈无〉
维数 〈无〉
初始值 确定 取消
ROB_1
1/3

图 4.62

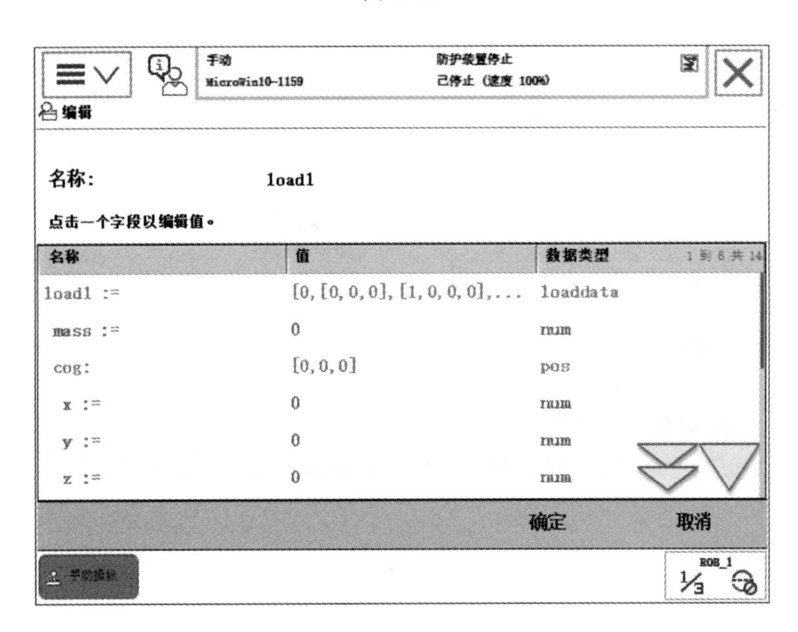

图 4.63

⑤ 单击“确定”，如图 4.64 所示。

注意：负载数据定义不正确可能会导致机械臂机械结构过载。指定不正确的负载数据时，其常常会引起以下后果：

· 机械臂将不会用于其最大容量；

· 路径准确性受损，包括过度风险；

· 机械结构过载风险。

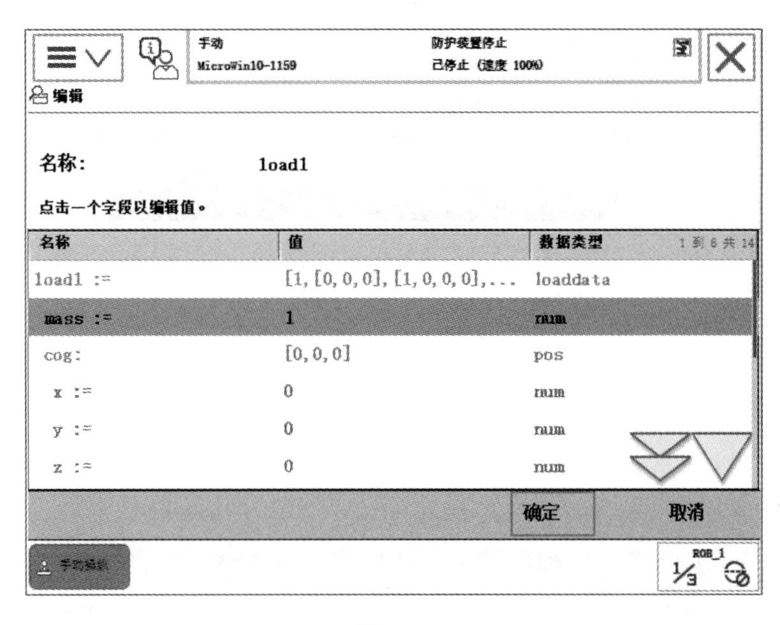

图 4.64

常用数据如下：

mass：表示负载重量，单位 kg。

cog：表示工具重心，单位 mm。

aom：矩轴的姿态，存在始于 cog 的有效负载惯性矩的主轴。如果机械臂正夹持着工具，则用工具坐标系来表示矩轴。

4.4 工业机器人编程基础1

常用指令：ABB 机器人在空间中运动主要有绝对位置运动（MoveAbsJ）、关节运动（MoveJ）、线性运动（MoveL）和圆弧运动（MoveC）四种方式。

（1）绝对位置运动指令 MoveAbsJ

MoveAbsJ 用于将机械臂和外轴移动至轴位置中指定的绝对位置。指令解析如表 4.1 所示。指令示例如图 4.65 所示。

表 4.1　MoveAbsJ 指令解析

参数	含义
目标点位置数据	定义机器人 TCP 的运动目标，可以在示教器中单击“修改位置”进行修改
运动速度数据	定义速度(mm/s)。在手动限速状态下，所有运动速度被限速在 250mm/s
转弯区数据	定义转弯区的大小(mm)，如果转弯区数据为 fine，表示机器人 TCP 达到目标点，在目标点速度降为零
工具坐标数据	定义当前指令使用的工具
工件坐标数据	定义当前指令使用的工件坐标

程序解释：通过速度数据 v1000 和区域数据 z50、机械臂以及工具 tool0 得以沿非线性路径运动至绝对轴位置。

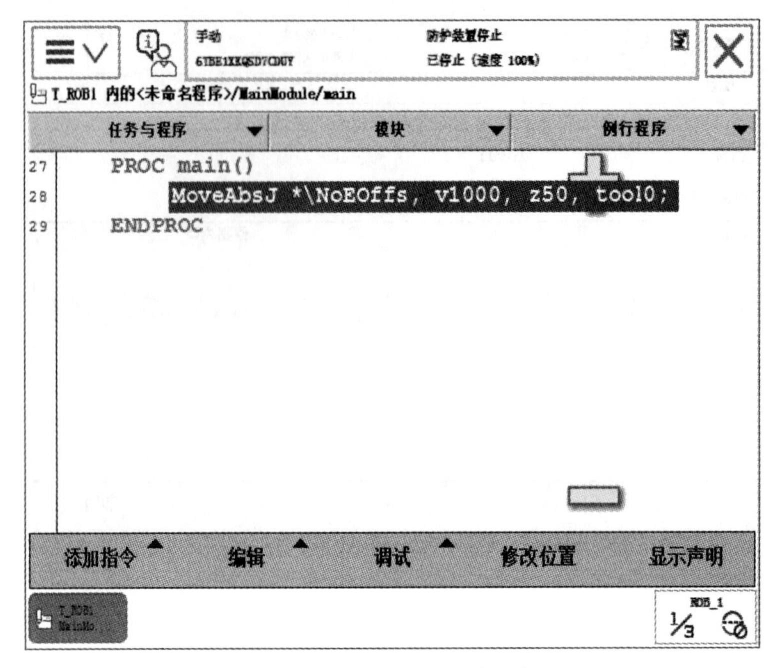

图 4.65　MoveAbsJ 指令示例

（2）关节运动指令 MoveJ

当该运动无须位于直线中时，MoveJ 用于将机械臂迅速地从一点移动至另一点。机械臂和外轴沿非线性路径运动至目的位置，所有轴均同时达到目的位置（图 4.66）。指令解析如表 4.2 所示。指令示例如图 4.67 所示。

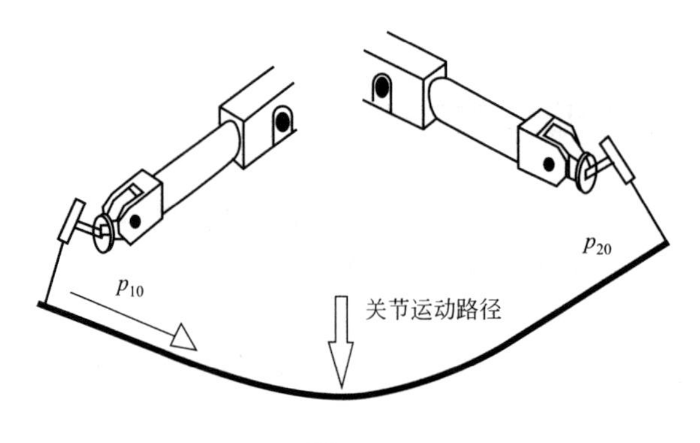

图 4.66

表 4.2　MoveJ 指令解析

参数	含义
p_{10}、p_{20}	目标点位置数据
v1000	运动速度数据，1000mm/s
z50	转弯区数据(mm)
tool0	工具坐标数据

程序解释：将工具的工具中心点 tool0 沿非线性路径移动至位置 p_{10}(p_{20})，其速度数据为 v1000，且区域数据为 z50。

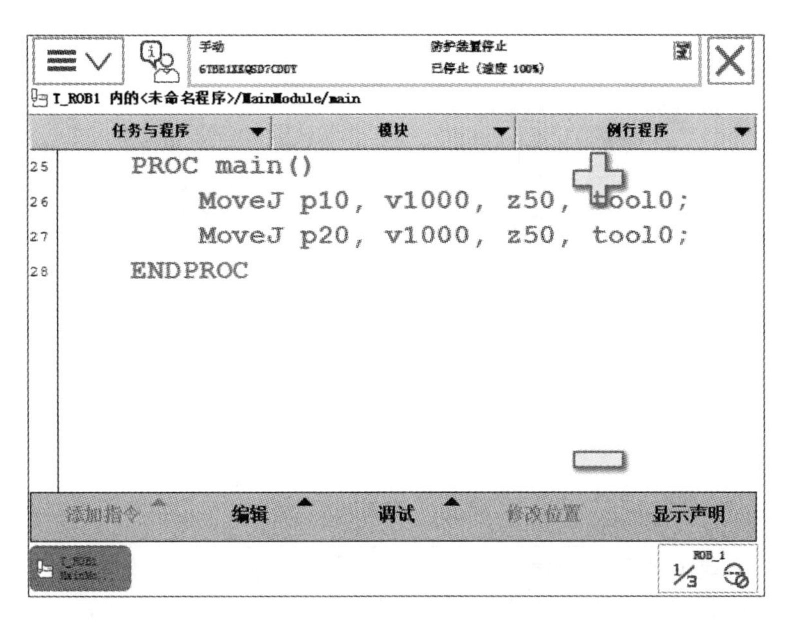

图 4.67 MoveJ 指令示例

（3）线性运动指令 MoveL

用于将工具中心点沿直线移动至给定目的位置。当 TCP 保持固定时，则该指令亦可用于调整工具方位。线性运动示意见图 4.68。指令解析如表 4.3 所示。指令示例如图 4.69 所示。

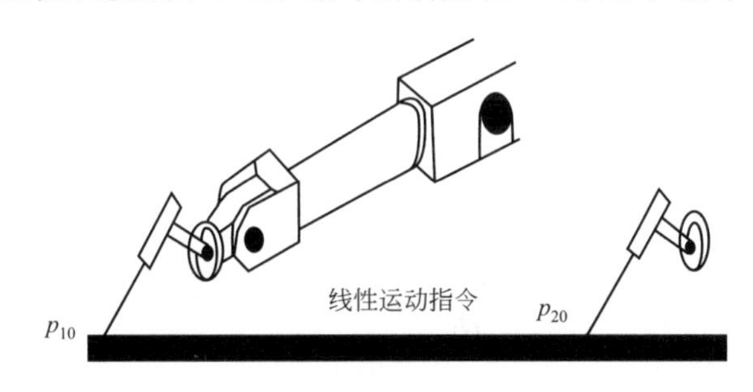

图 4.68

表 4.3 MoveL 指令解析

参数	含义
p_{10}、p_{20}	目标点位置数据
v1000	运动速度数据，1000mm/s
z50	转弯区数据(mm)
tool0	工具坐标数据

程序解释：将工具的工具中心点 tool0 沿线性路径移动至位置 p_{10}（p_{20}），其速度数据为 v1000，且区域数据为 z50。

（4）圆弧运动指令 MoveC

MoveC 用于将工具中心点（TCP）沿圆周移动至给定目的地。移动期间，该周期的方位通常相对保持不变。圆弧运动示意见图 4.70。指令解析如表 4.4 所示。指令示例如图 4.71所示。

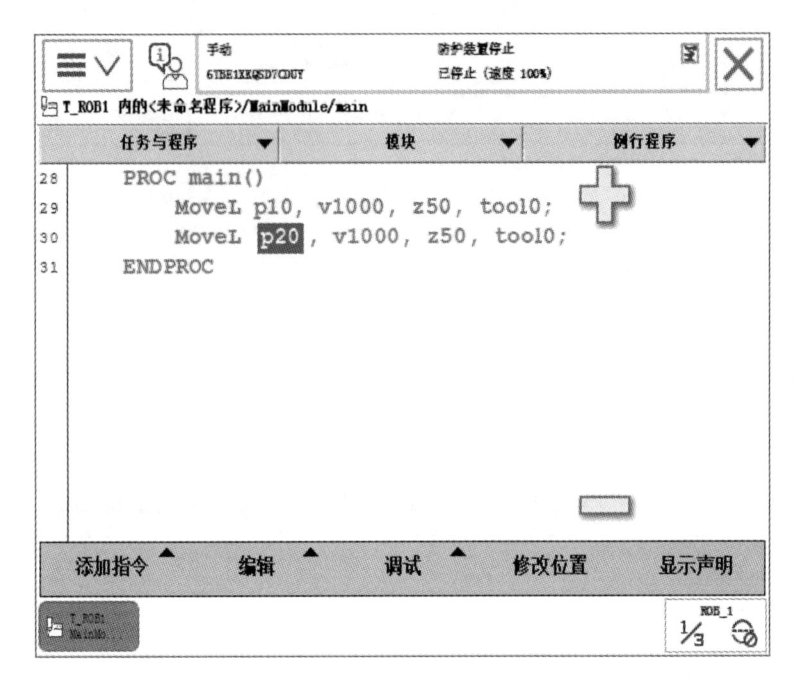

图 4.69 MoveL 指令示例

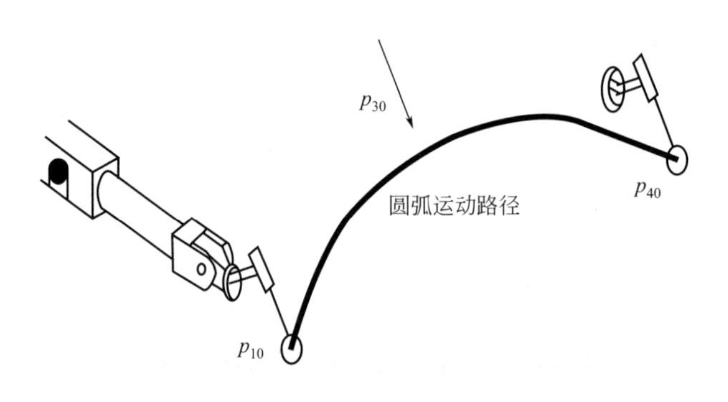

图 4.70

表 4.4 MoveC 指令解析

参数	含义
p_{10}	圆弧的第一个点
p_{30}	圆弧的第二个点
p_{40}	圆弧的第三个点
v1000	运动速度数据，1000mm/s
z50	转弯区数据(mm)
tool0	工具坐标数据

程序解释：将工具的工具中心点 tool0 沿线性路径移动至位置 p_{10}，其速度数据为 v1000，且区域数据为 fine。

将工具的工具中心点 tool0 沿圆周移动至位置 p_2，其速度数据为 v500 且区域数据为 z30。根据起始位置 p_{10}、圆周点 p_{30} 和目的点 p_{40}，确定该循环。

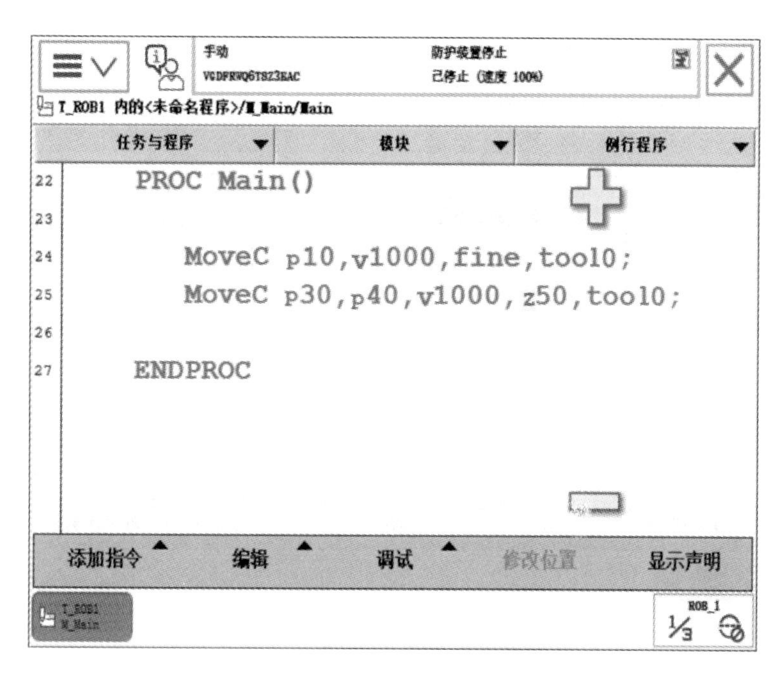

图 4.71　MoveC 指令示例

4.5 工业机器人编程基础2

(1) 常见 I/O 指令

I/O 控制指令用于控制 I/O 信号，以达到与机器人周边设备进行通信的目的。

① Set 数字置位指令。指令解析如表 4.5 所示。指令示例如图 4.72 所示。

表 4.5　Set 指令解析

参数	含义
DO1	数字输出信号

程序解释：将信号 DO1 设置为 1。

② Reset 数字信号复位指令。Reset 数字信号复位指令用于将数字输出（digital output）复位为 0。指令解析如表 4.6 所示。指令示例如图 4.73 所示。

表 4.6　Reset 指令解析

参数	含义
DO1	数字输出信号

程序解释：将信号 DO1 设置为 0。

如果在 Set、Reset 指令前有运动指令 MoveL、MoveJ、MoveC、MoveAbsJ 的转弯区数据，必须使用 fine 才可以准确地输出 I/O 信号状态的变化。

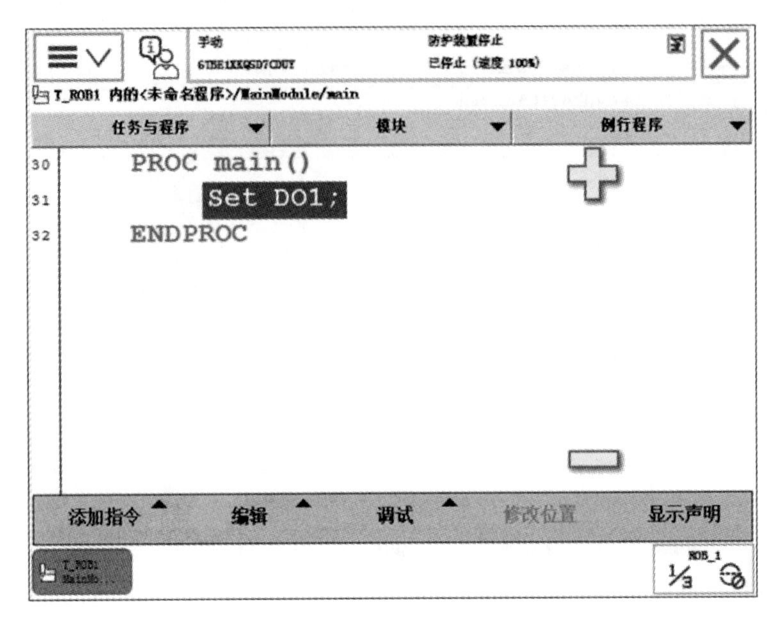

图 4.72 Set 指令示例

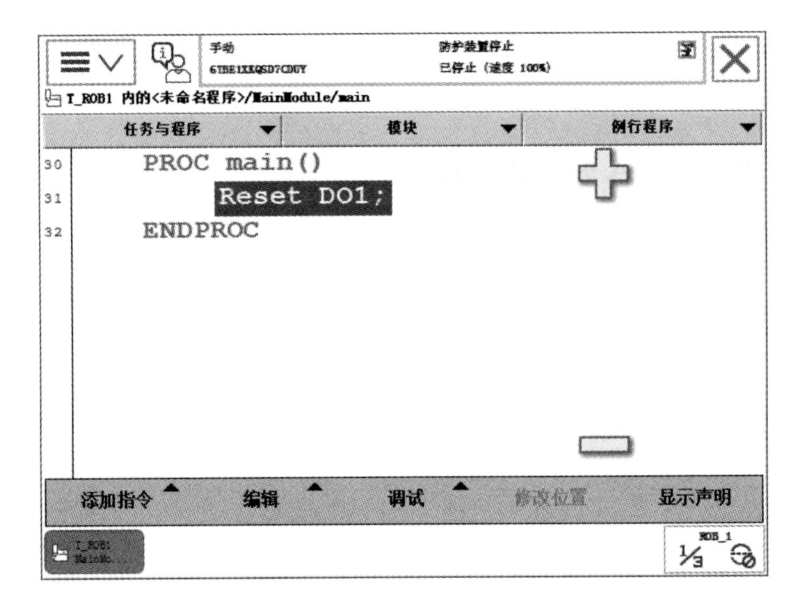

图 4.73 Reset 指令示例

③ SetDO 改变数字信号输出信号的值。无论是否存在时间延迟，SetDO 用于改变数字信号输出信号的值。指令解析如表 4.7 所示。指令示例如图 4.74 所示。

表 4.7 SetDO 指令解析

参数	含义
DO1	数字输出信号
1	设置输出值

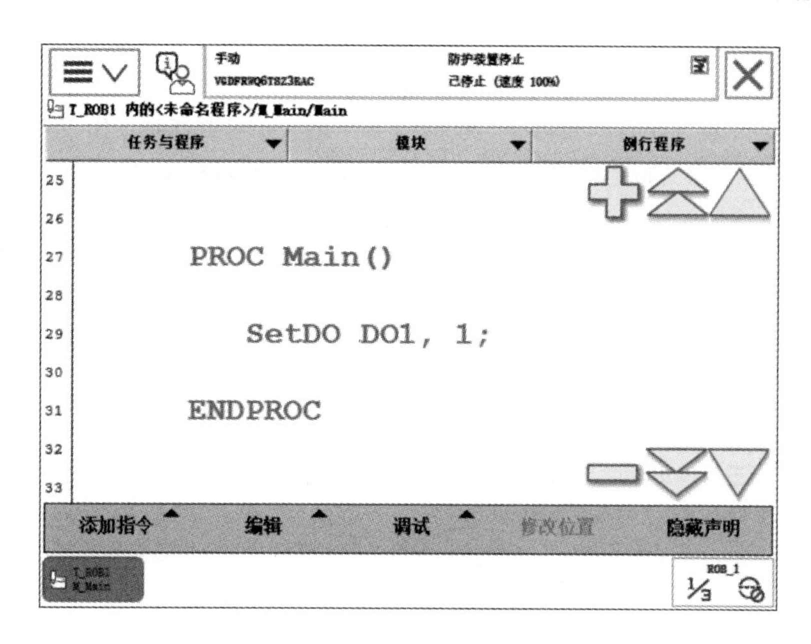

图 4.74　SetDO 指令示例

程序解释：将信号 DO1 设置为 1。

④ SetGO 改变一组数字信号输出信号的值。无论是否存在时间延迟，SetGO 用于改变一组数字信号输出信号的值。指令解析如表 4.8 所示。指令示例如图 4.75 所示。

表 4.8　SetGO 指令解析

参数	含义
GO2	一组数字输出信号
12	设置输出值

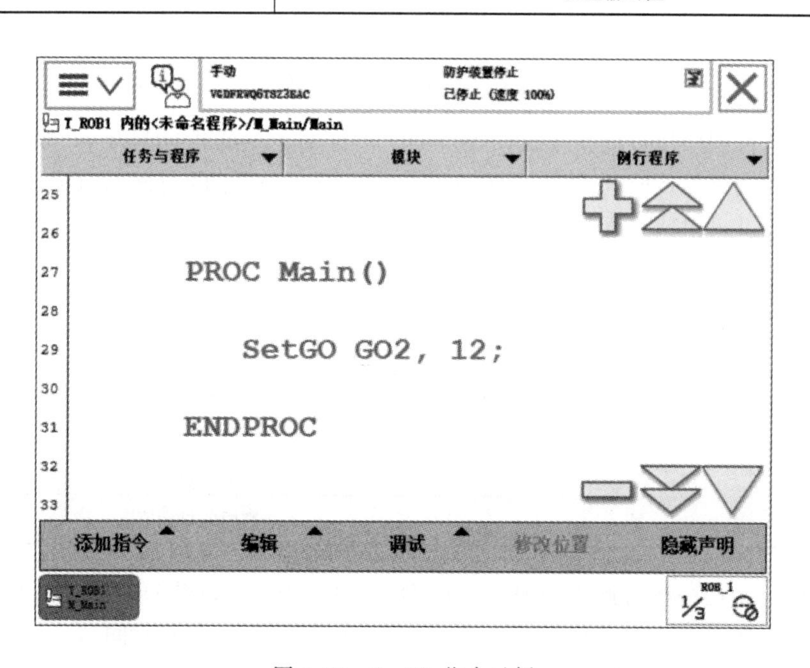

图 4.75　SetGO 指令示例

程序解释：将信号 GO2 设置为 12。如果 GO2 包含 4 个信号，例如，输出 6～9，则将输出 6 和 7 设置为 0，并将输出 8 和 9 设置为 1。

⑤ WaitDI 数字输入信号判断指令。WaitDI 数字输入信号判断指令用于判断数字输入信号的值是否与目标一致。指令解析如表 4.9 所示。指令示例如图 4.76 所示。

表 4.9　WaitDI 指令解析

参数	含义
DI1	数字输入信号
1	判断的目标值

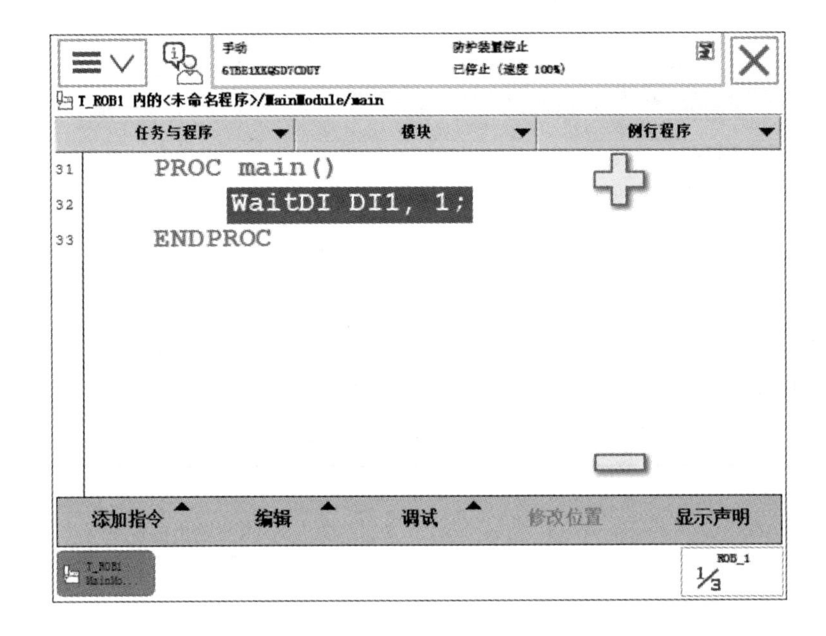

图 4.76　WaitDI 指令示例

程序解释：在程序执行此指令时，等待 DI1 的值为 1。如果 DI1 为 1，则程序继续往下执行；如果达到最大等待时间 300s 以后（可以设定比 300s 小的时间），DI1 的值还不为 1，则机器人报警或进入出错处理程序。

⑥ WaitDO 数字输出信号判断指令。WaitDO 数字输出信号判断指令用于判断数字输出信号的值是否与目标一致。指令解析如表 4.10 所示。指令示例如图 4.77 所示。

表 4.10　WaitDO 指令解析

参数	含义
DO1	数字输出信号
1	判断的目标值

程序解释：在程序执行此指令时，等待 DO1 的值为 1。如果 DO1 为 1，则程序继续往下执行；如果达到最大等待时间 300s 以后（可以设定比 300s 小的时间），DO1 的值还不为 1，则机器人报警或进入出错处理程序。

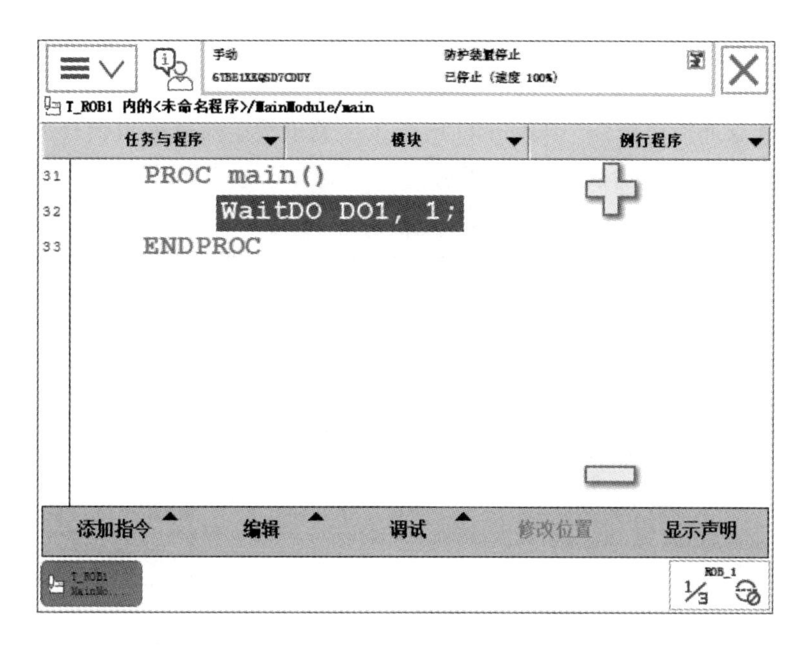

图 4.77　WaitDO 指令示例

⑦ WaitUntil 信号判断指令。WaitUntil 信号判断指令，用于布尔量、数字量和 I/O 信号的判断，如果条件达到指令中的设定值，程序继续往下执行，否则一直等待，除非设定了最大等待时间。指令解析如表 4.11 所示。指令示例如图 4.78 所示。

表 4.11　WaitUntil 指令解析

参数	含义	参数	含义
DI1	数字输入信号	flag1	布尔量
DO1	数字输出信号	num1	数字量

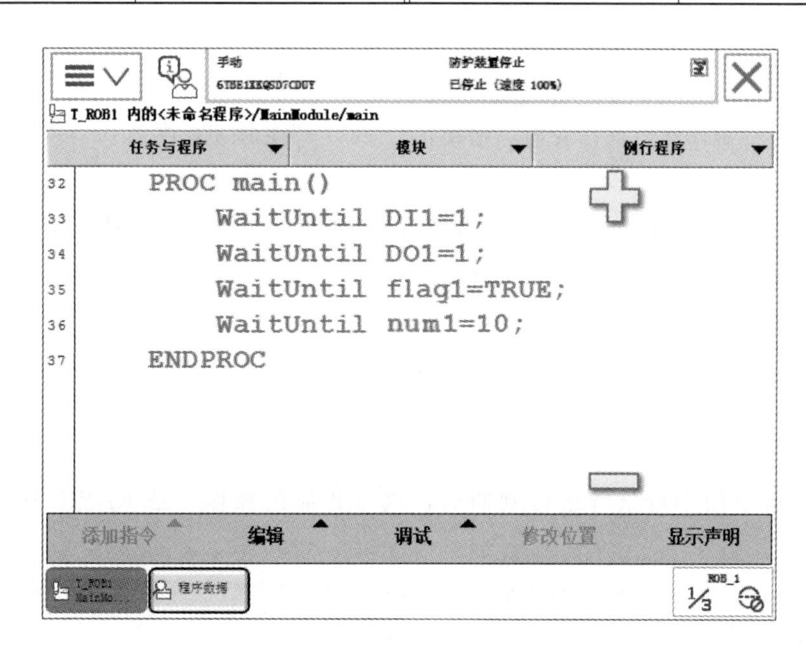

图 4.78　WaitUntil 指令示例

程序解释：等待 DI1 的值为 1；等待 DO1 的值为 1；等待 flag1 的值为 TRUE；等待 num1 的值为 10。

⑧ PulseDO 脉冲输出指令。PulseDO 用于产生关于数字信号输出信号的脉冲。指令解析如表 4.12 所示。指令示例如图 4.79 所示。

表 4.12　PulseDO 指令解析

参数	含义
DO1	数字输出信号

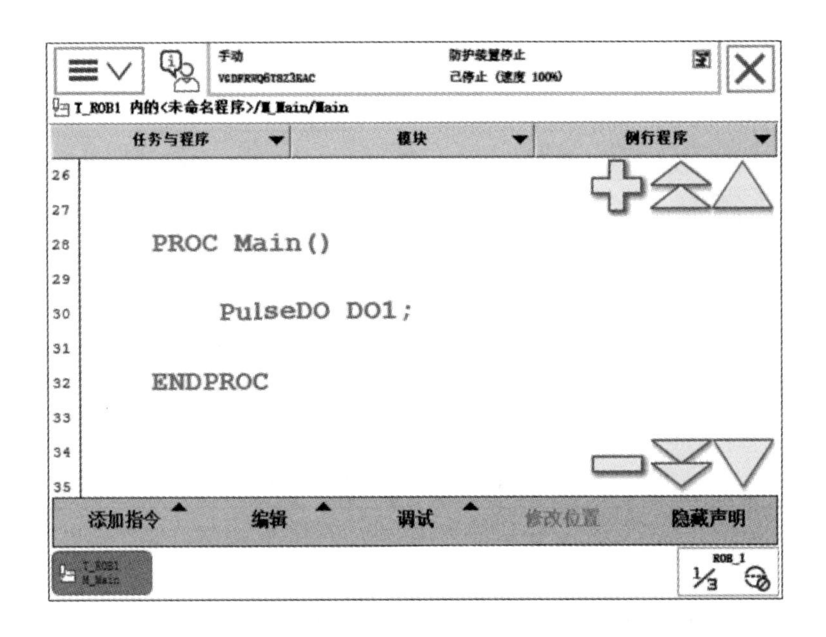

图 4.79　PulseDO 指令示例

程序解释：在程序执行此指令时，输出信号 DO1 产生脉冲长度为 0.2s 的脉冲。

(2) 常见赋值指令

"：＝"赋值指令用于对程序数据进行赋值。赋值可以是一个常量或数学表达式。

① 常量赋值。指令示例如图 4.80 所示。

程序解释：常量 6 赋值给变量 reg1。

② 表达式赋值。指令示例如图 4.81 所示。

程序解释：表达式 reg1＋2 赋值给变量 reg2。

(3) 逻辑判断指令

逻辑判断指令用于对条件进行判断后，执行相应的操作，是 RAPID 中重要的组成部分。

① Compact IF 紧凑型条件判断指令。Compact IF 紧凑型条件判断指令当一个条件满足了以后，就执行一句指令。程序示例如图 4.82 所示。

程序解释：如果 flag1 的状态为 TRUE，则 reg1 被赋值为 1。

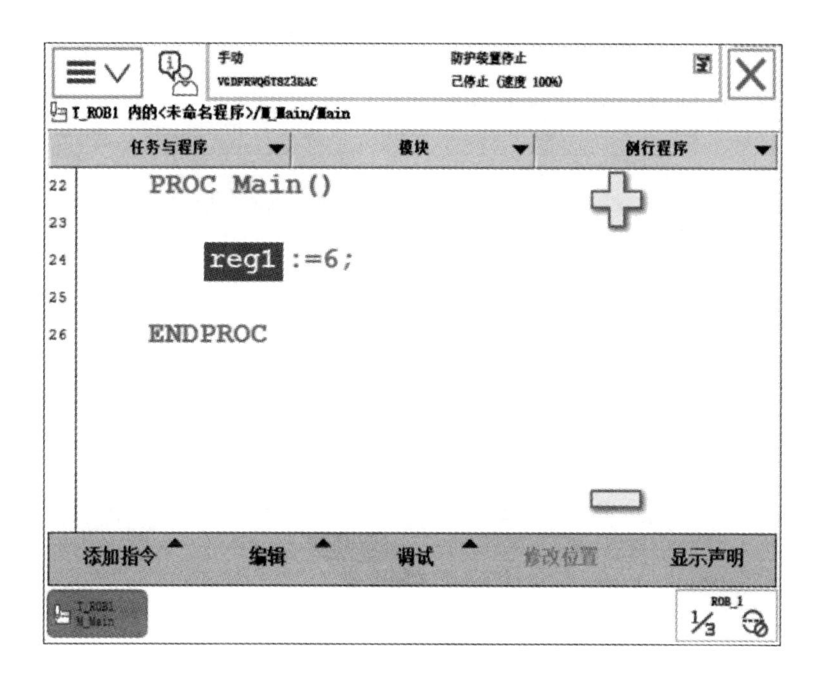

图 4.80　常量赋值指令示例

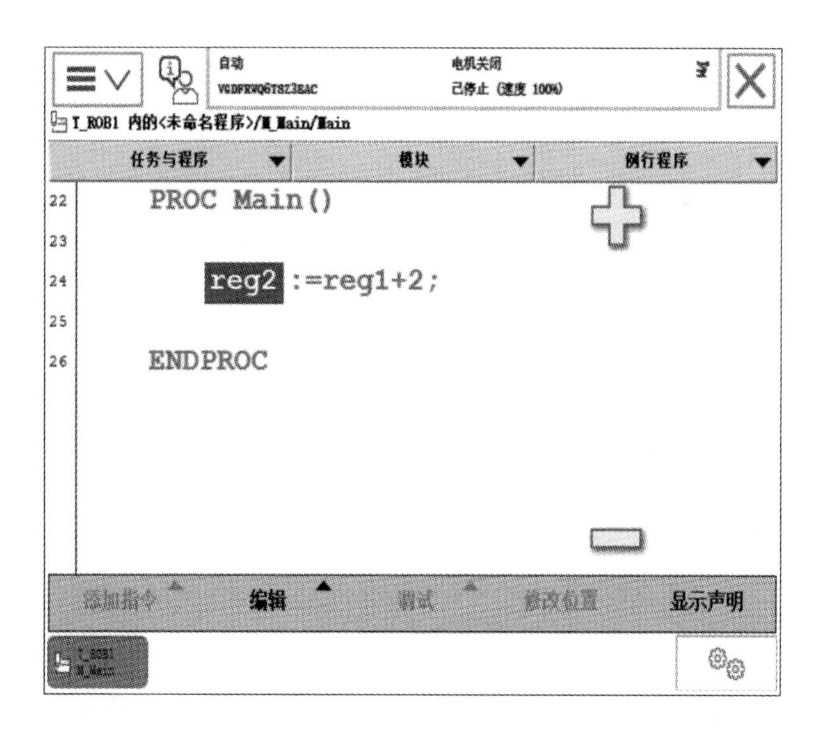

图 4.81　表达式赋值指令示例

② IF 条件判断指令。IF 条件判断指令，就是根据不同的条件去执行不同的指令。程序示例如图 4.83 所示。

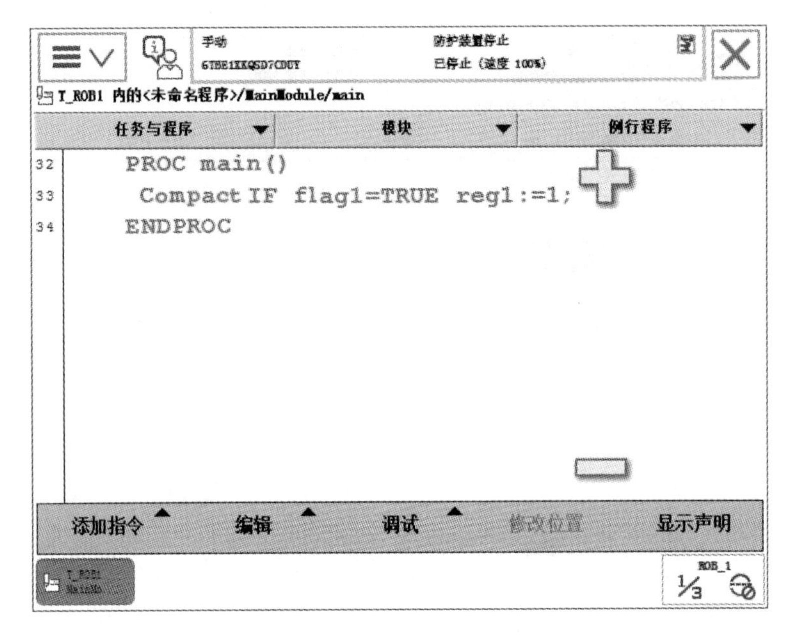

图 4.82　Compact IF 程序示例

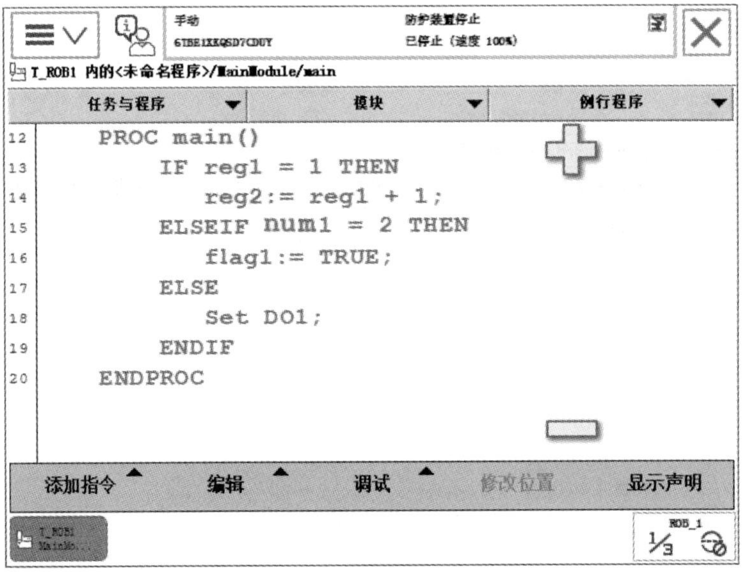

```
12    PROC main()
13        IF reg1 = 1 THEN
14            reg2:= reg1 + 1;
15        ELSEIF num1 = 2 THEN
16            flag1:= TRUE;
17        ELSE
18            Set DO1;
19        ENDIF
20    ENDPROC
```

图 4.83　IF 程序示例

程序解释：

a. 如果 reg1 为 1，则表达式 reg1＋1 赋值给 reg2；

b. 如果 num1 为 2，则 TRUE 赋值给 flag1；

c. 除了以上两种条件之外，则执行 DO1 置位为 1。

条件判定的条件数量可以根据实际情况进行增加与减少。

③ TEST 逻辑指令。根据表达式或数据的值，当有待执行不同的指令时，使用 TEST。

如果并没有太多的替代选择，则亦可使用 IF ELSE 指令。程序示例如图 4.84 所示。

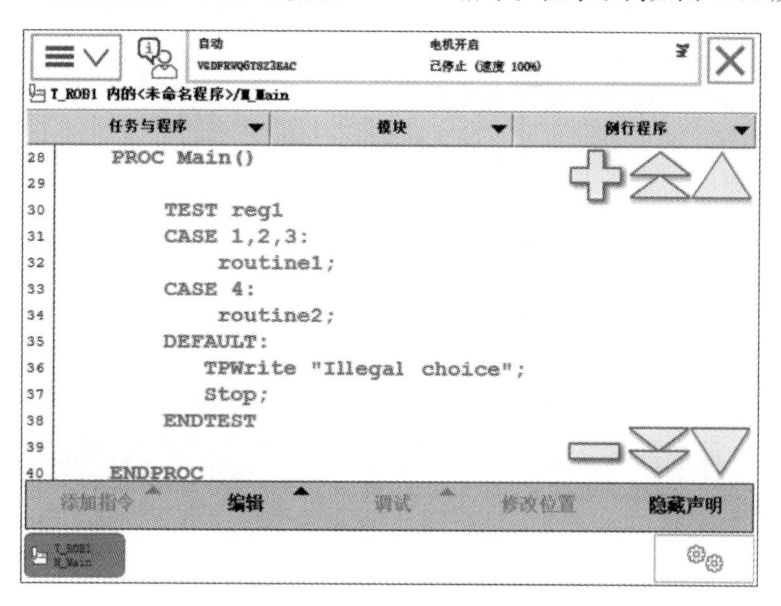

图 4.84 TEST 程序示例

程序解释：根据 reg1 的值，执行不同的指令。如果该值为 1、2 或 3，则执行 routine1；如果该值为 4，则执行 routine2；否则，打印出错误消息，并停止执行。

④ FOR 重复执行判断指令。当一个或多个指令重复多次时，使用 FOR。程序示例如图 4.85 所示。

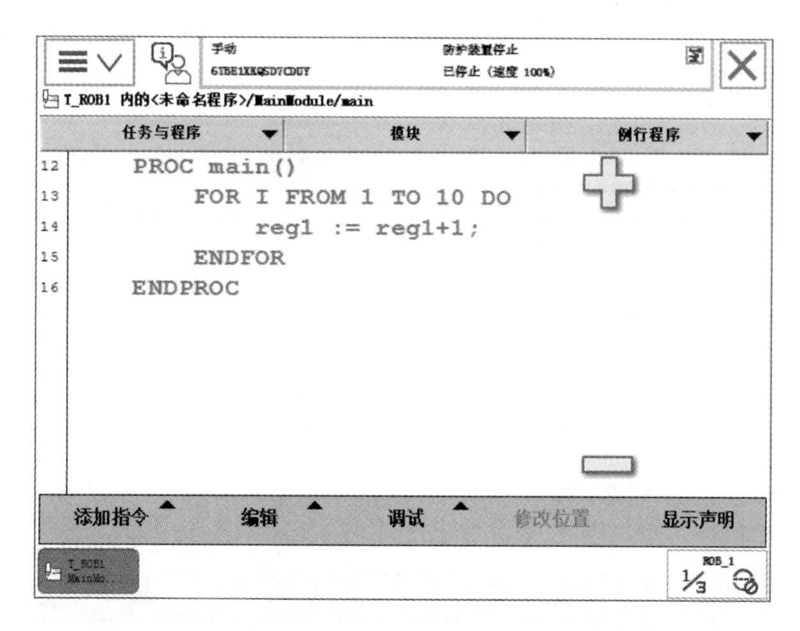

图 4.85 FOR 程序示例

程序解释：reg1 自加 1 重复执行 10 次。

⑤ WHILE 条件判断指令。WHILE 条件判断指令，用于在给定条件满足的情况下，一直重复执行对应的指令。程序示例如图 4.86 所示。

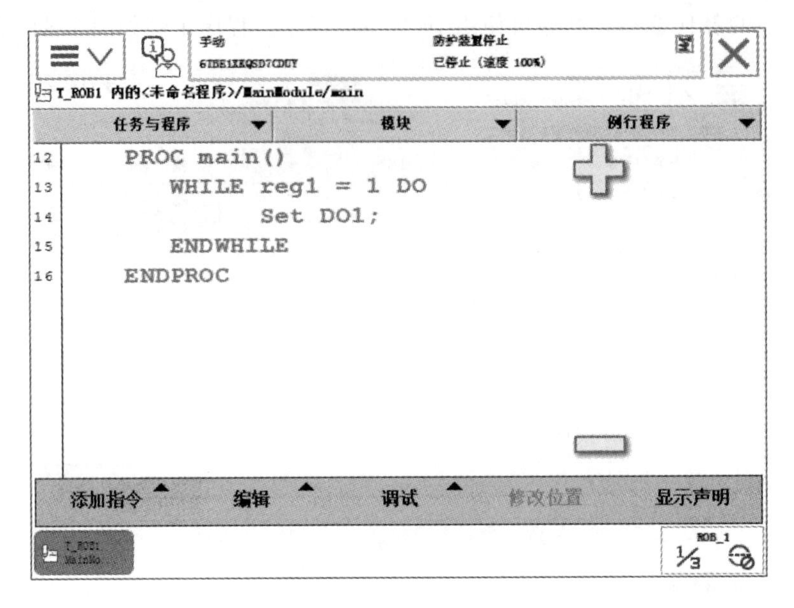

图 4.86　WHILE 程序示例

程序解释：当 reg1＝1 的条件满足的情况下，就一直执行 DO1 置位的操作。

（4）通信指令

通信指令用于机器人与上下位机进行数据交互，保证设备之间正常运行。

① SocketCreate 创建新套接字指令。SocketCreate 用于针对基于通信或非连接通信的连接，创建新的套接字。带有交付保证的流型协议 TCP/IP 以及数据电报协议 UDP/IP 的套接字消息传送均得到支持，可开发服务器和客户端应用。针对数据电报协议 UDP/IP，支持采用广播。程序示例如图 4.87 所示。

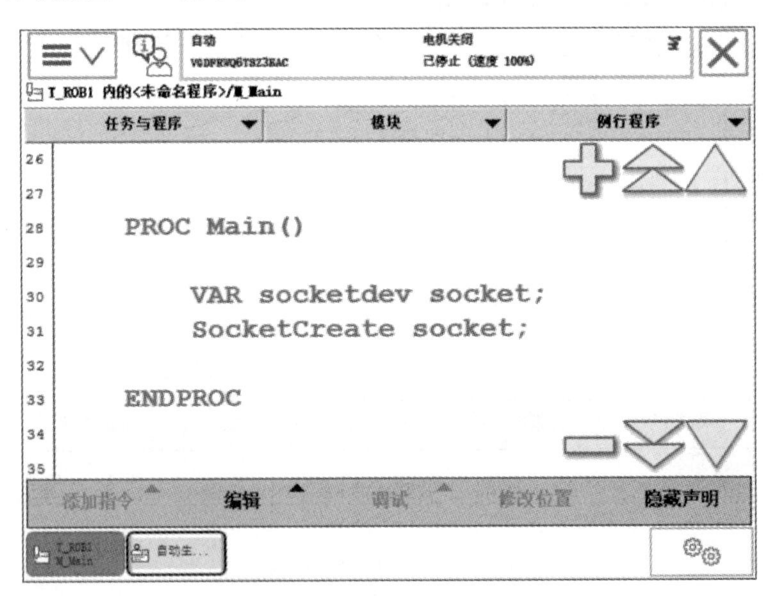

图 4.87　SocketCreate 程序示例

程序解释：创建使用流型协议 TCP/IP 的新套接字设备，并分配到变量 socket。

② SocketConnect 连接远程计算机指令。SocketConnect 用于套接字与客户端应用中的远程计算机相连。程序示例如图 4.88 所示。

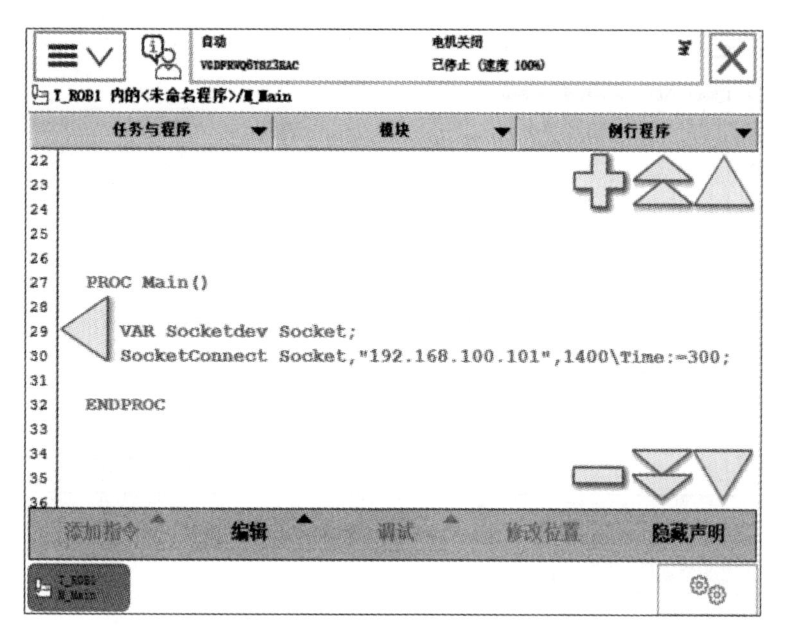

图 4.88 SocketConnect 程序示例

程序解释：尝试与 IP 地址 192.168.100.101 和端口 1400 处的远程计算机相连，连接等待最长时间为 300s。

③ SocketSend 向远程计算机发送数据指令。SocketSend 用于向远程计算机发送数据。SocketSend 可用于客户端和服务器。程序示例如图 4.89 所示。

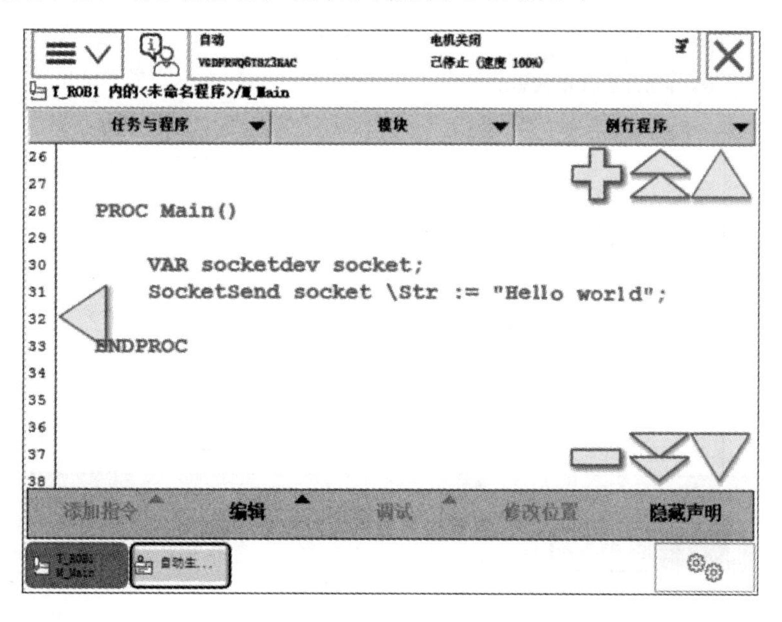

图 4.89 SocketSend 程序示例

程序解释：将消息“Hello world”发送给远程计算机。

④ SocketReceive 接收来自远程计算机的数据指令。SocketReceive 用于从远程计算机接收数据。SocketReceive 可用于客户端和服务器。程序示例如图 4.90 所示。

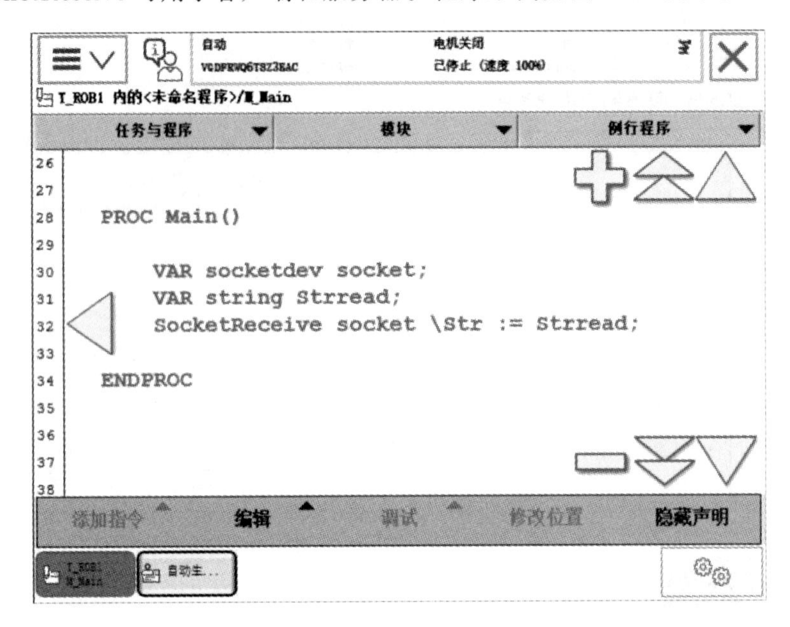

图 4.90 SocketReceive 程序示例

程序解释：从远程计算机接收数据，并将其储存在字符串变量 str _ data 中。

⑤ SocketClose 关闭套接字指令。当不再使用套接字连接时，使用 SocketClose。在已经关闭套接字之后，不能将其用于除 SocketCreate 以外的所有套接字调用。程序示例如图 4.91所示。

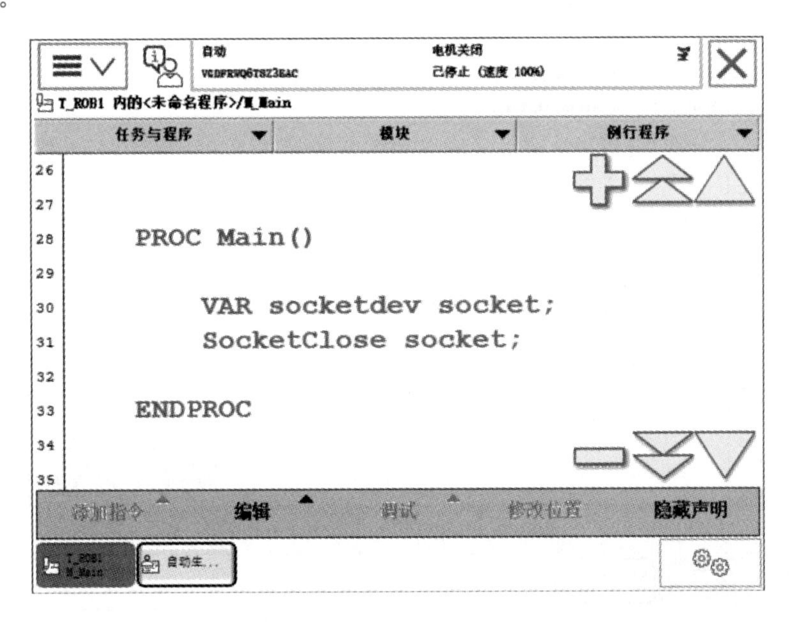

图 4.91 SocketClose 程序示例

程序解释：关闭套接字，且不能再进行使用。

⑥ StrPart 寻找指定字符位置指令。StrPart（string part）用于寻找一部分字符串作为一个新的字符串。程序示例如图 4.92 所示。

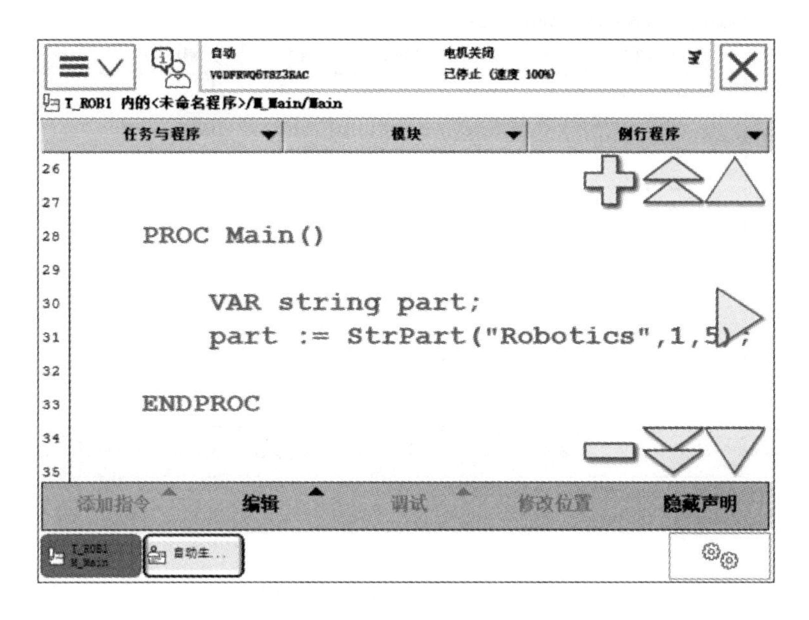

图 4.92　StrPart 程序示例

程序解释：变量 part 被赋予值“Robotics”。

⑦ 通信示例。

```
PROC rCamera()
    SocketCreate Socket;                                        ! 创建新套接字；
    SocketConnect Socket,"192.168.100.101",1400\Time:=300;      ! 连接远程计算机；
    TPWrite "ok";                                               ! 显示连接成功；
    SocketSend Socket\Str:="SCNGROUP 0";                        ! 触发 CCD 切换场景组 0；
    WaitTime 0.2;                                               ! 等待 0.2s；
    SocketSend Socket\Str:="SCENE 0";                           ! 触发 CCD 切换场景 0；
    WaitTime 0.5;                                               ! 等待 0.5s；
    SocketSend Socket\Str:="M";                                 ! 触发 CCD 拍照；
    WaitTime 0.5;                                               ! 等待 0.5s；
    SocketReceive Socket\Str:=Strread\Time:=60;                 ! 接受 CCD 发送的数据储存在
                                                                  字符串变量 Strread 中；
    SrtCCD_Result:=StrPart(Strread,1,2);                        ! 变量 SrtCCD_Result 被赋予为
                                                                  字符串 Strread 前面两位；
    SocketClose Socket;                                         ! 关闭套接字。
ENDPROC
```

（5）其他指令

① WaitTime 时间等待指令。WaitTime 用于等待给定的时间，该指令亦可用于等待，直至机械臂和外轴静止。程序示例如图 4.93 所示。

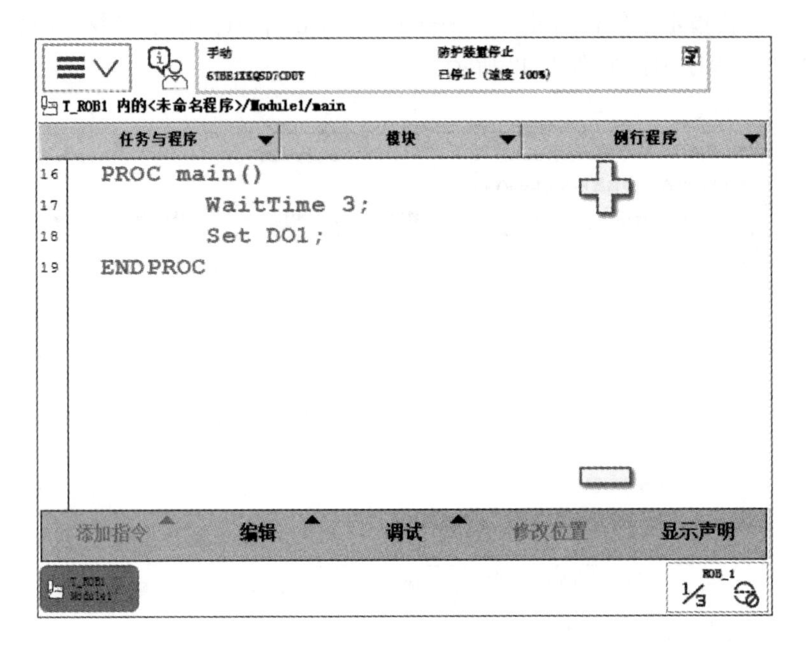

图 4.93　WaitTime 程序示例

程序解释：等待 3s 以后，程序向下执行。

② AccSet 降低加速度指令。处理脆弱负载时，使用了 AccSet，可允许更低的加速度和减速度，使得机械臂的移动更加顺畅。程序示例如图 4.94 所示。

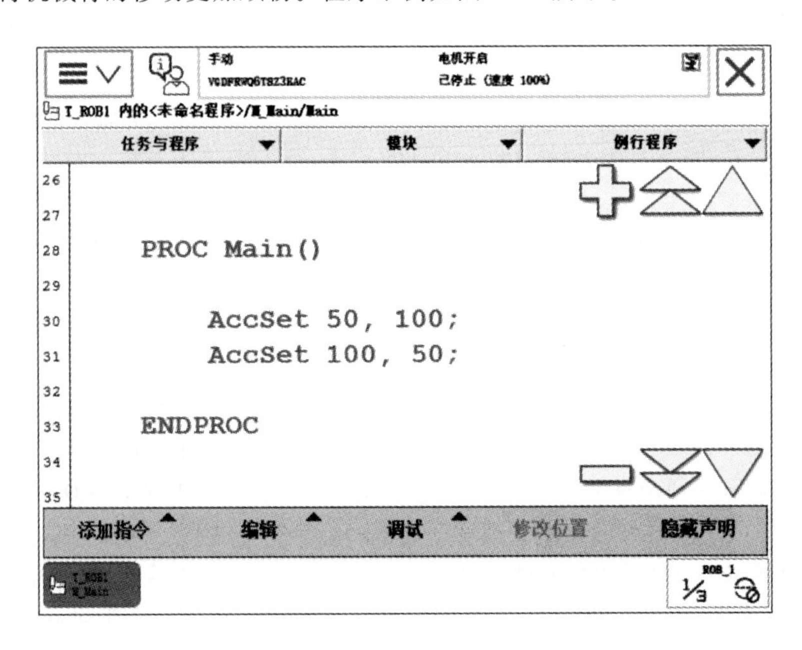

图 4.94　AccSet 程序示例

程序解释：将加速度限制在正常值的 50%，将加速斜面限制在正常值的 50%。

③ VelSet 改变编程速率指令。VelSet 用于增加或减少所有后续定位指令的编程速率，该指令同时用于使速率最大化。程序示例如图 4.95 所示。

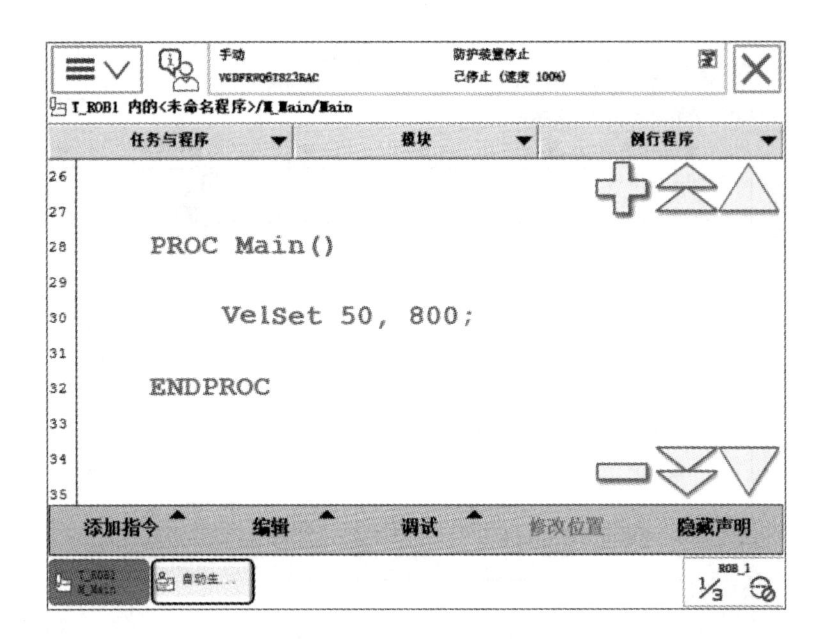

图 4.95 VelSet 程序示例

程序解释：将所有的编程速率降至指令中值的 50%，不允许 TCP 速率超过 800mm/s。

④ CRobT 读取当前位置（机器人位置）数据。CRobT 用于读取机械臂和外轴的当前位置。程序示例如图 4.96 所示。

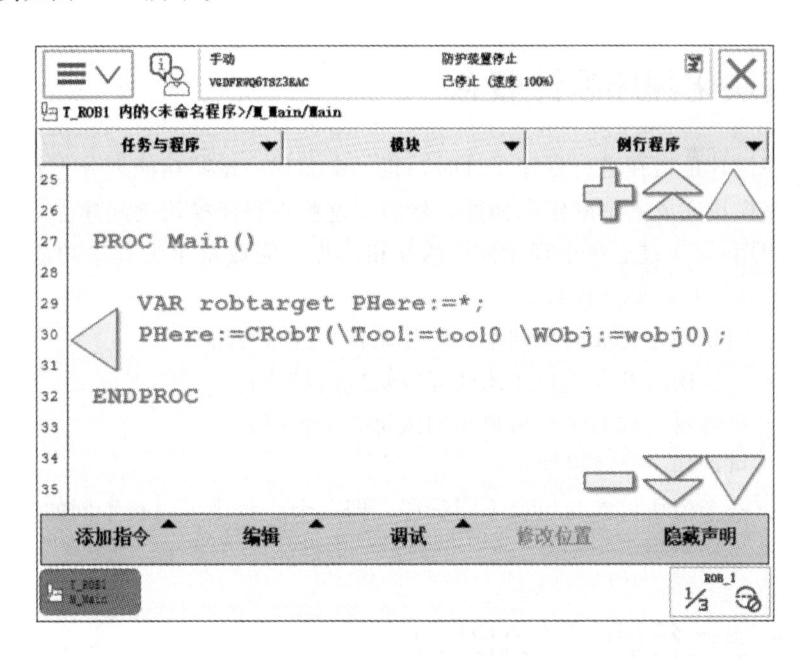

图 4.96 CRobT 程序示例

程序解释：将机械臂和外轴的当前位置储存在 PHere 中，工具 tool0 和工件 wobj0 用于计算位置。

⑤ 一维数组。将点位位置储存在数组里，由程序直接调用。程序示例如图 4.97 所示。

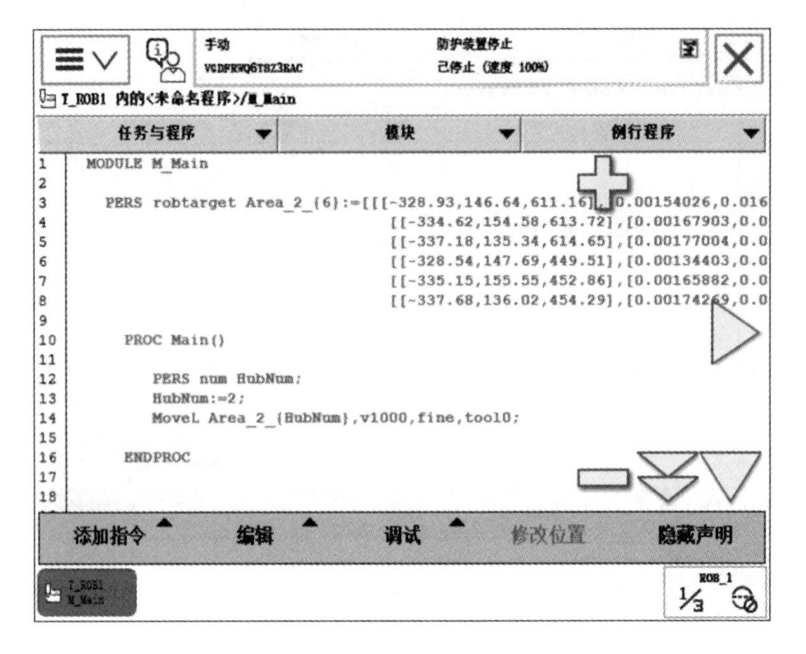

图 4.97 一维数组的程序示例

程序解释：将工具的工具中心点 tool0 沿线性路径移动至数组 Area _ 2 _ {6} 的第 2 个点位，其速度数据为 v1000，且区域数据为 fine。

4.6 模块化程序设计概念

模块化程序设计是指在进行程序设计时，将一个大程序按照功能划分为若干小的程序模块，每个小程序模块完成一个确定的功能，然后在这些小程序模块之间建立必要的联系（通常称为：程序调用），通过这些小程序模块的互相协作，完成整个大程序功能的程序设计方法。模块化程序设计具有如下优势。

① 易设计：复杂问题化成简单问题，将复杂任务进行分解；

② 易实现：可以团队开发，每个团队开发对应的模块；

③ 易测试：可各自单独测试，可单独测试每个子程序；

④ 易维护：可增加、修改模块；

⑤ 可重用：一个模块可参与组合不同程序，即一个子程序可以被不同的程序调用。

4.7 程序运行调试（ABB）

程序运行指针调出指令：

程序指针（PP）指的是无论按 FlexPendant 上的 Start（启动）、Step Forward（步进）或 Backward（步退）按钮都可启动程序的指令（图 4.98）。程序将从“程序指针”指令处继续执行。但是，如果程序停止时光标移至另一指令处，则程序指针可移至光标位置（或者光标可移动至“程序指针”)，程序执行也可从该处重新启动。“程序指针”在ProgramEditor（程序编辑器）和ProductionWindow（运行时窗口）中的程序代码左侧显示为黄色箭头。

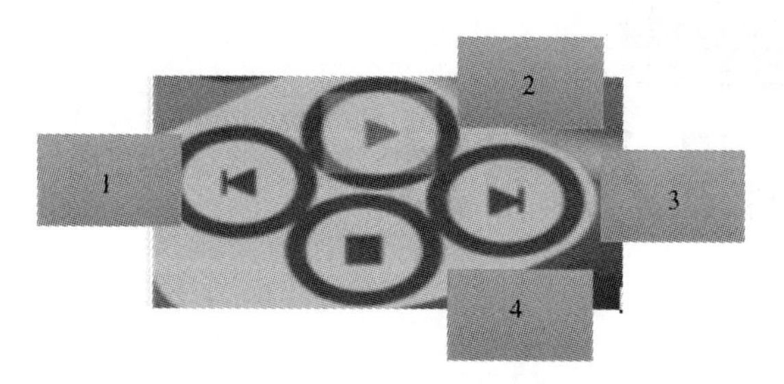

1	Backward(步退)按钮。按下此按钮，可使程序后退至上一条指令
2	Start(启动)按钮。开始程序执行
3	Step Forward(步进)按钮。按下此按钮，可使程序前进至下一条指令
4	Stop(停止)按钮。停止程序执行

图4.98 FlexPendant上的按钮

第5章 搬运机器人调试

5.1 搬运工作站任务分析与介绍

搬运机器人是指可以进行自动化搬运作业的工业机器人，搬运作业时只用一种设备握持工件，从一个加工位置移动到另外一个加工位置上。

搬运机器人工作站的特点：

① 有物品的传送装置，其形式根据物品的特点选用或设计；

② 可以使物品准确地定位，以便于机器人抓取；

③ 要根据被搬运物品设计专用的末端执行器。

任务描述

本工作站以对各种形状的铝件搬运为例，利用 IRB120 搭载真空吸盘夹具配合搬运工作站套件，实现圆形、正方形、六边形等铝件零件的定点搬运。本工作站中还通过 RobotStudio 软件预置了动作效果，在此基础上实现 I/O 配置、程序数据创建、目标点示教、程序编写及调试，最终完成整个搬运工作站的定点搬运程序的编写。通过本章学习，使大家掌握工业机器人搬运程序的编写技巧。搬运工作站布局如图 5.1 所示。

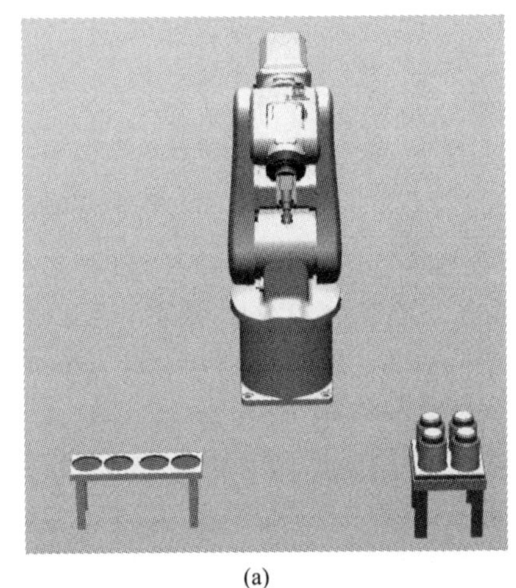

(a)

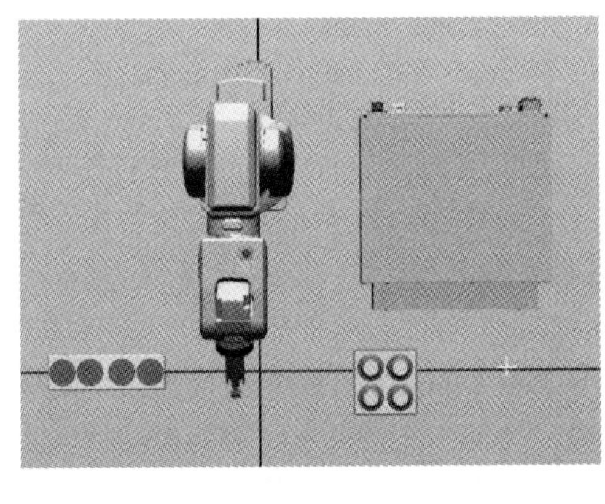

(b)

图 5.1　搬运工作站布局

工作站介绍

工作站的底板座有圆形凹槽。机器人通过吸盘夹具依次将物料板上摆放好的多个物料拾取并搬运到另一个物料板上。可更换具有不同形状的底盘和物料，对机器人点对点搬运进行练习，且搬运的物料形状和角度的不同，加大了机器人点到点示教时的角度、姿态等调整难度。可通过本项目对机器人 OFFS 偏移指令以及机器人重定位姿态进行学习。

学习目标

① 基本指令 MoveL、MoveAbsj、Set、Reset、WaitTime、OFFS 的应用。

② 搬运吸盘工具坐标的创建。

③ 搬运运行程序的编写。

④ 搬运工作站调试。

⑤ 仿真的设置。

5.2 搬运工作站系统结构

（1）安装工作站套件

① 打开模块存放柜，找到搬运套件，采用合适的工具拆卸搬运套件。

② 把套件放至工作桌面，并选择对应的吸盘夹具、夹具与机器人的连接法兰、安装螺钉（若干）、真空发生器、气管、尖嘴钳、十字螺钉旋具。

③ 选择合适型号的十字螺钉旋具，把搬运套件从套件托盘上拆除下来。

（2）工作站安装

① 选择合适的螺钉，把搬运套件安装至机器人操作对象承载平台的合理位置（可任意选择安装位置和方向）。

② 夹具安装：首先把夹具与机器人的连接法兰安装至机器人末端法兰盘，然后再把吸盘夹具安装至连接法兰，如图 5.2～图 5.4 所示。

图 5.2　机器人末端法兰盘

（3）夹具的气路安装

① 把吸盘夹具弹簧气管与机器人四轴集成气路接口连接。

② 把真空发生器、机器人一轴集成气路接口、电磁阀之间用合适的气管连接好，并用扎带固定，如图 5.5 所示。

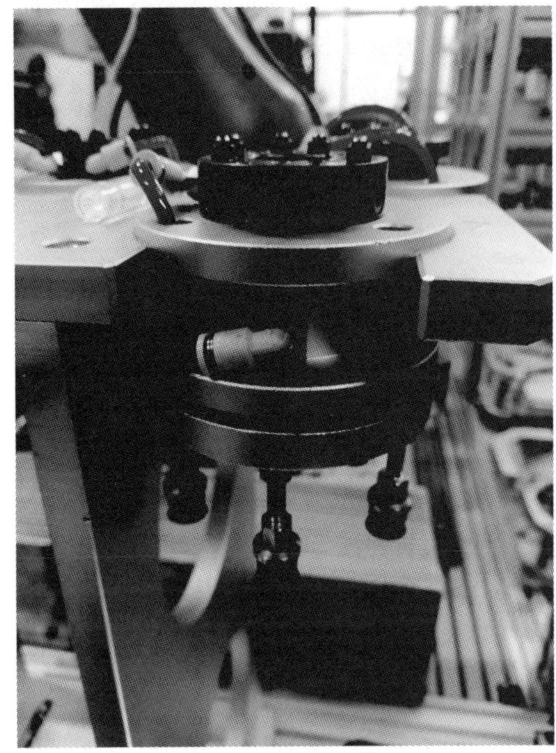

图 5.3 机器人吸盘夹具

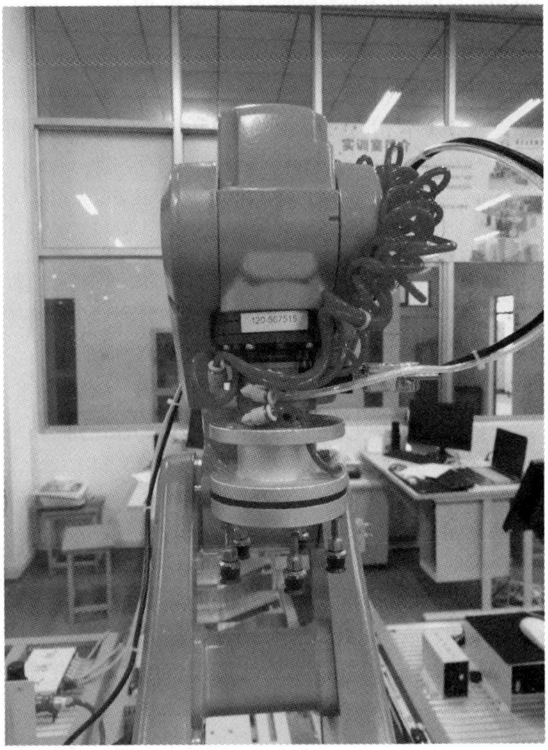

图 5.4 安装好的夹具

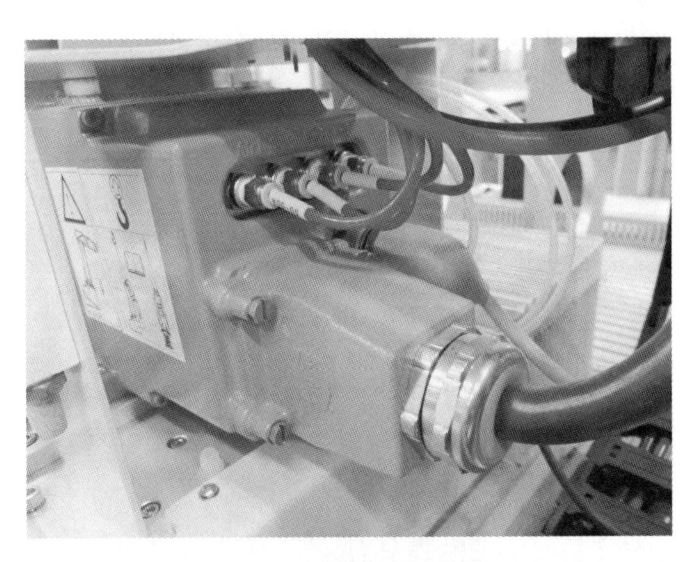

图 5.5 夹具气路安装

(4) 工艺要求

① 在进行搬运轨迹示教时，吸盘夹具姿态保持与工件表面平行；

② 机器人需在吸盘完全吸住物料后再开始运行，可以在吸附动作完成后添加 WaitTime 指令进行延时；

③ 机器人运行轨迹要求平缓流畅，且抓取物料运行时要考虑到不与周围发生碰撞，运行到目标点后最好通过 OFFS 指令在垂直方向进行偏移，放置工件时要求平缓准确，且待

放置完成后再松开夹爪。

5.3 搬运工作站知识基础

Set，将数字输出信号置为 1。例如：

Set DO1；

将数字输出信号 DO1 置为 1。

Reset，将数字输出信号重置为 0。例如：

Reset DO1；

将数字输出信号 DO1 重置为 0。

WaitTime，等待指定时间秒数。例如：

WaitTime 0.5；

程序运行到此处暂时停止 0.5s 后继续执行。

5.4 搬运工作站程序结构及程序主体

(1) 工作站仿真系统配置

① 解压并初始化。

双击对应的 rspag 文件打开工作站打包文件。完成后，单击“完成”按钮即可。进行仿真运行，如图 5.6 所示，即可查看该工业机器人工作站的运行情况。

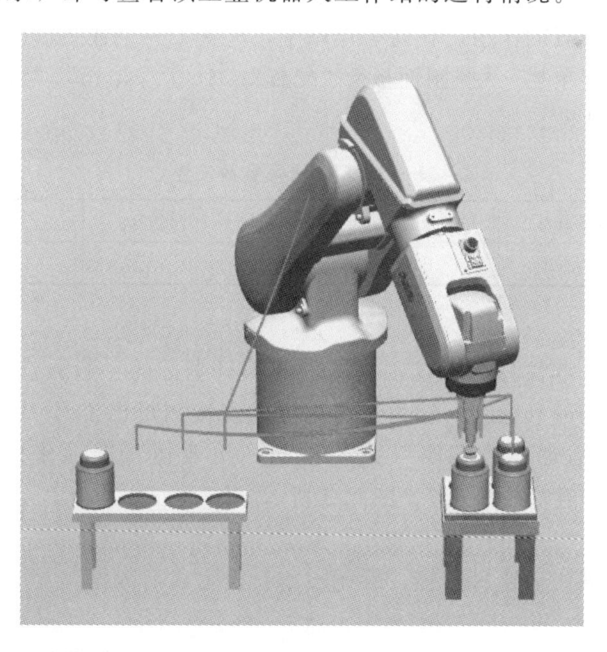

图 5.6 机器人搬运工作站仿真运行及运行轨迹

在仿真过程中，机器人利用真空吸盘将右托盘上的圆形物料定点搬运到左托盘上，演示采用真空吸盘夹具对不同物料进行点对点的搬运训练。

接下来初始化机器人搬运工作站，将机器人恢复为出厂设置。之后，在此工作站基础上依次完成I/O配置、创建工具数据、创建工件坐标系数据、创建载荷数据、程序模板导入、示教目标点等操作，最终将机器人工作站复原至之前可正常运行的状态。

在初始化之前，先做好机器人系统的备份，本例中演示利用Robot Studio软件来实现机器人系统的备份，在“控制器”菜单或者虚拟示教器中均可进行备份，备份过程细节参阅前述相关章节。

备份名称建议不要用中文字符，此处将原有“备份”改成拼音。完成备份后，待机器人重新启动，在“控制器”菜单中可执行“I-启动”，初始化机器人。

② 标准I/O板配置。

将控制器界面语言改为中文并将运行模式转换为手动，之后依次单击“菜单栏”“控制面板”“配置”“I/O system”“DeviceNet Device”“添加”，配置Device设备和I/O信号。本工作站采用标配的ABB标准I/O板，型号为DSQC652（16个数字输入，16个数字输出），则需要在DeviceNet Device中设置此I/O单元的相关参数，并在Signal中配置具体的I/O信号参数，具体见表5.1。

表5.1 DeviceNet Device参数设置

参数名称	设定值	说明
使用来自模板的值	DSQC652	选定I/O板的类型
Name	Board652	设定I/O板在系统中的名字
Address	10	设定I/O板在总线中的地址

为了实现真空吸盘的吸取/放下的动作控制，至少需要设定一个虚拟的数字输出信号，这个信号只用于虚拟仿真的作用。在此工作站中，配置了一个数字输出，用于相关动作的控制。之后依次单击“菜单栏”“控制面板”“配置”“I/O system”“Signal”“添加”，配置I/O信号DO1，具体见表5.2。

表5-2 I/O信号参数设置

Name	Type of Signal	Assigned to Unit	Device Mapping	I/O信号注解
DO1	digital output	Board652	0	控制吸盘动作

③ 创建工具数据。

此工作站中，工具部件只有吸盘工具。创建工具坐标的一般方法在前述章节已经介绍过，本搬运工作站使用的吸盘工具较为规整，可以直接测量出工具中心点（TCP）在tool0坐标系中的数值，然后通过“编辑”菜单中的“更改值”选项来修改吸盘工具坐标的“trans”值和“mass”值，如图5.7、图5.8所示。

④ 创建载荷数据。

在本工作站中，因搬运物料较轻，故无须重新设定载荷数据。

⑤ 程序模板的创建。

I/O配置完成后，将程序模板导入该机器人系统中，在示教器的程序编辑器中可进行程序模块的加载，依次单击“ABB菜单”“程序编辑器”，若出现加载程序提示框，则暂时单击“取消”按钮，之后可在程序模块界面中创建新程序模块。

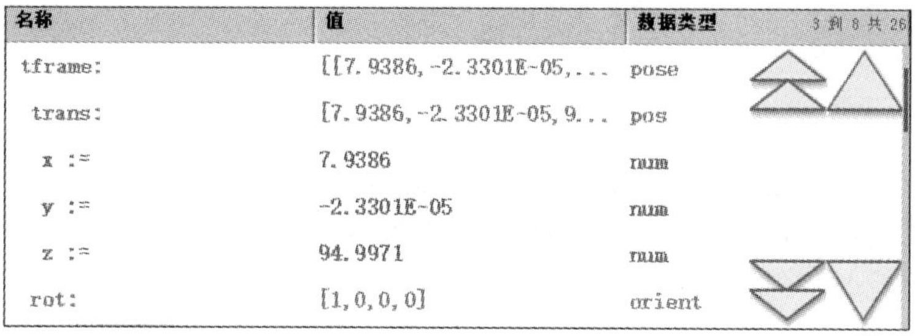

名称	值	数据类型 3 到 8 共 26
tframe:	[[7.9386,-2.3301E-05,...	pose
trans:	[7.9386,-2.3301E-05,9...	pos
x :=	7.9386	num
y :=	-2.3301E-05	num
z :=	94.9971	num
rot:	[1,0,0,0]	orient

图 5.7 修改“trans”值

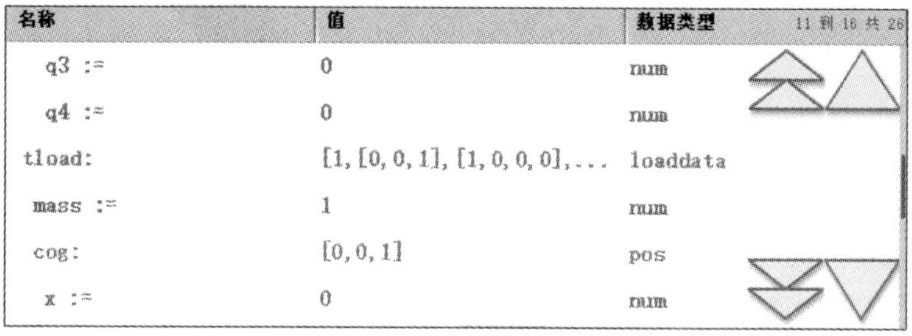

名称	值	数据类型 11 到 16 共 26
q3 :=	0	num
q4 :=	0	num
tload:	[1,[0,0,1],[1,0,0,0],...	loaddata
mass :=	1	num
cog:	[0,0,1]	pos
x :=	0	num

图 5.8 修改“mass”值

（2）程序结构

① 程序结构。

搬运工作站机器人通过吸盘夹具依次将 4 个圆形物料由一个物料板搬运到另一个物料板上。

② 程序编写。

```
PROC Path_10()
    MoveJ phome,v500,fine,Tool1\WObj:=Workobject_1;          ! 机器人通过关节运动的方式运动到起始点 phome;
    MoveJ p11,v500,fine,Tool1\WObj:=Workobject_1;            ! 机器人通过关节运动的方式运动到第一个物料正上方 p11 点;
    MoveL pi1,v500,fine,Tool1\WObj:=Workobject_1;            ! 机器人通过关节运动的方式运动到第一个物料吸附位置 pi1 点;
    Set DO1;                                                  ! 设置吸附信号,吸盘吸附物料 1;
    WaitTime 0.5;                                             ! 等待 0.5s;
    MoveL p11,v500,fine,Tool1\WObj:=Workobject_1;            ! 吸盘吸附物料 1 垂直提升到物料 1 正上方 p11 点;
    MoveL Target_10,v500,fine,Tool1\WObj:=Workobject_1;      ! 吸盘吸附物料 1 通过直线运动的方式运行到待放置点位正上方 Target_10 点;
    MoveL pp1,v500,fine,Tool1\WObj:=Workobject_1;            ! 机器人通过直线运动的方式运动到第一个物料放置位置 pp1 点;
    Reset DO1;                                                ! 重置吸附信号,吸盘放下物料 1;
    WaitTime 0.5;                                             ! 等待 0.5s;
    MoveL Target_10,v500,fine,Tool1\WObj:=workobject_1;      ! 机器人通过直线运动的方式运行到待放置点位正上方 Target_10 点;
```

```
    MoveL p12,v500,fine,Tool1\WObj:=Workobject_1;
    MoveL pi2,v500,fine,Tool1\WObj:=Workobject_1;
    Set DO1;
    WaitTime 0.5;
    MoveL p12,v500,fine,Tool1\WObj:=Workobject_1;
    MoveL Target_20,v500,fine,Tool1\WObj:=Workobject_1;
    MoveL pla2,v500,fine,Tool1\WObj:=Workobject_1;
    Reset DO1;
    WaitTime 0.5;
    MoveL Target_20,v500,fine,Tool1\WObj:=Workobject_1;
    MoveJ p13,v500,fine,Tool1\WObj:=Workobject_1;
    MoveL pi3,v500,fine,Tool1\WObj:=Workobject_1;
    Set DO1;
    WaitTime 0.5;
    MoveL p13,v500,fine,Tool1\WObj:=Workobject_1;
    MoveJ Target_30,v500,fine,Tool1\WObj:=Workobject_1;
    MoveL pla3,v500,fine,Tool1\WObj:=Workobject_1;
    Reset DO1;
    WaitTime 0.5;
    MoveL Target_30,v500,fine,Tool1\WObj:=Workobject_1;
    MoveJ p14,v500,fine,Tool1\WObj:=Workobject_1;
    MoveL pi4,v500,fine,Tool1\WObj:=Workobject_1;
    Set DO1;
    WaitTime 0.3;
    MoveL p14,v500,fine,Tool1\WObj:=Workobject_1;
    MoveJ Target_40,v500,fine,Tool1\WObj:=Workobject_1;
    MoveL pla4,v500,fine,Tool1\WObj:=Workobject_1;
    Reset DO1;
    WaitTime 0.5;
    MoveL Target_40,v500,fine,Tool1\WObj:=Workobject_1;
    MoveJ Target_50,v500,fine,Tool1\WObj:=Workobject_1;
ENDPROC
```

(3) 示教目标点

在完成坐标系的标定和编制程序后，需要示教基准目标点。其示教手动过程如图5.9所示。

利用手动步进的方式，使机器人依据程序逐条完成相关动作，并通过手动线性及单轴操作实现示教点位数据的修改，通过播放功能键实现程序的前后执行并观察相应点位设置是否正确；最后点击仿真播放按钮，查看工作站的运行状态，查看运行状态是否正常，若正常则保存该工作站，如图5.10所示。

(4) 仿真的调试

在完成了设置与编程以后，接着下来就是验证仿真动画的结果了，具体的操作如下。

① 设定要运行的RAPID子程序，在本项目中是PATH10，菜单操作如下："仿真""仿真设定""指定PATH10"，如图5.11所示；

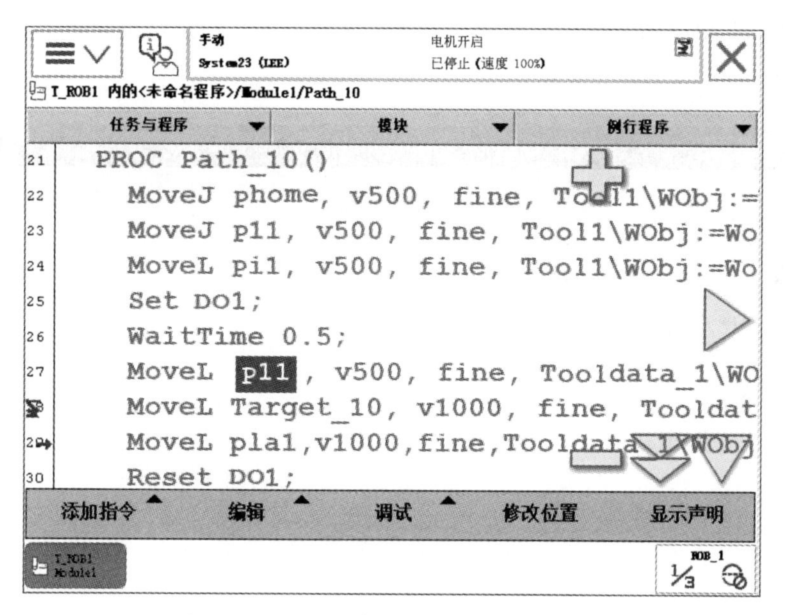

图 5.9　通过“程序编辑器”窗口进行编程

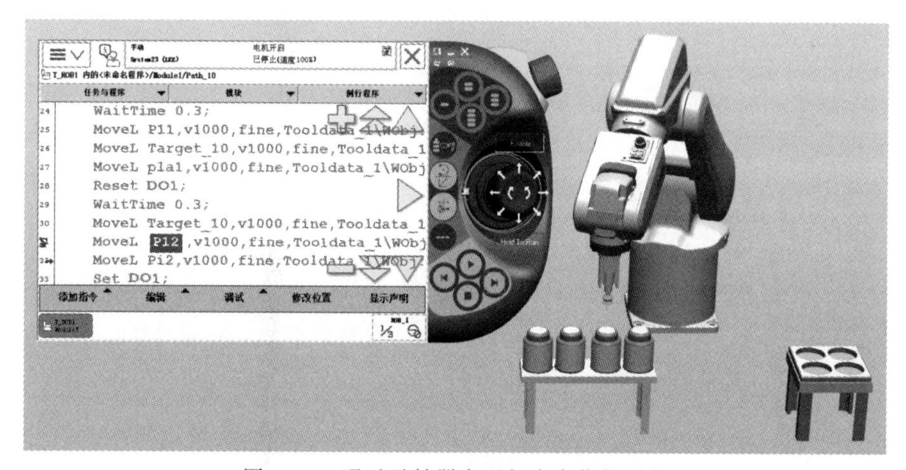

图 5.10　通过示教器实现相应点位的示教

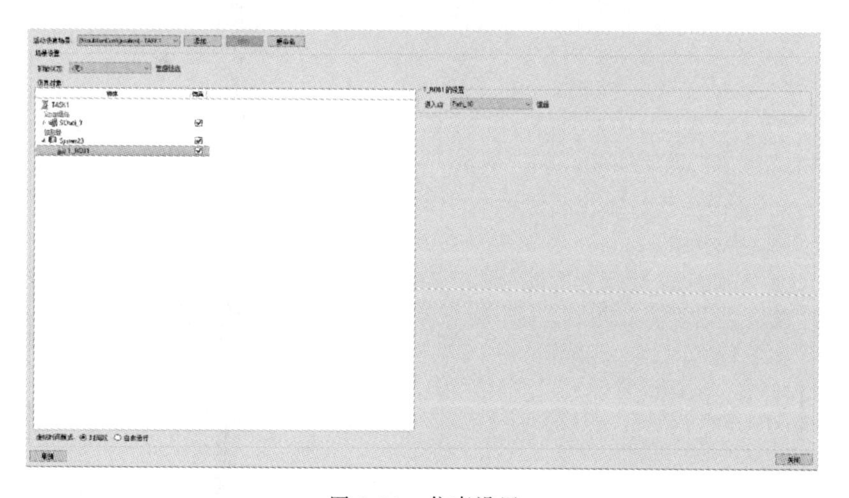

图 5.11　仿真设置

② 点击仿真菜单中的“播放”就可以看到动画效果了。动画结束后，点击“重置”，恢复到原来的状态。

思考与练习

① 练习搬运常用的I/O配置。

② 练习搬运目标点示教的操作。

③ 总结搬运程序调试的详细过程。

机器人码垛

6.1 机器人码垛任务分析与介绍

任务描述

本工作站以多种形状铝材物料码垛为例，利用 IRB460 搭载真空吸盘，配合码垛工装套件实现对拾取物料块进行各种需求组合的码垛过程。本工作站中还通过 RobotStudio 软件预置了动作效果，在此基础上实现 I/O 配置、程序数据创建、目标点示教、程序编写及调试，最终完成物料码垛应用程序的编写。通过本章学习，使读者掌握工业机器人在码垛工作站应用的编写技巧。码垛工作站布局如图 6.1 和图 6.2 所示。

图 6.1　码垛工作站实物

ABB 机器人拥有全套先进的码垛机器人解决方案，包括全系列的紧凑型四轴码垛机器人，如 IRB260、IRB460、IRB660、IRB760，以及 ABB 标准码垛夹具，如夹板式夹具、吸盘式夹具、夹爪式夹具、托盘夹具等，其广泛应用于化工、建材、饮料、食品等各行业生产线上物料和货物的堆放。

工作站介绍

码垛模型分为两部分：码垛物料盛放平台（包含 16 块正方形物料和 8 块长方形物料）和码垛平台。可采用吸盘夹具对码垛物料进行自由组合，然后进行机器人码垛训练。该工作站可对码垛对象的码垛形状、码垛时的路径等进行自由规定，按不同要求做出多种实训，帮助学生理解机器人码垛和阵列并掌握快速编程示教的应用技能。

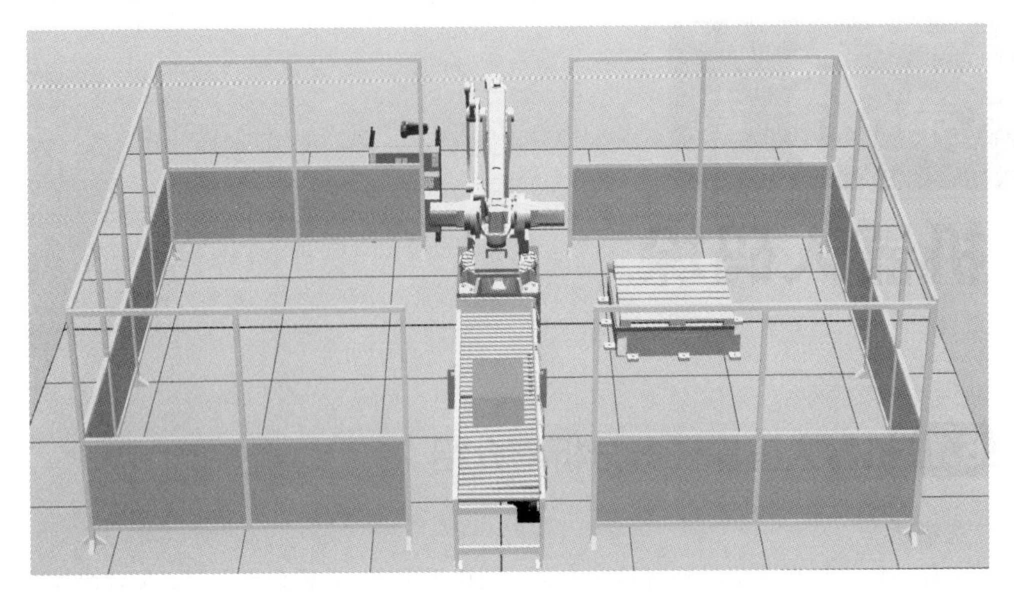

图 6.2　码垛工作站布局

学习目标

① 基本指令 MoveL、MoveJ、Set、Reset 的应用。

② 码垛吸盘工具坐标的创建。

③ 码垛运行程序的编写。

④ 码垛工作站的调试。

6.2 机器人码垛系统结构

(1) 工作站硬件配置

① 安装工作站套件准备。

a. 打开模块存放柜找到码垛套件，采用内六角扳手拆卸码垛套件。

b. 把码垛套件放至钳工桌桌面，并选择对应的吸盘夹具（码垛套件与搬运套件共用一套吸盘夹具）、夹具与机器人的连接法兰、安装螺钉（若干）、真空发生器、十字螺钉旋具。

c. 选择合适型号的内六角扳手把码垛套件从套件托盘上拆除。

② 工作站安装。

a. 选择合适的螺钉，把码垛套件安装至机器人操作对象承载平台的合理位置（可任意选择安装位置和方向）。码垛布置图如图 6.3 所示。

b. 夹具安装：首先把夹具与机器人的快换法兰安装至机器人六轴法兰盘上，如图 6.4 所示，然后再把吸盘夹具安装至快换法兰上。

③ 夹具的电路及气路安装。

a. 把吸盘夹具弹簧气管与机器人四轴集成气路接口连接。

b. 把真空发生器、机器人一轴集成气路接口、电磁阀之间用合适的气管连接好，并用扎带固定，如图 6.4 所示。

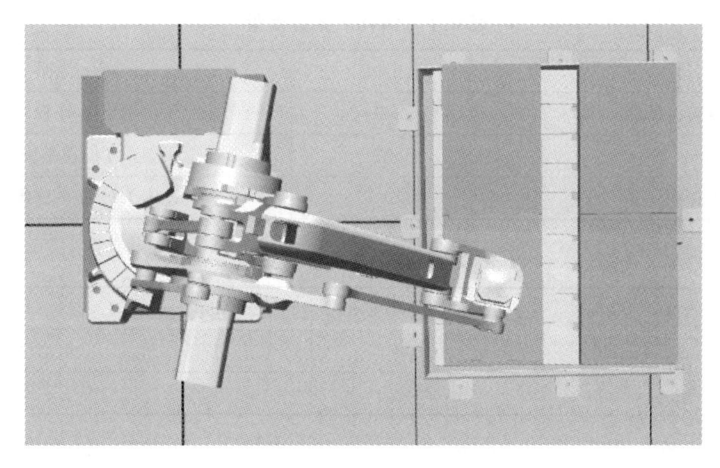

图 6.3 码垛布置图

图 6.4 吸盘在 6 轴法兰盘上的安装

④ 工艺要求。

a. 在进行码垛轨迹示教时，吸盘夹具姿态保持与物料表面平行；

b. 机器人运行轨迹要求平缓流畅，放置工件时平缓准确；

c. 码放物料要求物料整齐，无明显缝隙和位置偏差等；

d. 吸盘抓取物料以后不与周围设备发生碰撞。

(2) 工作站仿真系统配置

① 解压并初始化工作站打包文件。

② 标准 I/O 板配置。

将控制器界面语言改为中文并将运行模式转换为手动，然后依次单击“ABB 菜单”、“控制面板”“配置”，进入“I/O 主题”，设置相应板卡并配置 I/O 信号。本工作站采用标配的 ABB I/O 板，型号为 DSQC 652，需要在 DeviceNet Device 中设置此 I/O 单元的 Device 相关参数。并在 Signal 中配置具体的 I/O 信号参数，配置见表 6.1 和表 6.2。

在此工作站中，配置了一个数字输出用于吸盘的工作，相关 I/O 参数设置如表 6.2 所示。

表 6.1　Device 参数设置

参数名称	设定值	说明
使用来自模板的值	652	选定 I/O 板的类型
Name	d652	设定/O 板在系统中的名字
Address	10	设定 I/O 板在总线中的地址

表 6.2　I/O 信号参数设置

Name	Type of Signal	Assigned to Unit	Unit Mapping	I/O 信号注解
DI_Start	digital input	d652	0	启动码垛操作信号
DO_Grip	digital output	d652	0	吸盘动作信号

③ 创建工具数据。

此工作站中，工具部件为吸盘工具。此工具部件较为规整，可以直接测量出相关数据进行创建，此处新建的吸盘工具坐标系 Tool1 只是相对于 Tool0 来说沿着其 Z 轴正方向偏移 156mm，沿着其 X、Y 轴方向偏移值为 0，质量为 1kg，新建吸盘工具坐标系的方向沿用 Tool0 方向，各项数值如图 6.5 所示。

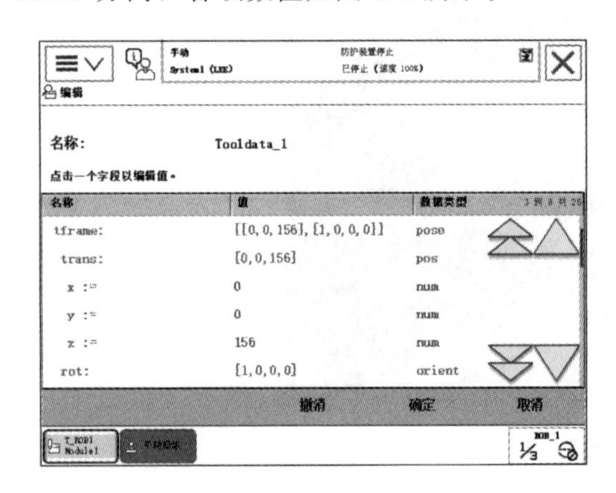

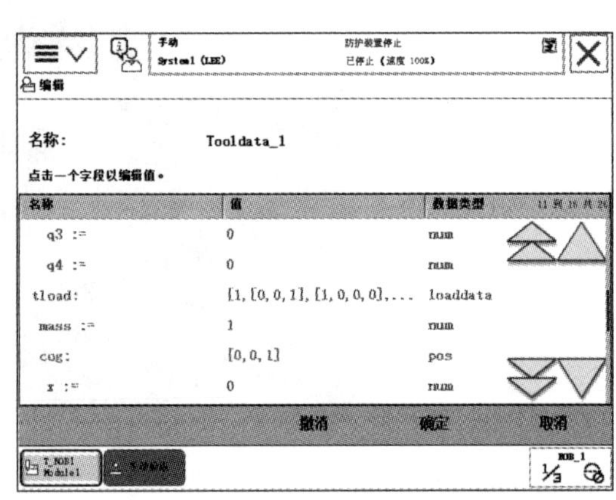

图 6.5　工具坐标系 Tool1

④ 创建工件坐标系数据。

在码垛类应用中，当工件整体发生位置偏移时，为了方便移植所编写的程序，需要建立工件坐标系并在程序中完成设置即可以直接运行。在此工作站中，所需创建的工件坐标系如图 6.6 所示。

在图 6.6 所示的图中，根据 3 点法，依次移动机器人至 X_1、X_2、Y_1 点并记录，则可生成工件坐标系统 Wobj1。在标定工件坐标系时，要合理选取 X、Y 轴方向，以保证 Z 轴方向便于编程使用。X、Y、Z 轴方向符合笛卡儿坐标系，即可使用右手来判定，如图中 $+X$、$+Y$、$+Z$ 所示。其上 X_1 点为坐标轴原点，X_2 为 X 轴上的任意点，Y_1 为 Y 轴上的任意点。具体工件坐标系建立参见前述相关章节。

⑤ 创建载荷数据。

在示教器中，单击有效载荷中的新建载荷数据，本项目设置载荷数据为 2kg。

⑥ 程序模板导入。

完成以上步骤后，可以将已有的程序模板导入该机器人系统中，若没有程序模板，也可

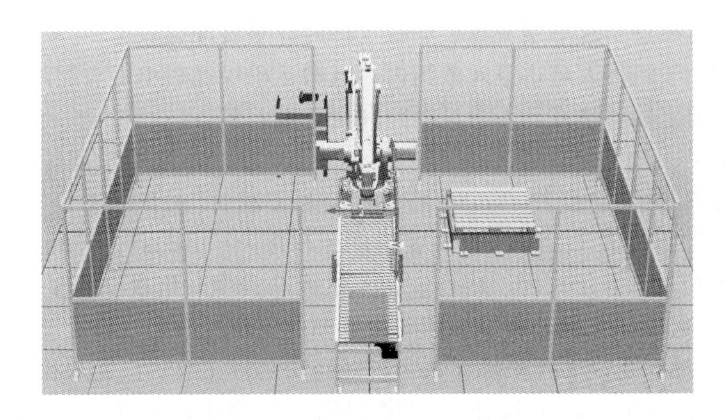

图 6.6　工件坐标系 Wobj1

以在程序编辑窗口重新创建。在示教器的程序编辑器中可进行程序模块的加载，依次单击“菜单栏”“程序编辑器”，对程序进行加载。

浏览至备份文件夹，选择“MainModule. mod”，再单击“确定”按钮，完成程序模板的导入。

6.3 机器人码垛知识基础

码垛只要用到移动指令和简单的 I/O 信号设置，相关知识请参阅前述相关章节。

6.4 机器人码垛程序结构及程序主体

打开码垛打包文件后，请按照图 6.7 所示进行布局。

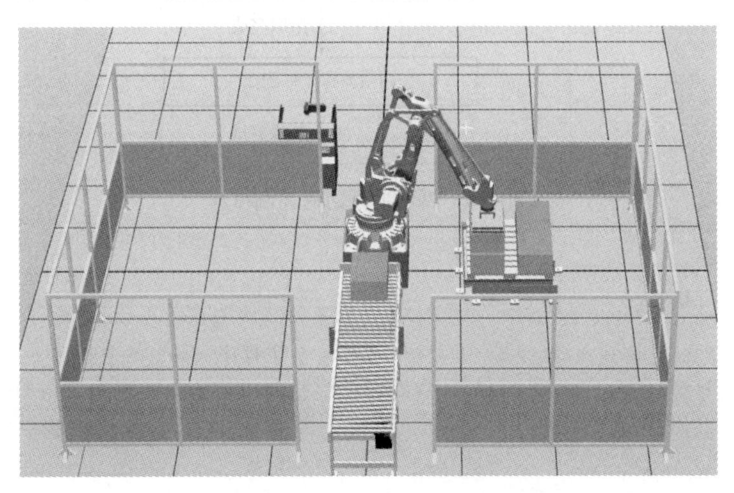

图 6.7　机器人工作站的布局示意

码垛工作站的工艺要求：

① 在进行码垛轨迹示教时，吸盘夹具姿态保持与工件表面平行；

② 机器人运行轨迹要求平缓流畅，放置工件时应平缓准确；

③ 物料必须位于机器人可达空间范围内，且搬运码垛过程中不与周围物体发生碰撞；

④ 码放物料要求物料整齐，无明显缝隙和位置偏差等。

(1) 程序结构

码垛工作站程序由主程序（main）、初始化子程序（rInitAll）、拾取工件子程序（rPick）、放置工件子程序（rPlace）、位置处理子程序（CallPos）、码垛计数值处理子程序（rPlaceRD）以及位置示教子程序（Path _ 10）组成。其中，拾取工件子程序和放置工件子程序在拾取和放置时调用位置处理子程序的拾取和放置位置结果，放置工件子程序还调用码垛计数值处理子程序，实现工件码垛计数和判断码垛是否完成。位置示教子程序用于拾取基准点和放置基准点的示教，不被任何程序调用。程序中，还建立了 noffsXL、noffsY、PickPotX、PickPotY 这四个用于工件拾取、放置位置偏移量的变量。码垛工作站的控制流程图如图 6.8 所示。

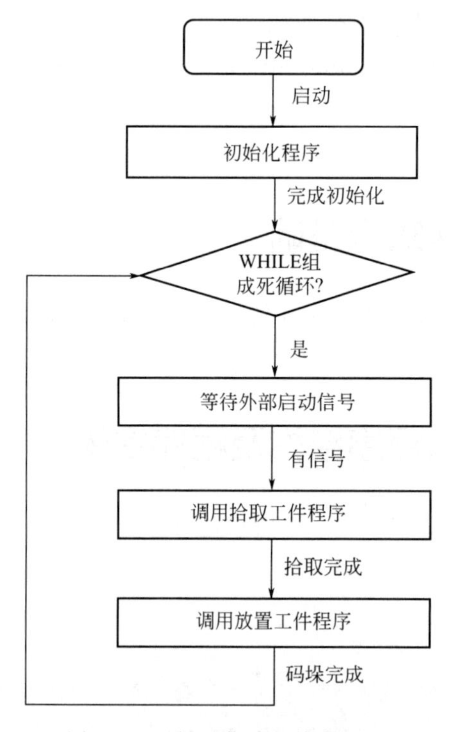

图 6.8　码垛工作站的控制流程

(2) 程序主体

主程序如下所示：

```
PROC main( )                    ! 主程序 main。
rInitAll;                       ! 调用初始化子程序 rInitAll,用于复位机器人
                                  位置、信号、数据,设定程序运行过程中速度上
                                  限等。
WHILE TRUE DO                   ! 利用 WHILE TRUE DO 死循环,目的是将初
                                  始化程序与机器人搬运程序隔离。
WaitDI DI-Start,1;              ! 等待启动信号,有信号后执行。
Palletizing;                    ! 调用码垛子程序。
```

```
    ENDWHILE
    ENDPROC
初始化程序 rInitAll：
PROC rInitAll()
    AccSet 80，100；                                   ! 将加速度限制在正常值的80%。
    VelSet 50，800；                                   ! 将所有的编程速率降至指令中值的50%，不允
                                                         许TCP速率超过800mm/s。
      rHome；
      ENDPROC
搬运子程序 Palletizing 如下所示：
    PROC Palletizing()
      MoveJ phome,v500,z100,Tool1\WObj:=WObj1；  ! 机器人以关节运动的方式运动到起始位置phome。
        WaitTime 100；
      ENDPROC
    PROC Palletizing()
        Set DO_Grip；                                  ! 打开吸盘。
        Reset DO_Grip；                                ! 关闭吸盘。
        MoveJ phome,v500,z100,Tool1\WObj:=WObj1；! 机器人以关节运动的方式运动到起始位置phome。
        MoveJ pick12,v500,z100,Tool1\WObj:=WObj1；! 机器人以关节运动的方式运动到抓取位置正
                                                         上方pick12。
        WaitDI DI-Start,1；                            ! 等待碰撞传感器检测到物料运行到传送带
                                                         末端。
        MoveJ pick,v500,fine,Tool1\WObj:=WObj1；   ! 机器人以关节运动的方式运动到抓取位置pick。
        Set DO2；                                      ! 打开吸盘，吸附物料。
        WaitTime 0.5；                                 ! 等待0.5s。
        MoveJ pick12,v500,z100,Tool1\WObj:=WObj1；! 机器人以关节运动的方式运动到抓取位置正
                                                         上方pick12。
        MoveJ pick13,v500,z100,Tool1\WObj:=WObj1；! 机器人以关节运动的方式运动到货架上方
                                                         pick13点。
        MoveJ place1,v500,z100,Tool1\WObj:=WObj1；! 机器人以关节运动的方式运动到待放置位置
                                                         正上方place1。
        MoveJ place12,v500,fine,Tool1\WObj:=WObj1；! 机器人以关节运动的方式运动到第一个物料
                                                         放置位置place12。
        Reset DO2；                                    ! 重置吸盘信号，放下物料。
        WaitTime 0.5；                                 ! 等待0.5s。
        MoveJ place1,v500,z100,Tool1\WObj:=WObj1；! 机器人以关节运动的方式运动到待放置位置
                                                         正上方place1。
          MoveJ pick12,v500,z100,Tool1\WObj:=WObj1；
          WaitDI DI-Start,1；
          MoveJ pick,v500,fine,Tool1\WObj:=WObj1；
          Set DO2；
          WaitTime 0.3；
          MoveJ pick12,v500,z100,Tool1\WObj:=WObj1；
          MoveJ pick13,v500,z100,Tool1\WObj:=WObj1；
```

```
    MoveJ Target_20,v500,z100,Tool1\WObj:=WObj1;
    MoveL pl2,v500,fine,Tool1\WObj:=WObj1;
    Reset DO2;
    WaitTime 0.3;
    MoveJ Target_20,v500,z100,Tool1\WObj:=WObj1;
    MoveJ pick12,v500,z100,Tool1\WObj:=WObj1;
    WaitDI DI-Start,1;
    MoveJ pick,v500,fine,Tool1\WObj:=WObj1;
    Set DO2;
    WaitTime 0.3;
    MoveJ pick12,v500,z100,Tool1\WObj:=WObj1;
    MoveJ pick13,v500,z100,Tool1\WObj:=WObj1;
    MoveJ Target_30,v500,z100,Tool1\WObj:=WObj1;
    MoveL pl3,v500,fine,Tool1\WObj:=WObj1;
    Reset DO2;
    WaitTime 0.3;
    MoveJ Target_30,v500,z100,Tool1\WObj:=WObj1;
    MoveJ pick12,v500,z100,Tool1\WObj:=WObj1;
    WaitDI DI-Start,1;
    MoveJ pick,v500,fine,Tool1\WObj:=WObj1;
    Set DO2;
    WaitTime 0.3;
    MoveJ pick12,v500,z100,Tool1\WObj:=WObj1;
    MoveJ pick13,v500,z100,Tool1\WObj:=WObj1;
    MoveJ Target_40,v500,z100,Tool1\WObj:=WObj1;
    MoveL pl4,v500,fine,Tool1\WObj:=WObj1;
    Reset DO2;
    WaitTime 0.3;
    MoveJ Target_40,v500,z100,Tool1\WObj:=WObj1;
ENDPROC
```

（3）示教目标点

完成工具和工件坐标系标定后，需要示教基准目标点。在此工作站中，需要示教起始位置点“phome”拾取工件基准点“pick12”拾取工件基准点“pick”放置工件基准点“place1”放置工件基准点“place12”。

示教目标点时，需要注意，手动操作时必须保证当前使用的工具和工件坐标系要与指令里面的参考工具和工件坐标系保持一致，否则会出现错误警告。

示教 phome 使用 Tool1 和 WObj1，如图 6.9 所示。

手动状态下将主程序逐步运行到 phome、pick12、pick、place1、place12 等位置后（图 6.10～图 6.14），选择“修改位置”将当前位置存储到对应的位置数据存储器里，即完成相关点的示教任务。

完成示教基准点后，将工作站复位，单击仿真播放按钮，查看工作站运行状态，确认运行状态是否正常，若正常则保存该工作站。

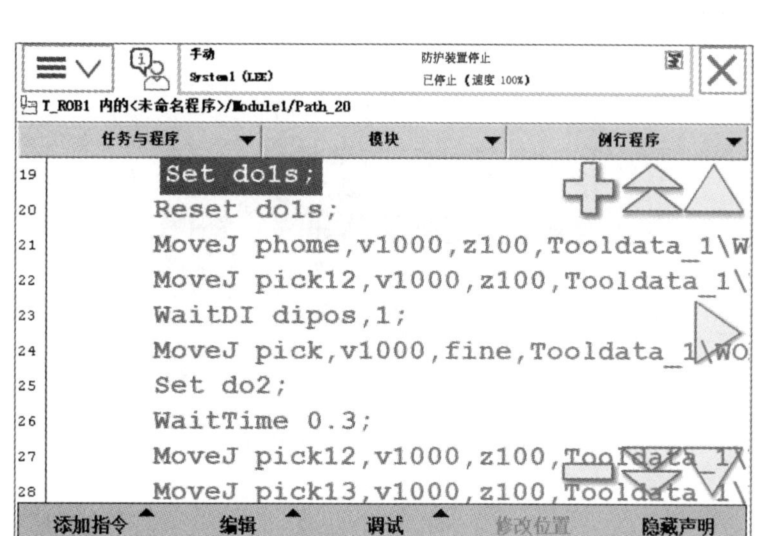

图 6.9 示教目标点程序

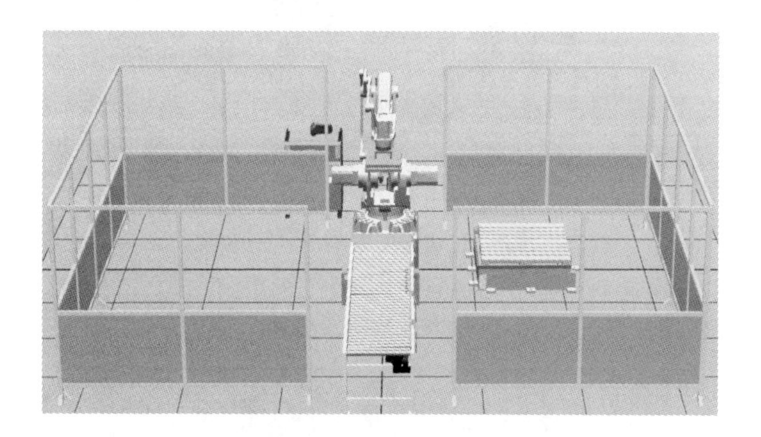

图 6.10 phome 点的示教位置

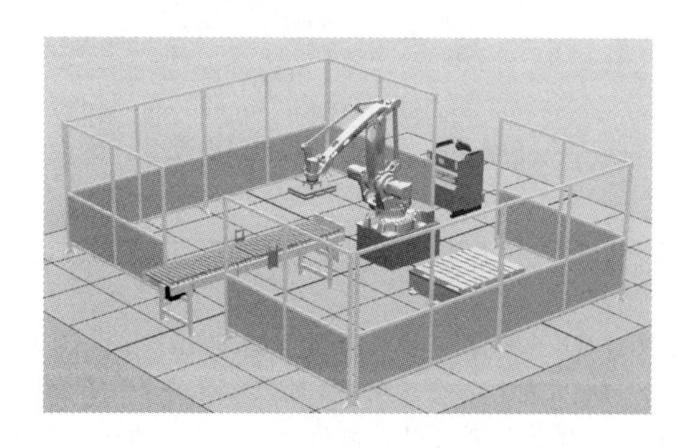

图 6.11 pick12 点的示教位置

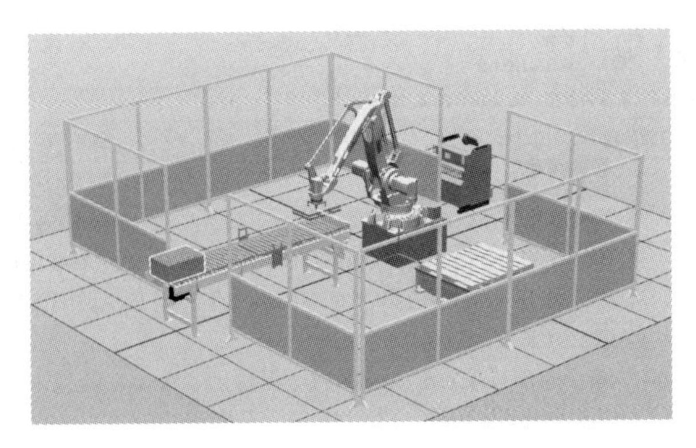

图 6.12 pick 点的示教位置

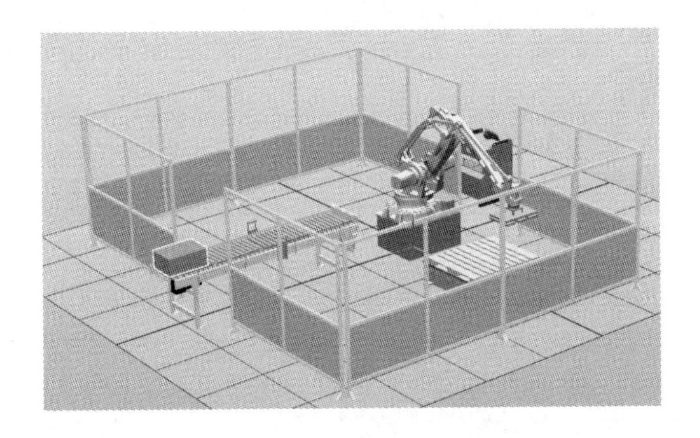

图 6.13 place1 点的示教位置

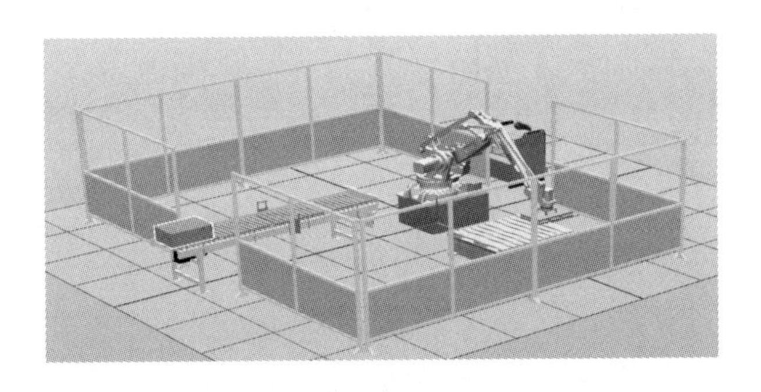

图 6.14 place12 点的示教位置

(4) 仿真的调试

在完成了设置与编程以后，接着下来就是要验证一下仿真动画的结果了，具体的操作如下。

① 设定要运行的 RAPID 子程序，在本项目中是 Path _ 10，菜单操作如下："仿真""仿真设定""指定 Path _ 10"，如图 6.15 所示。

② 点击仿真菜单中的"播放"就可以看到动画效果了，动画结束后，点击"重置"，恢复到原来的状态，如图 6.16 所示。

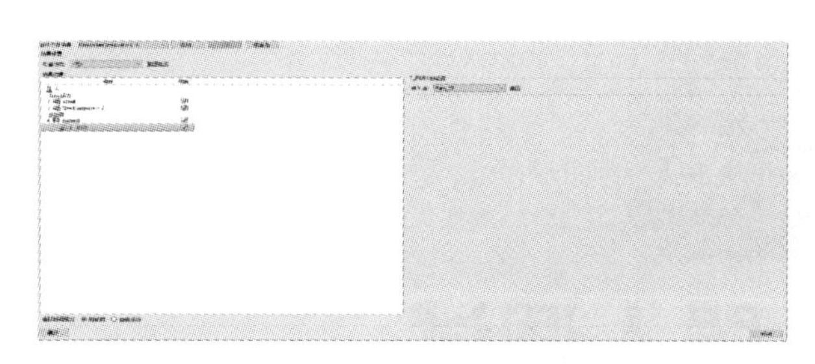

图 6.15 仿真设置

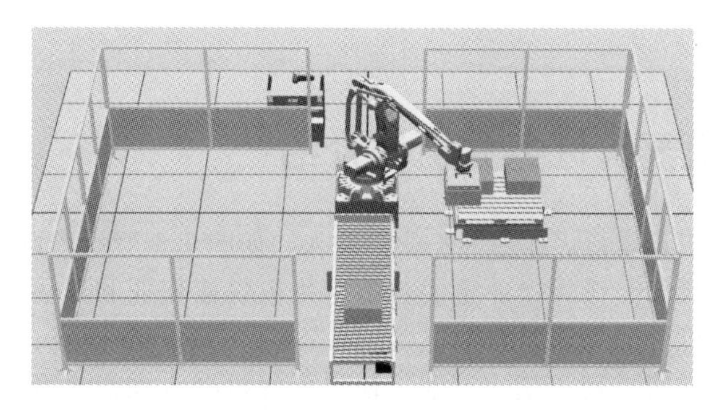

图 6.16 仿真播放

思考与练习

① 练习码垛工作站常用的I/O配置。
② 练习码垛相关目标点示教的操作。
③ 总结码垛程序调试的详细过程。

第7章 弧焊机器人调试

7.1 弧焊机器人任务分析与介绍

弧焊机器人是用于自动弧焊作业的工业机器人，如图 7.1 所示，弧焊机器人的结构与通用型工业机器人基本相同。弧焊作业主要包括熔化极焊接作业和非熔化极焊接作业两种类型。弧焊机器人具有可长期进行焊接作业，保证焊接作业的高生产率、高质量和高稳定性等特点。由于弧焊工艺广泛应用于诸多行业，使得弧焊机器人在汽车及其零部件制造、摩托车、工程机械、铁路机车、航空航天、化工等行业得到广泛应用。

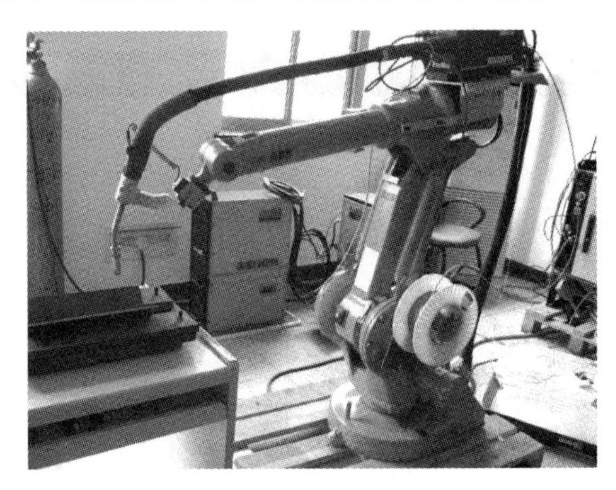

图 7.1 弧焊机器人

弧焊机器人控制系统在控制原理、功能及组成上与通用型工业机器人的差异在于需与焊接电源和焊接辅助设备进行通信连接以实现焊接过程的监控。此外，弧焊机器人周边设备的控制，如工件的变位、保护气的通断等调控均与弧焊机器人控制系统进行直接或间接通信，由机器人控制系统主导弧焊作业的协调控制。

为适应弧焊作业，对弧焊机器人的性能有着特殊的要求。在运动过程中速度的稳定性和轨迹精度是两项重要指标。其他性能如下：

① 能够通过示教器设定焊接条件（电流、电压、速度等）。

② 摆动功能。

③ 坡口填充功能。

④ 焊接异常功能检测。

⑤ 焊接传感器（焊接起始点检测、焊缝跟踪）的接口功能。

7.2 弧焊机器人系统结构

如图 7.2 所示，工业机器人焊接系统是利用工业机器人这一柔性执行单元，结合电弧焊工艺的焊接加工系统，可以完成对板型、管型零件的 CO_2 气体保护焊加工；主要由工业机器人、控制系统、示教器、弧焊设备、焊接辅助设备和安全设备等几部分组成。在焊接过程中，送丝机以一定的送丝速度不断地供给焊丝，焊丝在工件处起弧、焊接，机器人携带焊枪以一定的姿态沿着预设焊缝执行焊接动作。

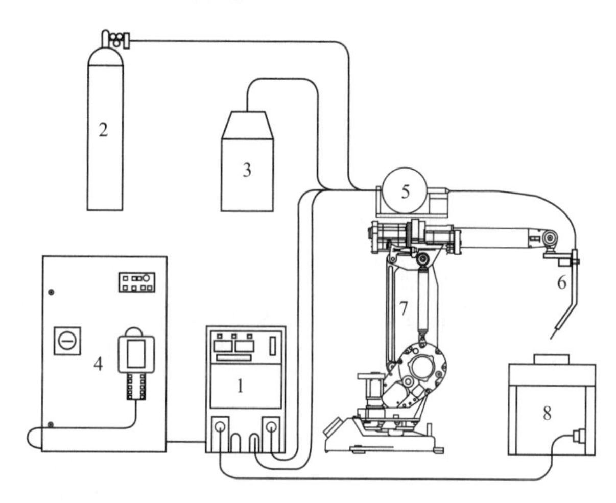

图 7.2 工业机器人焊接系统

1—机器人控制柜；2—储气瓶；3—焊丝罐；4—焊接电源；5—送丝机；6—焊枪；7—焊接机器人；8—变位机

（1）焊接机器人

工业机器人本体用于夹持焊枪，执行动作任务。在传统的焊接系统中，机器人和焊接电源是独立的两种产品，通过机器人控制器的 CPU 与焊接电源的 CPU 通信合作完成焊接过程。该通信采用模拟或数字接口连接，数据交换量有限。现在有些弧焊机器人将弧焊电源与机器人融为一体，即机器人控制模块和焊接电源控制模块共用一个 CPU，使机器人和焊接电源在控制逻辑上融为一个整体，从而大幅提升综合性能。

焊接系统机器人的工作范围及负载特性如图 7.3 所示。

（2）焊接电源

焊接电源是执行焊接作业的核心部件，为焊接系统提供能量输入。焊接电源的发展不断向着数字化方向迈进，弧焊机器人焊接电源的发展方向是采用全数字化焊机。全数字化是指焊接参数数字信号处理器、主控系统、显示系统和送丝系统全部都是数字式的。所以电压和电流的反馈模拟信号必须经过转换，与主控系统输出的要求值进行对比，然后控制逆变电源的输出。

一般焊接焊丝为细丝时，相应配用平外特性的焊接电源；焊丝为粗丝时，配用下降外特性的焊接电源。本焊接系统采用全数字 CO_2/MAG 焊接电源，如图 7.4 所示。通过示教器操作控制焊接电源，可便捷地调整焊接参数以满足不同的焊接需求。

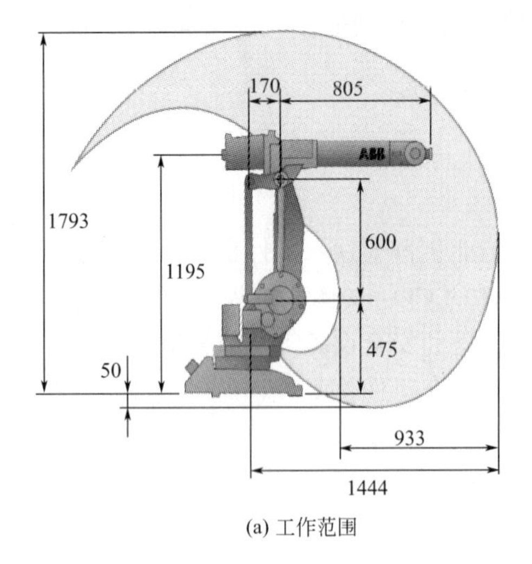

(a) 工作范围

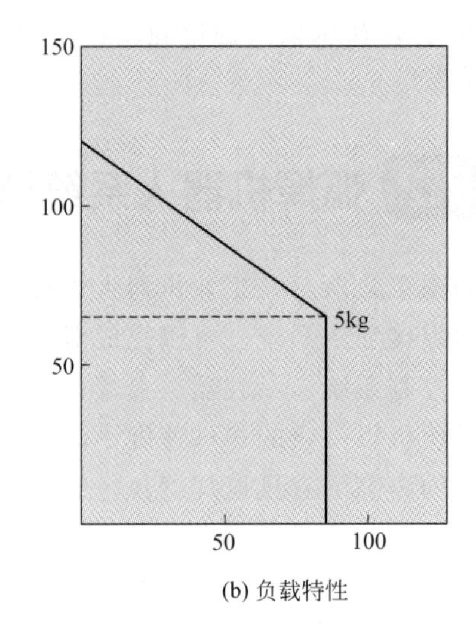

(b) 负载特性

图 7.3　焊接系统机器人

（3）送丝装置

送丝装置是控制焊丝伸出或退回焊枪的装置，主要由送丝机（包括电动机、减速器、主动轮和从动轮，如图 7.5 所示）、送丝软管组成。送丝方式多采用推丝式，即焊丝盘、送丝机构与焊枪分离，焊丝通过一段软管送入焊枪。这种方式结构简单，但焊丝通过软管时会受到阻力作用，故所用焊丝直径宜在 0.8mm 以上。一般焊接采用细丝时配用等速送丝系统；粗丝时，配用变速送丝系统。

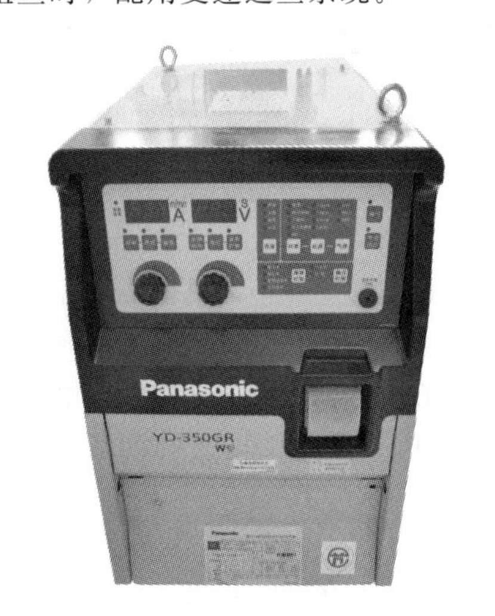

图 7.4　焊接电源

图 7.5　送丝机

送丝机的伺服电动机通过输入齿轮带动两驱动轮转动，通过调节压紧旋钮改变压紧轮（即从动轮）与驱动轮的间距，可改变对焊丝的输出力，此调节方式可适应于不同直径的焊丝。这种两驱两从的方式，可实现对焊丝的两点滚动输出，从而确保焊接系统在不同环境中都能保证稳定的出丝形式。

（4）焊枪

焊枪的作用是导电、导丝、导气。焊枪焊接时，由于焊接电流通过导电嘴将产生电阻热和电弧的辐射热，使焊枪发热，所以焊枪常需冷却，冷却方式有气冷和水冷两种。当焊接电流在 300A 以上时，宜采用水冷焊枪。

焊枪在工业机器人上的安装形式可分为内置、外置两种。

如图 7.6(a) 所示，焊枪及气管、电缆、焊丝通过支架安装在机器人的手腕上，气管、电缆、焊丝从手腕、手臂外部引入，这种焊枪称为外置焊枪。

如图 7.6(b) 所示，焊枪直接安装在手腕上，气管、电缆、焊丝从机器人手腕、手臂内部引入，这种焊枪称为内置焊枪。

（5）焊丝盘

焊丝盘用于缠绕并封装焊丝，焊丝盘可安装在机器人外部轴端，也可安装在地面的焊丝盘架上。焊接系统的焊丝盘安装在机器人外部轴端，焊丝直径规格为 1.2mm，如图 7.7 所示。焊丝绕出焊丝盘后，通过导管与送丝机夹紧连接，再由送丝机供给至焊枪。

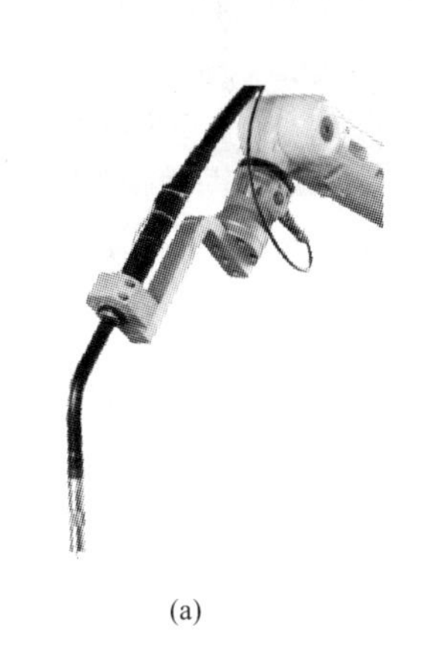

(a)

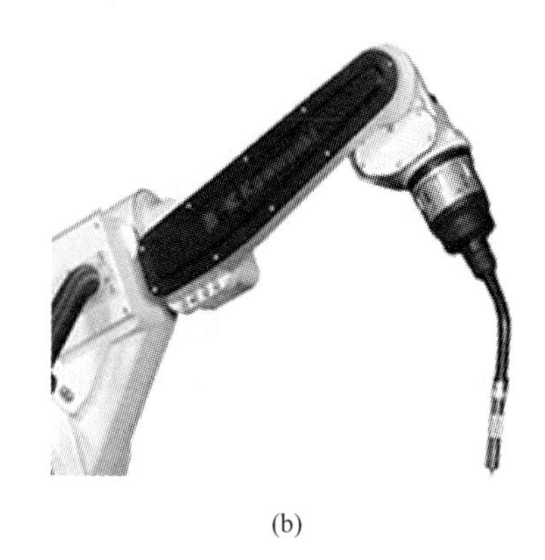

(b)

图 7.6　两种焊枪

图 7.7　焊丝盘

（6）保护气瓶总成

保护气瓶总成用于存储弧焊保护气并以一定的气压和流量将保护气供给至焊接作业处。保护气瓶总成由储气瓶、气体调节器、PVC 气管等组成，如图 7.8 所示。瓶装的液态 CO_2 汽化时要吸热，吸热反应可使瓶阀及减压器冻结，所以，在减压器之前，需经预热器（75～100W）加热，并在输送到焊枪之前，经过干燥器吸收 CO_2 气体中的水分，使保护气体符合焊接要求。

减压器可将瓶内高压 CO_2 气体调节为低压（工作压力）的气体，流量计可控制和测量 CO_2 气体的流量，以形成良好的保护气流。

电磁气阀可控制 CO_2 气体的接通与关闭。常用的减压流量调节计是将预热器、减压器和流量计设计成一体式，以方便使用。

（7）清枪剪丝机

清枪剪丝机如图 7.9 所示，主要作用有：

① 清理焊接过程中产生的粘堵在焊枪气体保护套内的飞溅物，确保气体长期畅通无阻；

② 清枪工位可以给焊枪保护套喷洒耐高温防堵剂，降低飞溅对枪套、枪嘴的粘连；

③ 剪丝工位可将熔滴状的焊丝端部自动剪去，废料落入废料盒，改善焊丝的工况。

（8）焊接变位机

焊接变位机是用来改变待焊工件位置，将待焊焊缝调整至理想位置进行施焊作业的设备。通过变位机对待焊工件的位置转变，可以实现单工位全方位的焊接加工应用，提高焊接

(a) 保护气瓶总成 (b) 预热器

图 7.8 保护气瓶总成

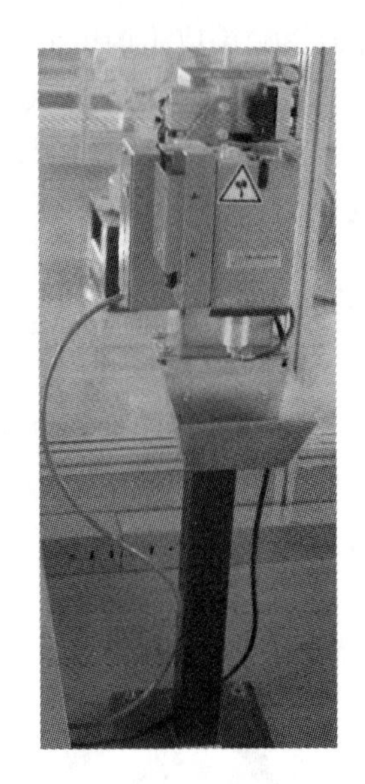
图 7.9 清枪剪丝机

机器人的应用效率，确保焊接质量。

本质上讲变位机是焊接机器人关节自由度的拓展和作业空间的延伸，变位机的应用使得单台焊接机器人的作业灵活性更强，焊接工件的尺寸理论上也不再受限于机器人自身的工作空间。可以说，变位机已经成为焊接机器人突破自身局限的新支点。

按变位的方式划分，焊接变位机可分为双工位回转式（图 7.10）、倾翻回转式（图 7.11）等形式。

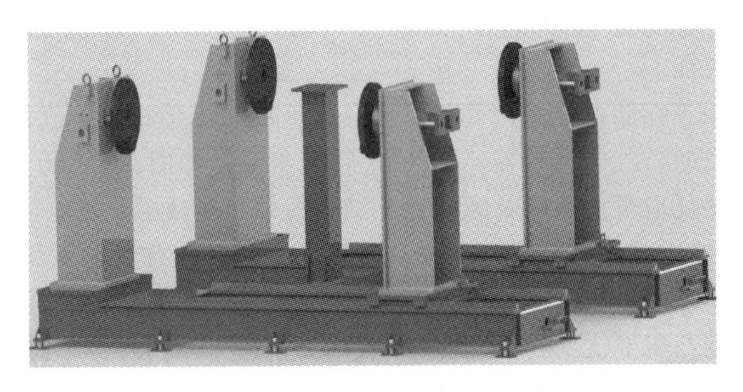
图 7.10 双工位回转式

双工位回转式变位机主要用于待焊工件较大的场合。此时工件的搬运、安装周期较长，双工位回转式可在变位机一侧进行工件的焊接作业，在另一侧进行工件的拆装与搬运，在改善焊缝位置的同时，也大大提高了作业效率。

倾翻回转式变位机主要应用于复杂焊缝的焊接，通过双轴的旋转，可将复杂的焊缝实时旋转至最佳作业位置，提高焊接质量。根据生产需要可选择相对应的焊接变位机。本焊接系统配备的变位机即为此类型。变位机采用伺服驱动系统，通过 PLC 实现运动控制，可与焊接机器人配合实现异步变位焊接。

（9）焊烟净化器

焊烟净化器（净化器）是一种工业环保设备，焊接产生的烟尘被风机负压吸入除烟机内部，大颗粒飘尘被均流板和初滤网过滤而沉积下来；进入净化装置的微小级烟雾和废气通过废气装置内部被过滤和分解后排出。如图 7.12 所示，为本焊接系统中的单机式焊烟净化器。

图 7.11　倾翻回转式

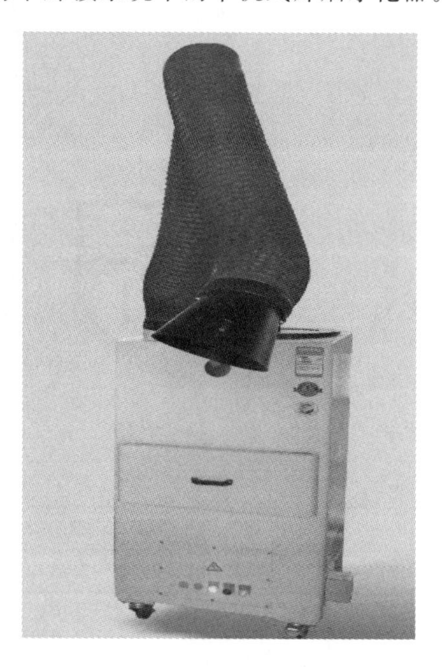

图 7.12　焊烟净化器

（10）总控制柜

如图 7.13 所示，总控制柜的控制面板配置了系统上电（含上电指示灯）、系统断电按钮、除尘按钮、报警复位按钮、急停按钮以及变位机的触控屏。控制柜内部设有工作站总电源开关等，便于对站内设备控制的同时又保证人身安全。

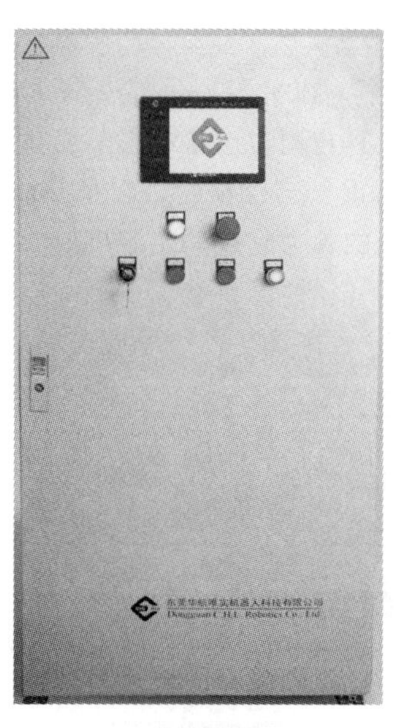

(a) 控制面板

(b) 控制柜内部

图 7.13　总控制柜外部和内部

各按钮如图 7.14 所示，具体功能介绍见表 7.1。

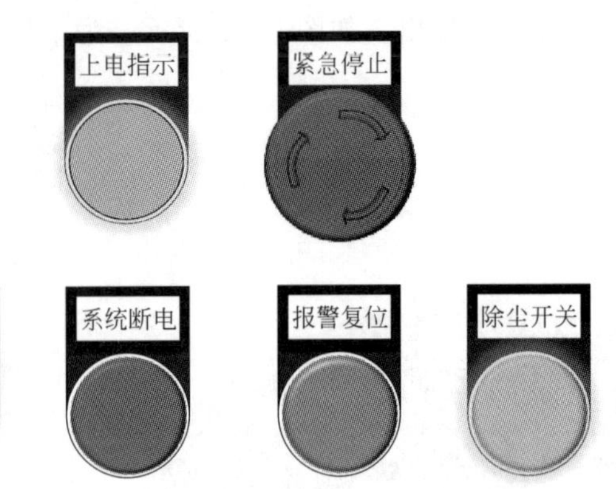

图 7.14　控制柜各按钮

表 7.1　控制柜按钮功能

序号	按钮及指示灯名称	功能介绍
1	系统上电	总启动旋钮，向右旋转即可开启工作站；工作站开启后，钥匙旋钮自动回位
2	系统断电	总关闭按钮，按下后即可关闭工作站
3	报警复位	机器人处于自动运行模式，当安全门被打开时，工作站会报警；关闭安全门，按下此按钮即可解除报警
4	除尘开关	焊烟净化器的总开关
5	上电指示	工作站开启时，此指示灯亮起
6	紧急停止	急停按钮，在出现危险、紧急情况时，按下此按钮工作站停止运行
7	触控屏	控制变位机的旋转速度、方向以及角度

(11) 安全防护组件

如图 7.15 所示，为保证工业机器人设备安全，在机器人手部安装工具时一般都附加一个防碰撞传感器，确保及时检测到工业机器人工具与周边设备或人员发生碰撞时停机。防碰撞传感器采用高吸能弹簧，确保设备具有很高的重复定位精度，在排除故障后可自动复位，其内部置有动断触点和动合触点。当传感器受到的外力超过一定限度时，各触点会发生断开

图 7.15　防碰撞传感器

或闭合动作以满足电气的安全防护需求。

在实际工厂应用时，为确保生产正常进行和设备产品安全，防碰撞传感器是必备组件。

7.3 机器人焊接系统知识基础

（1）IF、FOR、WHILE 指令

IF：逻辑判断指令。

指令作用：满足不同条件时，执行对应的程序。

应用举例：

```
IF reg0>10 THEN
    Set DO1;
    ENDIF
```

执行结果：如果 reg0>10 条件满足，则执行 Set DO1 指令，将数字输出信号置为 1。

FOR：循环运行指令。

指令作用：根据指定的次数，重复执行对应的程序。

应用举例：

```
FOR i FROM 1 TO 10 DO
    routine1;
    ENDFOR
```

执行结果：重复执行 10 次 routine1 里的程序。

WHILE：循环运行指令。

指令作用：如果条件满足，则重复执行对应的程序。

应用举例：

```
WHILE reg0<10 DO
Reg0: =reg0 + 1;
ENDWHILE
```

执行结果：如果变量 reg0<10 条件一直成立，则重复执行 reg0+1，直至 reg0<10 条件不成立为止。

（2）焊接系统属性参数

Arc System Properties 定义了焊接系统类的属性，主要包括编程时使用的单位和起弧方式的设置。各参数的具体含义见表 7.2。

表 7.2　焊接系统属性部分参数

序号	参数	类型	参数说明	默认状态
1	Units	string	定义焊接系统中的焊接单位	—
2	Restart On	bool	定义是否启用自动断弧重试功能	FALSE
3	Restart Distance	num	定义自动断弧重试的退回距离，即机器人在焊缝处相对于断弧位置的反向退回距离，单位在 Units 中的标准设定	0
4	Number Of Retries	num	定义断弧自动断弧重试次数	0

续表

序号	参数	类型	参数说明	默认状态
5	Scrape On	bool	定义机器人在起弧时是否启用划擦起弧功能。只有当启用该参数时，参数“ScrapeStart”才可以被设置。起弧后这种摆动会自动停止，也不会影响重启焊接时的动作	FALSE
6	Scrape Optional On	bool	定义机器人在焊接重启时是否可以进行摆动划擦类型的选择。划擦类型的选择也在起收弧数据(seamdata)中指定	TURE
7	Scrape Width	num	定义划擦摆动的宽度，单位在 Units 中的标准设定	10
8	Scrape Direction	num	定义划擦开始时摆动方向的角度。0°意为摆动方向与焊接方向成 90°夹角，单位在 Units 中的标准设定	0
9	Scrape Cycle Time	num	一个划擦周期(s)	0.2
10	Weave Sync On	bool	定义是否在摆动的结束位置发送同步脉冲	FALSE

参数补充说明

① Units　在焊接系统中提供了三个不同的预定义单位类型：SI _ UNITS（国际单位制）、US _ UNITS（美制单位）、WELD _ UNITS（焊接行业单位），具体单位的定义如表 7.3 所示。这些单位在配置数据库中有被写保护，不可以被更改。用户可根据使用的单位习惯选择不同的焊接单位类型，系统默认选择 SI _ UNITS。

表 7.3　系统单位类型

焊接单位类型	焊速	长度	送丝速度
SI_UNITS	mm/s	mm	mm/s
US_UNITS	in/min	in	in/min
WELD_UNITS	mm/s	mm	mm/min

② Restart On　当 Restart On 启用（TURE），在发生焊接错误时会重新按照设定方式启动焊接功能，机器人将自动运动到参数 Restart Distance 所指定的位置。这种重启方式有三种不同的方式：

自动模式：机器人自动尝试起弧功能，尝试次数为参数 Number of Retries 中指定的次数。

程序控制模式：机器人使用例行程序中的错误处理程序实现断弧重试功能。

手动模式：手动排除错误因素，程序就可以正常启动。

③ 焊接用户界面属性参数　ARC _ UI _ MASKING 定义了焊接用户界面的属性，可对焊接电压、焊接电流、送丝速度等用户可见参数进行可见性的设置。在焊接过程中，由于实际焊接条件可能与理想工况存在差异，真实的焊接电流、焊接电压等参数可能会在一定范围内波动。焊接用户界面参数可见性设置完毕后，再将模拟量输入信号与其对应的焊接设备信号参数相关联，操作者即可在焊接的过程中通过此界面实时观察到设定焊接参数的变化，如图 7.16 所示。焊接用户界面的部分参数见表 7.4。

对于表中参数，有以下补充说明：参数 Uses Current 与 Uses Wirefeed 只能有一个状态，为 TURE。

表 7.4 焊接用户界面的部分参数

序号	参数	类型	参数说明	默认状态
1	Uses Voltage	bool	定义焊接电压参数在焊接时是否可见	FALSE
2	Uses Current	bool	定义焊接电流参数在焊接时是否可见	FALSE
3	Uses Wirefeed	bool	定义送丝速度参数在焊接时是否可见	FALSE

图 7.16 焊接用户界面属性的部分参数

④ 弧焊示教编程流程 焊接机器人示教编程与通用型机器人示教编程的基本流程相似。示教编程有两种方式：

一种为先编程后校点，另一种为编程校点同时进行。前者，将编程的操作与现场隔离开，可在相对安静的环境中将程序写入或导入示教器，再到现场修改示教点的位置，一般用于机器人焊接工艺较为固定、现场环境相对恶劣的场景，如焊接、涂胶等。后者，编程与校点同时进行，主要用于现场环境对人体无影响、机器人轨迹路径等不确定、要根据现场情况来确定机器人动作的场景。

本项目机器人示教，焊接工艺可以确定，因此选择先编程后校点的方式。示教流程如图 7.17所示。

与通用型机器人不同的是，焊接机器人在示教前需要进行一些调试准备操作，包括：锁定焊接功能、送丝设备调试和保护气通断调试等。这些操作都可以借助示教器主菜单中内置的“生产屏幕”选项来实现。

⑤ 主焊接数据 焊接过程一共分为四个阶段：起弧、加热、焊接以及收弧。每个阶段都有对应的参数，这些参数被打包在两个主焊接数据中，分别为起收弧数据 seamdata 和焊接数据 welddata，它们将作为可选参数出现在焊接运动指令中。

其中，起弧、加热以及收弧阶段的参数在 seamdata 中设定，焊接阶段的参数在 welddata 中设定。在焊接机器人系统中，通过设定对应的主焊接程序数据来满足不同的焊接工艺。

seamdata 包含了起弧阶段、加热阶段以及收弧阶段的焊接参数，具体参数定义如表 7.5 所示。

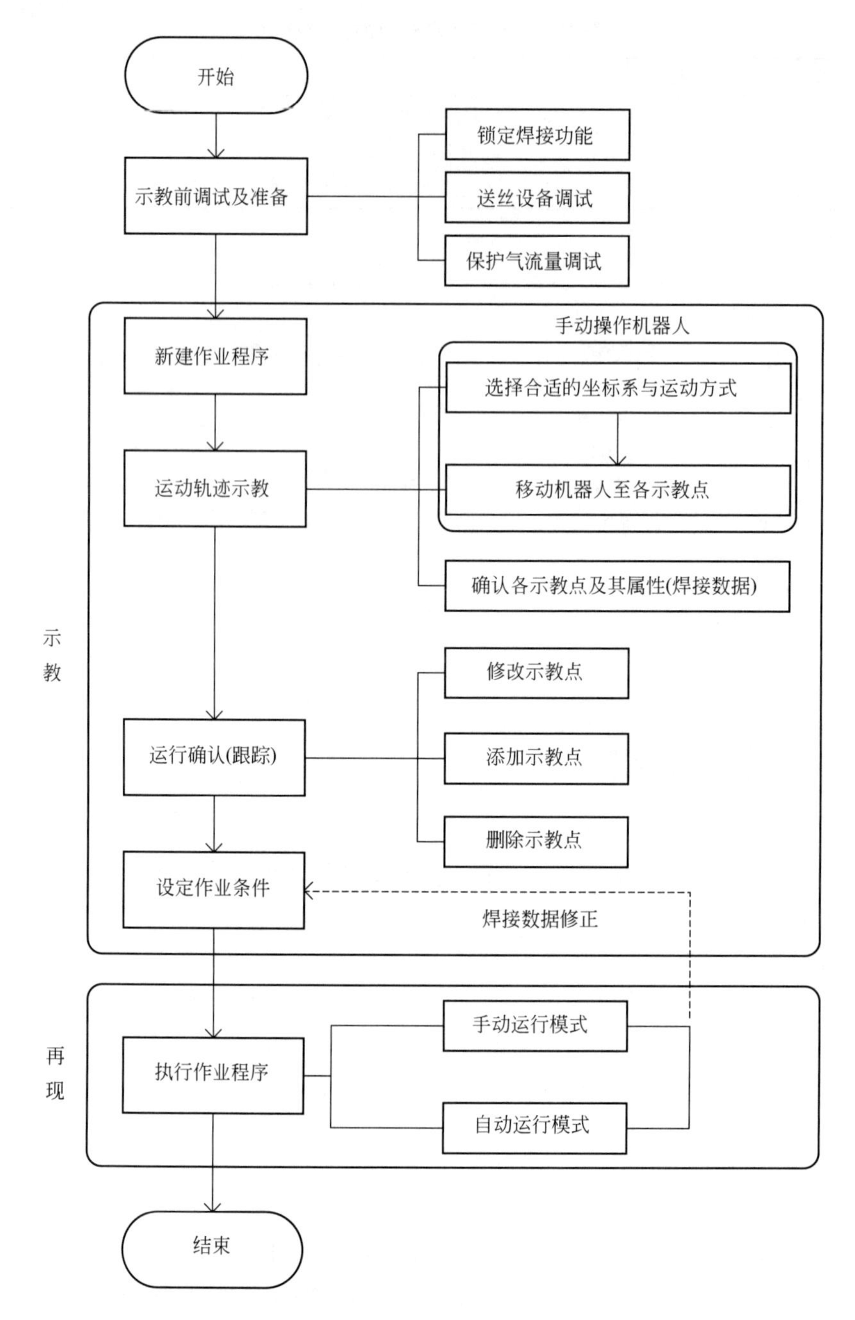

图 7.17　示教流程

表 7.5　起、收弧数据及参数定义

焊接阶段	参数名称	参数含义
ign_arc (起弧)	purge_time	保护气充满气管和焊枪的时间,亦称“气体清除”时间(s)
	preflow_time	预先送气时间,亦称“气体预流”时间(s)
	voltage	起弧电压(V)
	current	起弧电流(A)
	scrape_start	刮擦起弧类型(0:无刮擦;1:摆动刮擦)

续表

焊接阶段	参数名称	参数含义
heat_arc （加热）	heat_speed	加热时的焊速（mm/s）
	heat_time	加热时间（s）。该参数只用于定时定位的情况，当“heat_speed”参数为0时，才可设定该参数值
	voltage	加热电压（V）
	current	加热电流（A）
fill_arc （收弧）	cool_time	第一次断弧到填弧坑电弧之间的冷却时间（s）
	fill_time	收弧时间，亦称填弧坑时间（s）
	voltage	收弧电压（V）
	current	收弧电流（A）
	bback_time	回烧时间（s）
	postflow_time	收弧后保护气的流通时间（s），主要防止焊丝末端及焊缝在冷却时被氧化

对于表7.5中参数，有以下补充说明：

a. purge _ time：

当第一个焊接指令是 ArcLStart 或 ArcCStart 时，机器人到达焊接起始点之前，在指定的此时间内完成杂质气体的清除。

当到达第一个焊接指令目标点（焊接起始点）的时间短于气体清除时间或不使用 ArcLStart 或 ArcCStart 指令时，机器人会在焊接起始位置等待，直到气体清除时间结束。

保护气通道的体积大，相应气体清除时间就长。对于设计好的焊接系统硬件而言，其保护气通道的体积是不变的，所以此参数一般也是固定的。当设备硬件有所更换时，需要重新根据改变之后的设备状态调整此数据。

b. preflow _ time：

若在起弧的同时，发出送气信号，系统会有一定反应时间。此时保护气的流通往往会滞后于起弧的时间点。因此在起弧之前需要先发出送气信号，通过“气体预流”时间的设定即可达到此功能。

c. bback _ time：

此参数在一个焊接周期中被使用两次。第一次是在焊接阶段结束，第二次是收弧阶段结束。

d. fill _ time：

在焊接阶段结束后，焊缝的终点会有较为明显的弧坑，所以在收弧阶段，fill _ time 必须设置适当的数值。通常收弧时间应随着焊接电流的增大而增大。

焊接数据（welddata）用来设定焊接过程中机器人的焊接速度、焊接电压及焊接电流的大小，如表7.6所示。通过使用具有不同焊接数据的焊接指令，可以实现对焊缝工艺参数多样化需求的最佳匹配。

在焊接过程的四个阶段中，焊接阶段在加热阶段之后，所以焊接数据也在加热阶段之后起作用。当使用 ArcLStart 或 ArcCStart 指令时，直到到达焊接起始点位置后才会起弧，这意味着焊接数据在焊接开始指令中没有起作用。

表 7.6 焊接数据及参数定义

参数名称	参数含义
weld_speed	焊接速度，即单位时间内的焊接长度。在生产应用中有两种情况，当机器人与外部附加轴（如焊接变位机）有同步运功时，焊接速度为焊丝末端与工件焊缝之间的相对速度；当机器人与外部附加轴为异步运动时，焊接速度即为机器人 TCP 点的运动速度
voltage	焊接电压
current	焊接电流。焊接电流不仅可以与焊接电源中的电流模拟输入量关联，还可以与送丝速度的模拟量关联起来。如此通过设定焊接过程中的送丝速度也可确定焊接电流的大小

⑥ 线性弧焊指令 线性弧焊指令，用于弧焊直线轨迹示教编程。其结构与通用机器人的“MoveL”指令十分相似。执行该指令时，机器人的动作相当于是在“MoveL”的动作基础上执行焊接操作。

其包含三个基本焊接指令，如图 7.18 所示。

ArcLStart：开始直线弧焊。

ArcLEnd：结束直线弧焊。

ArcL：直线弧焊插补指令。

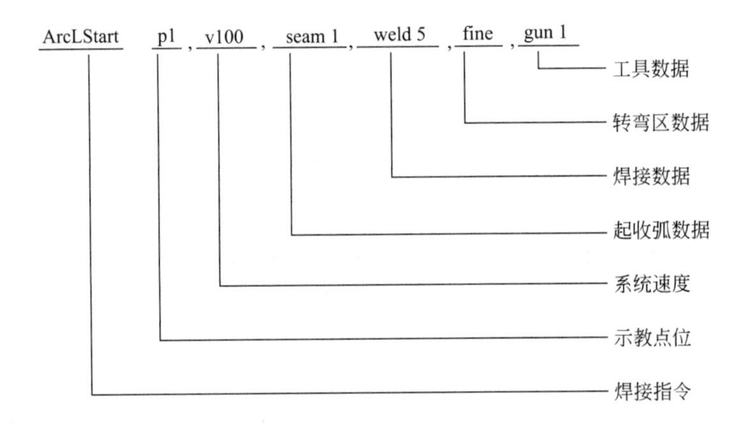

图 7.18 线性弧焊指令

p1：示教点位，为机器人的目标点。

v100：系统速度，只在焊接功能被锁定时才起作用，当焊接功能启动时，焊丝端点速度为焊接数据中（weld5）设置的焊接速度。

seam1：焊接指令中的起弧参数、加热参数以及收弧参数都包括在该数据中。该数据只在 ArcLStart、ArcLEnd 两个焊接指令中起作用。

weld5：弧焊指令中的焊接参数包括在该数据中。该数据只在 ArcL 焊接指令中起作用。

fine：转弯区数据，为保证焊缝目标点的精确度，转弯区数据通常采用 fine。

gun1：工具数据，包括工具 TCP、质量、重心等工具坐标系信息。

以如图 7.19 所示的直线焊接轨迹为例，说明直线弧焊指令的使用方法。

```
MoveJ…
ArcLStart p1, v100, seam1, weld5, fine, gun1;    ! p0→p1 轨迹，准备焊接。
ArcL p2, v100, seam1, weld5, fine, gun1;         ! p1→p2 轨迹，焊接过程。
ArcL p3, v100, seam1, weld5, fine, gun1;         ! p2→p3 轨迹，焊接过程。
```

ArcLEnd p4, v100, seam1, weld5, fine, gun1;　　! $p_3 \rightarrow p_4$ 轨迹,焊接结束。
MoveL…

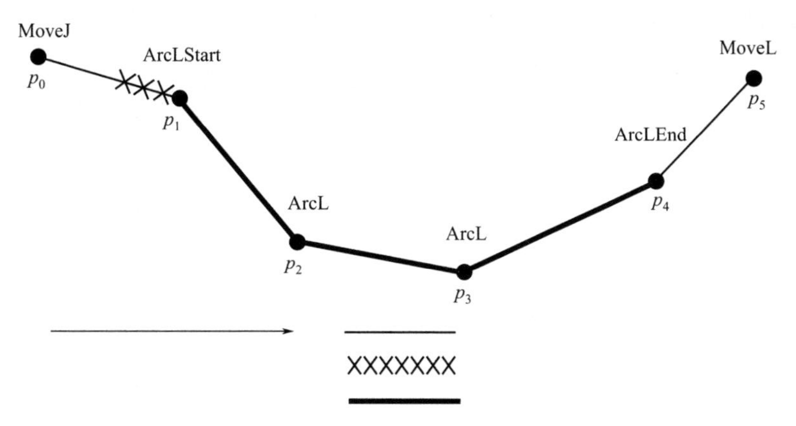

图 7.19　直线焊接轨迹

直线示教要点

在直线轨迹焊接示教中，当焊接轨迹是由多条线段连接而成时，各直线段的交点处为直线插补要点，用 ArcL 指令编写对应程序语句。

如图 7.20 所示，直线插补要点通常在两种情况下使用：焊接轨迹由多条线段连接而成；在一条直线焊接轨迹上，需要使用多个（≥2）不同的焊接数据。

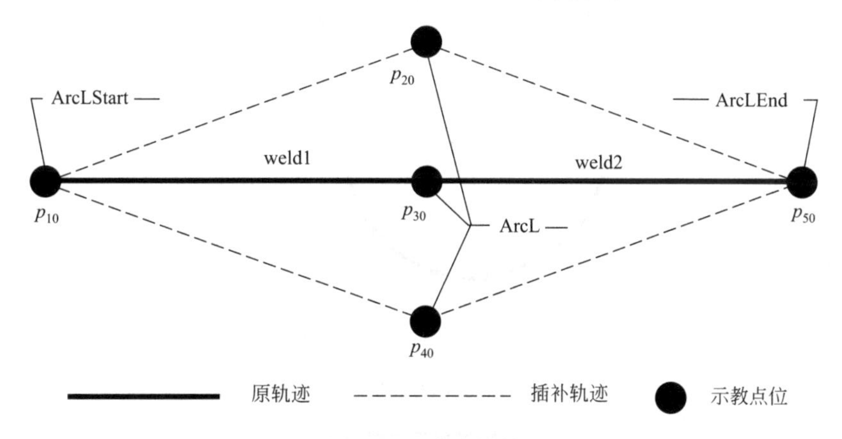

图 7.20　直线插补

当焊接轨迹为一条线段时，可以不用插补焊接中间点，即 ArcL 指令不被使用。

三条不同的焊接轨迹中，p_{10}、p_{50} 分别为焊接的始点与末点，p_{20}、p_{30}、p_{40} 为三个独立的插补点，对应路径分别为 $p_{10} \rightarrow p_{20} \rightarrow p_{50}$、$p_{10} \rightarrow p_{30} \rightarrow p_{50}$、$p_{10} \rightarrow p_{40} \rightarrow p_{50}$。

因此，不同的插补点，焊接轨迹亦不相同。

⑦ 圆弧弧焊指令　圆弧弧焊指令，用于圆弧轨迹弧焊。其结构与通用机器人的"MoveC"指令十分相似。执行该类指令时，机器人的动作相当于是在"MoveC"的动作基础上执行焊接操作。

其包含三个基本焊接指令，如下所示。

ArcCStart：开始圆弧弧焊。

ArcCEnd：结束圆弧弧焊。

ArcC：圆弧弧焊插补指令。

如图 7.21 所示为圆弧焊接指令的程序语句。其中，机器人当前位置点与目标点 p_1、p_2 三点确定一段圆弧，其他参数与直线焊接指令语句的作用相同。

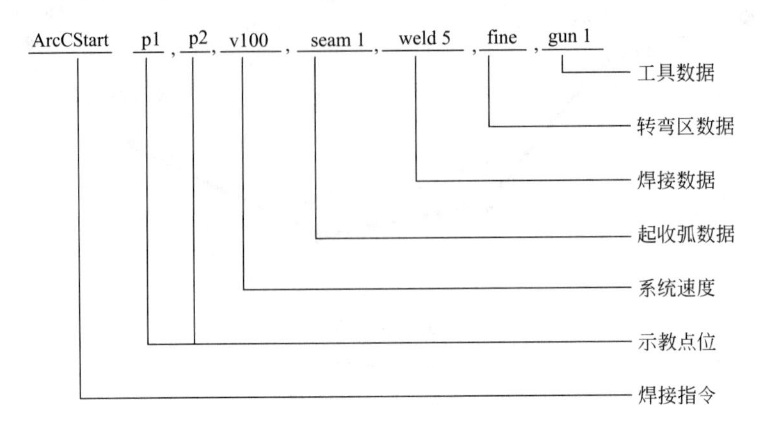

图 7.21　圆弧弧焊指令

如图 7.22 所示的圆弧焊接轨迹为例，说明圆弧弧焊指令的使用方法。

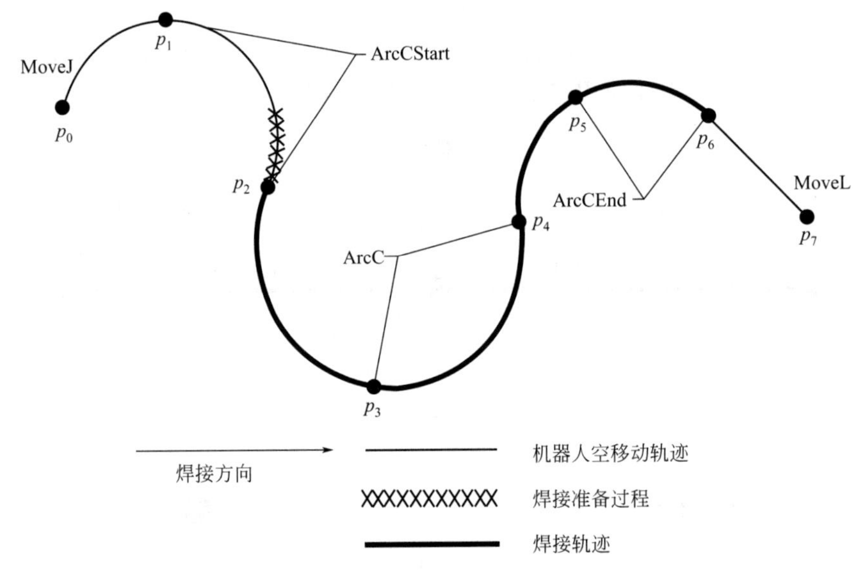

图 7.22　圆弧焊接轨迹

MoveJ…

ArcCStart p1,p2, v100, seam1, weld5, fine, gun1;　　！$p_0 \to p_1 \to p_2$ 轨迹,准备焊接。

ArcC p3,p4, v100, seam1, weld5, fine, gun1;　　！$p_2 \to p_3 \to p_4$ 轨迹,焊接过程。

ArcCEnd p5, p6, v100, seam1, weld5, fine, gun1;　　！$p_4 \to p_5 \to p_6$ 轨迹,焊接结束。

MoveL…

MoveJ…

ArcCStart p1,p2, v100, seam1, weld5, fine, gun1;　　！$p_0 \to p_1 \to p_2$ 轨迹,准备焊接。

ArcC p3,p4, v100, seam1, weld5, fine, gun1;　　！$p_2 \to p_3 \to p_4$ 轨迹,焊接过程。

ArcCEnd p5, p6, v100, seam1, weld5, fine, gun1;　　！$p_4 \to p_5 \to p_6$ 轨迹,焊接结束。

MoveL…

程序解读：机器人自焊接临近点 p_0 开始，经 p_1 点空移动至 p_2 点，在 p_2 点之前开始做焊接准备，如预充保护气、划擦起弧等，用 ArcCStart 指令实现；$p_2 \rightarrow p_3 \rightarrow p_4$ 为圆弧弧焊轨迹，用 ArcC 指令实现；机器人自 p_4 继续执行焊接动作至 p_6 点，在 p_6 点前后做收弧准备，如填弧坑、持续通保护气等，用 ArcCEnd 指令实现。整个焊接过程通过焊接参数监控和控制。

圆弧示教要点

三点确定一段圆弧。如图 7.23 所示，p_{10}、p_{20}、p_{30}是确定圆弧轨迹的示教点。进行手动示教时，实际示教点与理想示教点之间总会存在一定的误差。为减小误差对焊缝位置产生的影响，除了在示教时使实际的示教点尽可能地逼近理想点位外，还可以从点位分布的方面着手。

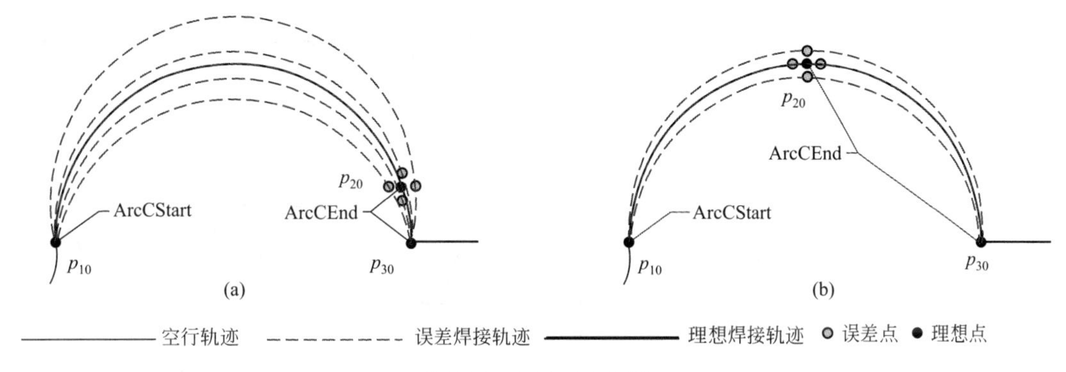

图 7.23 三点确定圆弧

a. 圆弧三点位间距的影响。

如图 7.23 所示，图（a）与图（b）的 p_{20}误差点与理想点的误差间距相同，图（a）的焊缝误差远大于图（b）。

在示教圆轨迹时，尽可能地让示教点位均匀分布是减小示教点位误差对焊道位置影响的有效手段。

b. 误差敏感方向的差异。

如图 7.23 所示，在图（a）四个误差点中，上下两误差点造成的焊接轨迹误差偏移量小于左右两误差点造成的偏移量。在图（b）左右两误差点比上下两误差点造成的误差偏移量小。

由此可见，在圆弧切线方向的误差影响比圆弧直径方向的小。换而言之，直径方向是圆弧示教误差的敏感方向。在实际圆弧示教过程中，要优先保证圆弧直径方向上的点位精准度。

⑧ 弧焊摆动数据　机器人通过摆动数据（weavedata）来控制焊接过程中焊枪的摆动。摆动可用于起弧及焊接过程的任何阶段。

当焊缝坡口宽度较小时，机器人在焊接时可以不使用该参数。当焊缝坡口较宽时，通常需要获得较大的熔宽，这就需要焊枪的摆动使熔融的焊丝更好地填充焊缝。摆动功能的启用还有利于焊接过程中熔池气体的析出，更利于焊缝成型。

摆动是叠加在焊接路径上的运动，即当机器人在执行摆动弧焊时，主运动为焊枪沿着焊接路径运动，辅运动为焊枪以焊接路径为摆动中心进行对应形状的摆动。焊枪沿焊接路径的行进速度为机器人的主焊接速度，即主运动速度。焊枪实际速度为主运动速度和摆动速度的叠加。由于在摆动过程中沿焊接路径方向上的速度分量值始终为主焊接速度值，叠加了摆动运动的机器人 TCP 实际运动轨迹越长，TCP 每一时刻的实际速度就越大。因此不同的摆动形状会在原路径上叠加出不同的绝对速度。

a. weave _ shape（摆动形状）。如表 7.7 所示，为摆动形状参数对应的空间摆动轨迹示意图。其中 X 轴正向为焊接方向，X-Y 平面为焊缝所在平面，Z 轴正向为焊缝高度的方向。

表 7.7　摆动形状参数及对应的示意图

<table>
<tr><th>参数名称</th><th>参数含义及摆动轨迹</th><th>X/Y/Z 单方向示意图</th></tr>
<tr><td rowspan="5">weave_shape
（摆动形状）</td><td>0</td><td>无摆动</td></tr>
<tr><td>1（平面 Z 形摆动）
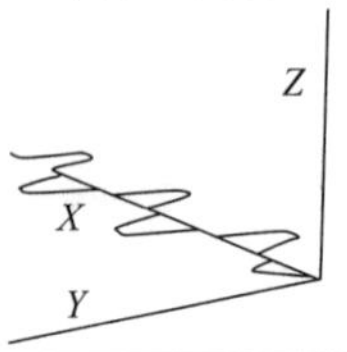</td><td>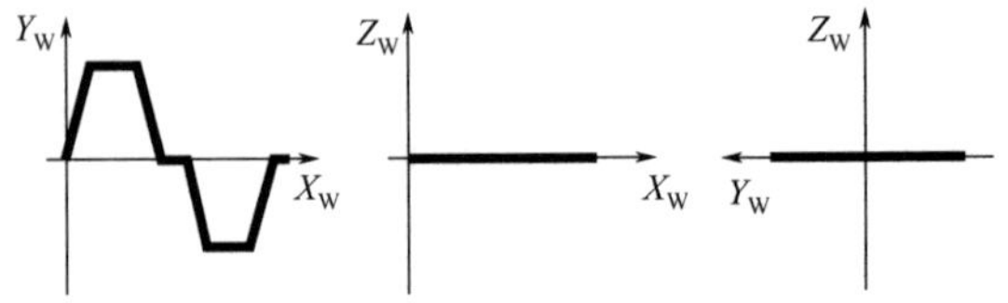</td></tr>
<tr><td>2（空间 V 字形摆动）
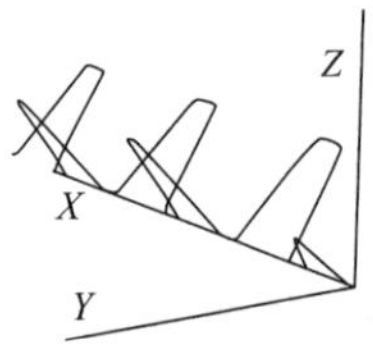</td><td>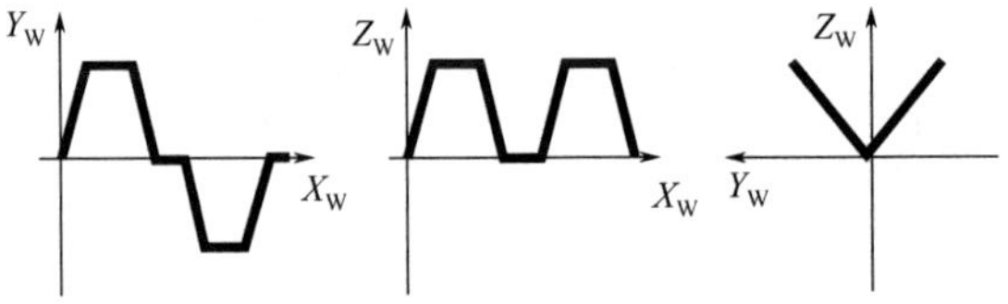</td></tr>
<tr><td>3（空间三角形摆动）
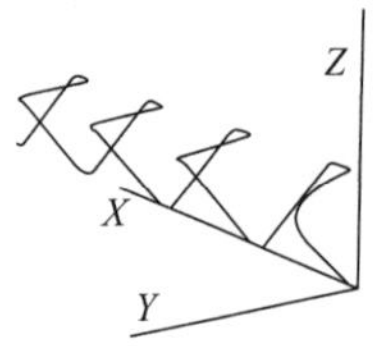</td><td>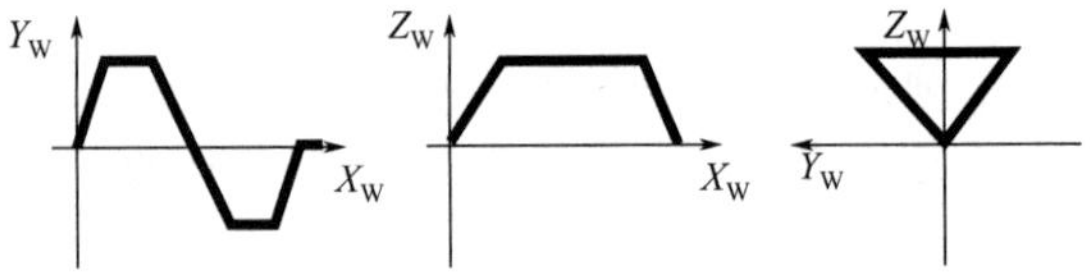</td></tr>
<tr><td>4（垂直焊缝圆形摆动）
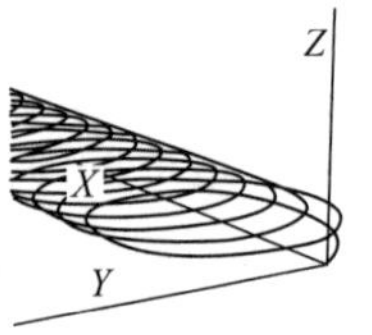</td><td>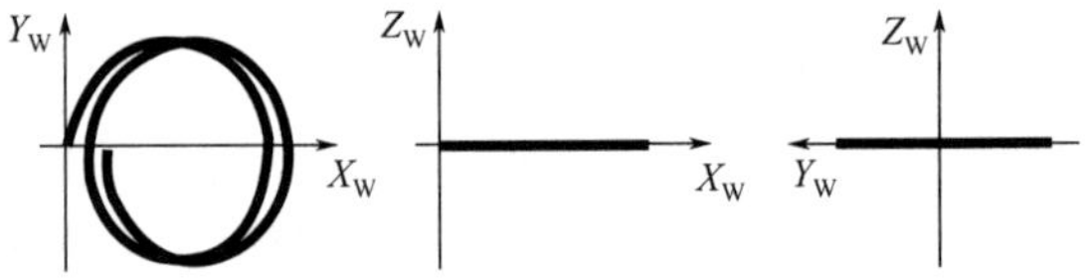</td></tr>
</table>

b. weave _ type（摆动类型）。摆动方式的频率与精度的对应关系如图 7.24 所示，可以看出摆动频率越高，其对应的精度就越低。机器人参与摆动的轴越多，自由度越大，实际摆动路径就越逼近理想路径，但由于轴转动的质量增加，使得转动惯量变大，导致摆动频率降低。

尤其应注意，当摆动频率过高时，机器人可能迫使焊枪发生震动，继而影响焊接质量。所以设置参数要兼顾焊接效率与焊接质量。摆动类型如表 7.8 所示。

表 7.8　摆动类型

设定值	摆动类型	设定值	摆动类型
0	机器人所有轴均参与摆动	2	使用 1、2、3 轴快速摆动
1	使用 5、6 轴快速摆动	3	使用 4、5、6 轴快速摆动

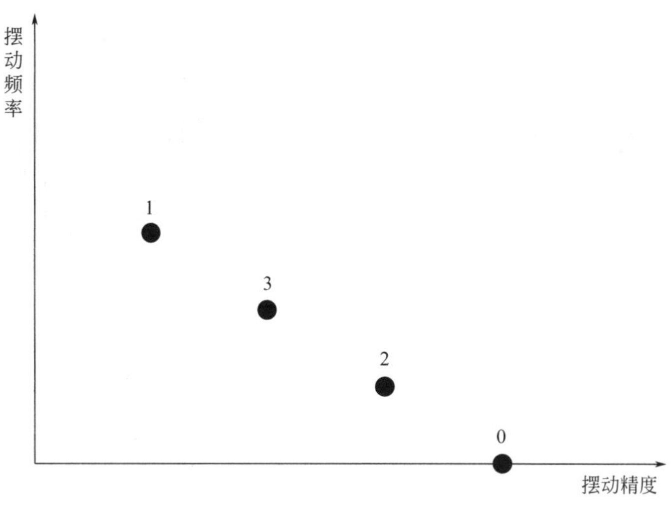

图 7.24　摆动类型之频率-精度分布图

c. weave _ length（摆动长度）。weave _ length 参数有两个含义：长度和频率。

就长度而言，参数 weave _ length 被定义为摆动形状参数值为 0 和 1 时的一个摆动周期的长度，如图 7.25(a)、(b) 所示。

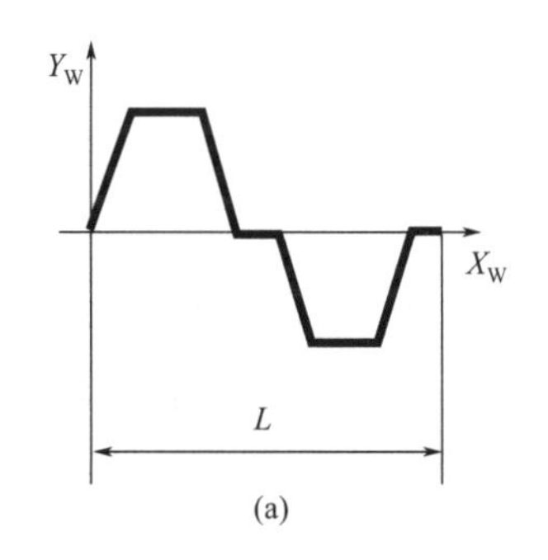

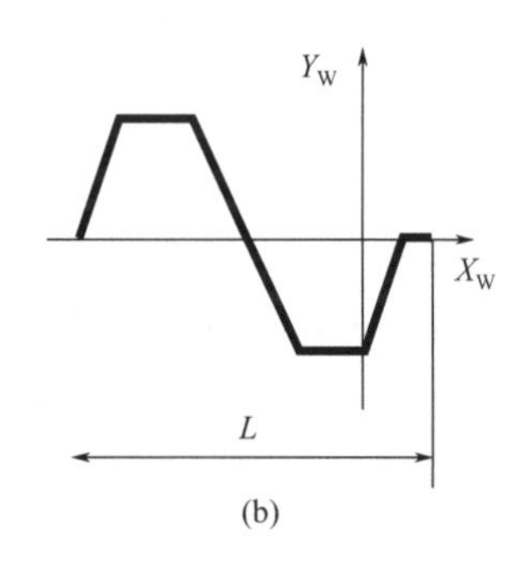

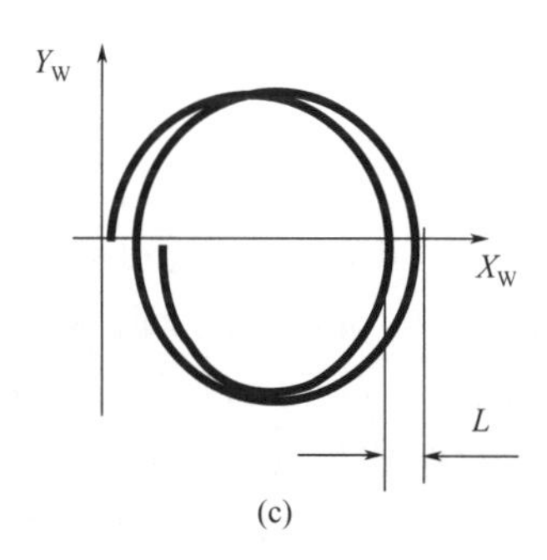

图 7.25　摆动长度

对于圆形摆动，如果 cycle _ time（The Arc Robot Properties 中的另一个参数）参数设置为 0，则 length 属性定义两个连续圆之间的距离，如图 7.25(c) 所示。

如果 cycle _ time 参数有值，那么 length 属性可以被替换。正值，焊丝端点逆时针旋转，负值反之。如图 7.25 所示为测量值 L。

参数 weave _ length 被定义为摆动形状参数值为 2 和 3 时摆动的频率如图 7.26 所示。对于圆形摆动，weave _ length 参数定义为每秒摆动的圆周数。

d. weave _ width（摆动宽度）。对于圆形摆动而言，weave _ width 是指圆的半径；对于其他的摆动形状，宽度是摆动形状的总幅度，如图 7.27 所示的测量数据 W。

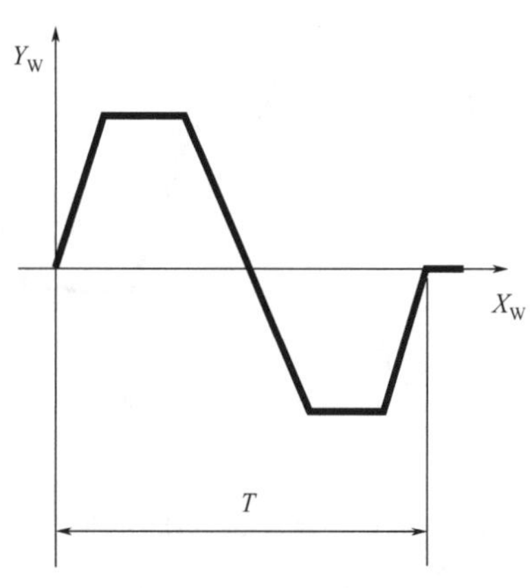

图 7.26　摆动周期

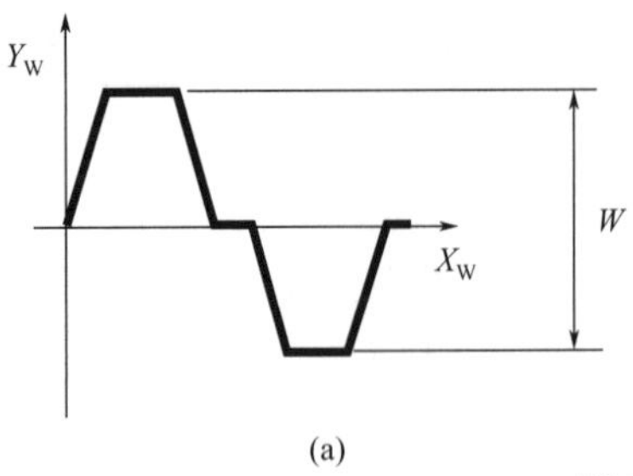

(a) (b)

图 7.27 摆动宽度

e. weave _ height。weave _ height 表示空间摆动的高度，即在摆动过程中 TCP 点上下极限的高度差。如图 7.28 所示，为空间 V 字形摆动和空间三角形摆动的摆动高度。

注意，此参数对圆形摆动和平面 Z 形摆动无用。

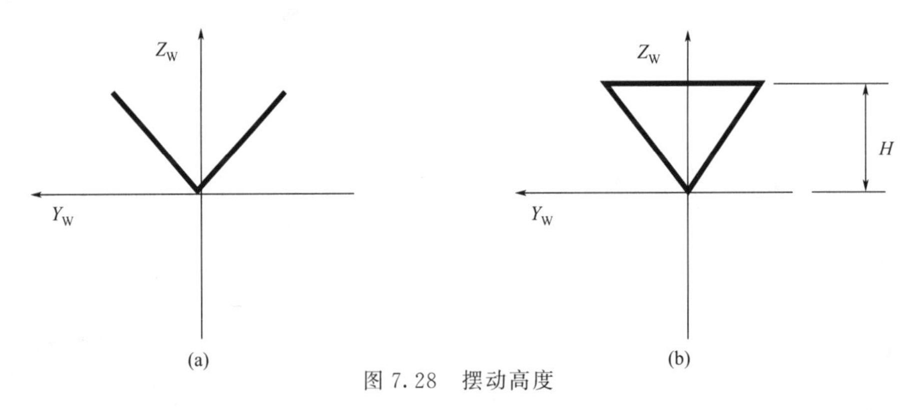

(a) (b)

图 7.28 摆动高度

f. dwell _ left、dwell _ center、dwell _ right。焊枪末端（TCP 点）在对应位置上的移动距离，如图 7.29 所示。其中：dwell _ left 为平行于焊接方向并在其左侧移动的距离；dwell _ center 为平行于焊接方向并在其中心位置移动的距离；dwell _ right 为平行于焊接方向并在其右侧位置移动的距离。

这三个参数对圆形摆动无效。

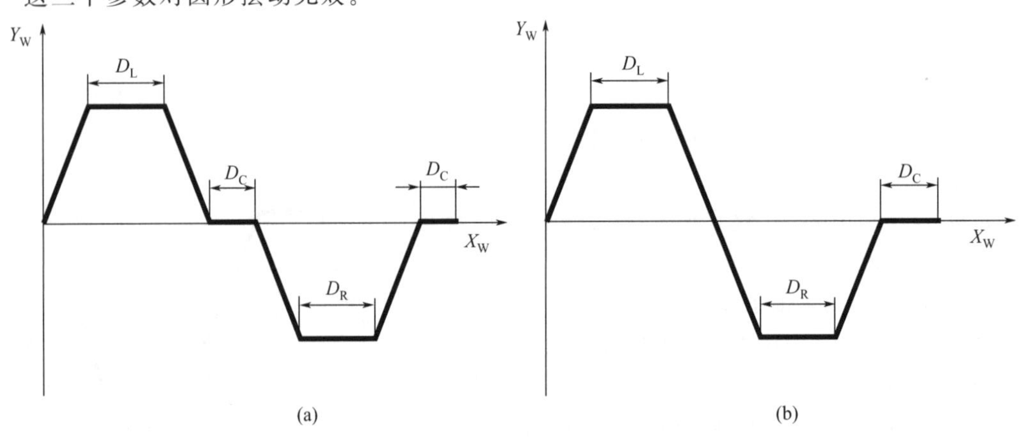

(a) (b)

图 7.29 平面 Z 形摆动和空间 V 字形摆动

g. weave _ ori。摆动的取向角度，水平垂直于接缝。当设定值为 0 时，空间摆动轨迹相对焊缝对称，如图 7.30 所示。

其设定角度为相对于焊接 Z 轴正向取向角度的值。适用于角焊或 T 形焊，即焊枪与待焊工件表面不垂直的工况下焊枪的摆动。

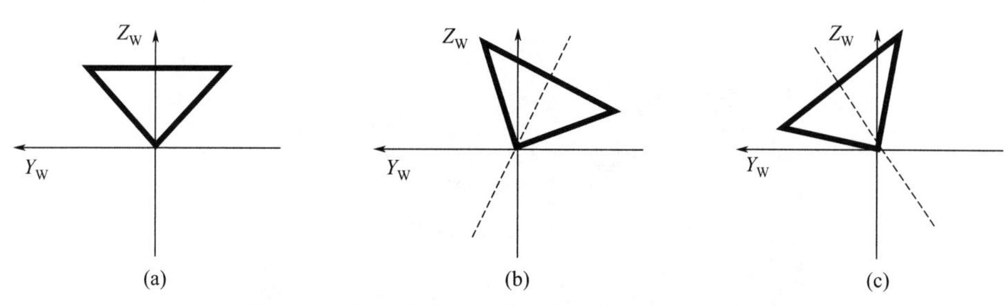

图 7.30 取向角为 0、取向角右倾、取向角左倾

h. weave _ bias。摆动中心的偏置。偏置只能用于有折线的摆动，不适用于圆形摆动，并且不能大于摆动宽度的一半。

如图 7.31 所示，为无偏置和有偏置的曲折摆动，偏置长度用 B 表示。

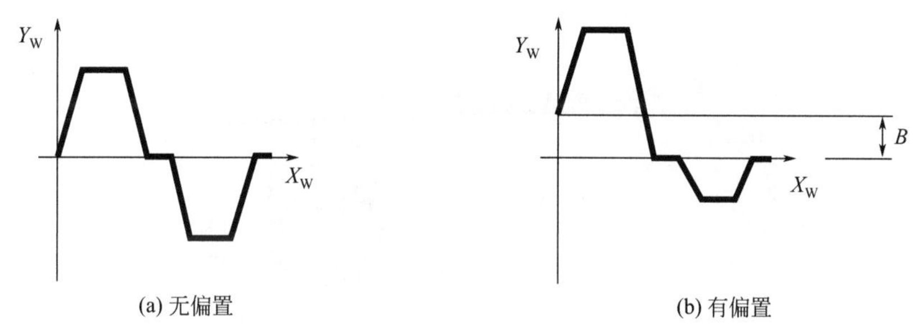

图 7.31 摆动位置偏置

7.4 弧焊项目实施

(1) 工作站硬件配置

① 安装工作站套件准备。

a. 打开模块存放柜找到模拟焊接套件，采用合适的工具安装焊接套件。

b. 把焊接套件放至钳工桌桌面，并选择焊枪夹具、焊枪夹具与机器人的连接法兰、安装螺钉（若干）。

c. 选择合适型号的工具，把模拟焊接方形钢管工件及工装固定件从套件托盘上拆除。

② 工作站安装。

a. 选择合适的螺钉，把焊接套件安装至机器人操作对象承载平台的合理位置（可自由选择不同数量的焊接方形钢管和固定件，自定义焊接对象的形状、安装位置、方向等）。焊接台如图 7.32 所示。

b. 焊枪夹具安装：首先把焊枪夹具与机器人的连接法兰安装至机器人六轴法兰盘，然后再把焊枪夹具安装至连接法兰上。焊接工具如图 7.33 所示。

注：焊接套件与基础学习套件共用一套焊枪夹具。

③ 工艺要求。

a. 在进行模拟焊接焊缝轨迹示教时，焊枪姿态尽量满足焊接工艺要求。枪倾角与焊接方向成 0°～10°，如图 7.34 所示。

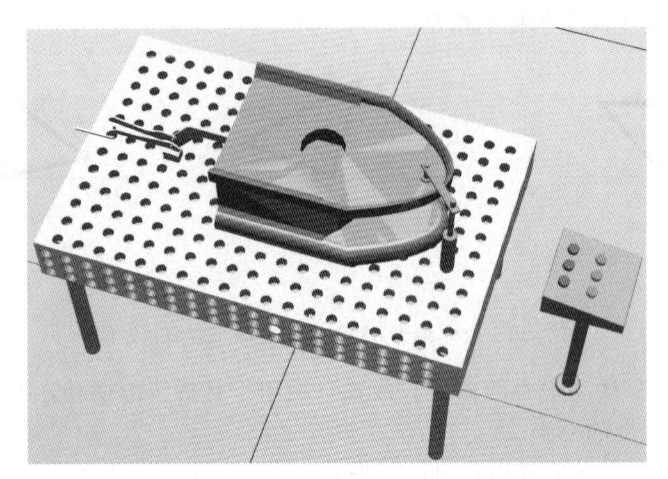

图 7.32 焊接台

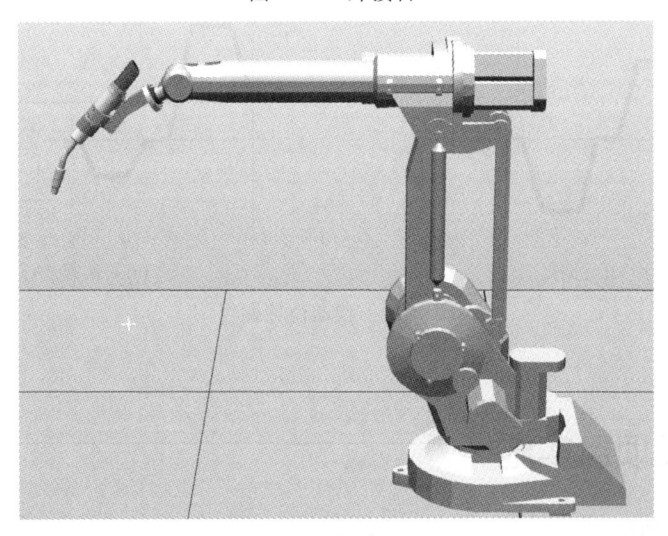

图 7.33 焊接工具

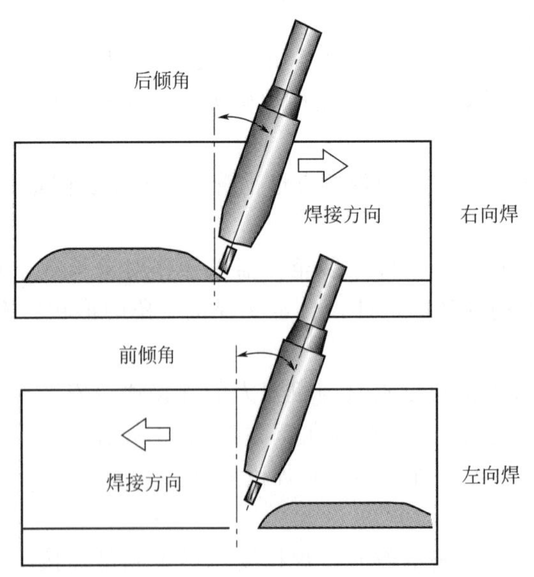

图 7.34 焊接角度

注：焊枪向焊接行进方向倾斜0°～10°时的熔接法（焊接方法）称为“右向焊法”（与手工焊接相同）。焊枪姿态不变，向相反方向行进焊接的方法称为“左向焊法”。一般而言，使用“左向焊法”焊接，气体保护效果较好，可以一边观察焊接轨迹，一边进行焊接操作，因此多采用“左向焊法”进行焊接。

b. 机器人运行焊缝转角处轨迹要求平缓流畅。

c. 焊丝与工件边缘尽量贴近，且不能与工件接触或刮伤工件表面。

(2) 工作站仿真系统配置

① 如图7.35所示，按照步骤解压已经打包好的工作站并完成初始化。

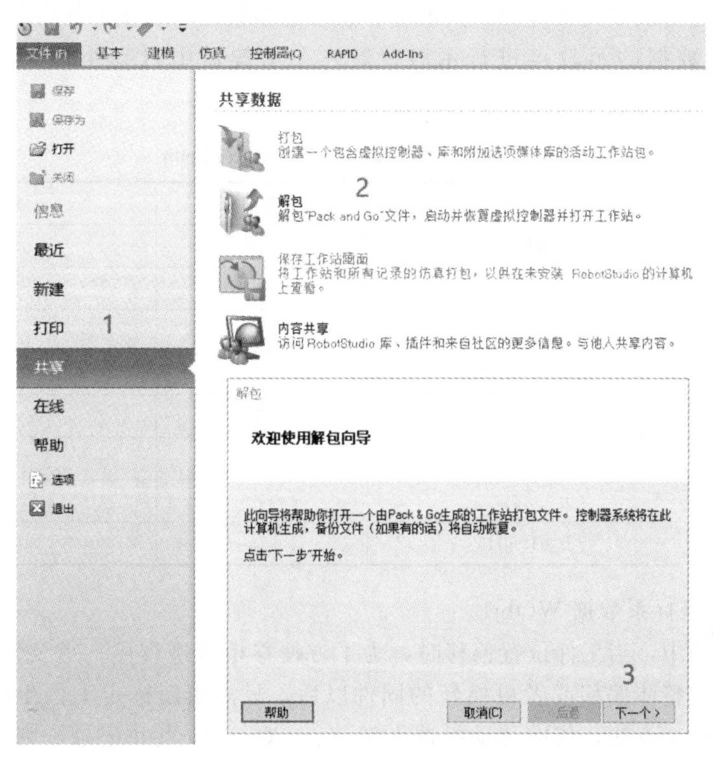

图7.35

② 配置标准I/O板参数。

将机器人运行模式调整为手动模式，然后设置示教器界面语言为中文，然后依次单击“ABB菜单”“控制面板”“配置”，进入“I/O主题”，配置I/O信号。本工作站采用标准配置的ABB标准I/O板，型号为DSQC 652，需要在DeviceNet Device中设置此I/O单元的相关参数，并在Signal中配置具体的I/O信号参数，配置见表7.9和表7.10。在此工作站中，配置了一个数字输出用于控制焊枪工作。

表7.9 DeviceNet Device参数设置

参数名称	设定值	说明
Name	d652	设定I/O板在系统中的名字
Device Type	DSQC 652	选定相应的I/O板卡
Address	10	设定I/O板在总线中的地址

表 7.10 I/O 信号参数设置

Name	Type of Signal	Assigned to Device	Device Mapping	I/O 信号注解
doArc	Digital Output	d652	3	启动焊枪信号

③ 创建工具数据 gun。

在本工作站中，机器人所使用的焊枪为不规则形状，这样的工具很难通过测量的方法计算出工具尖点相对于初始工具坐标 tool0 的偏移，所以本工作站中使用六点法进行工具坐标系的标定，即前四个点为 TCP 标定点，后两个点（X、Z 点）为方向延伸点。在设置工具数据之前，先通过更改值设置焊枪工具的重心和质量参数，然后在工件台上预先设置一个尖点工件作为工具数据的示教点进行示教，最终在示教器中自动生成工具数据 gun，如表 7.11所示。

表 7.11 示教后自动生成工具数据 gun

参数名称	参数数值	参数名称	参数数值
gun	TRUE	q3	0.0218799
trans		q4	−0.719523
X	101.922	mass	2
Y	0.000215909	cog	
Z	415.29	X	0
rot		Y	0
q1	0.693847	Z	0
q2	−0.0196046		

④ 创建工件坐标系数据 WObj1。

在焊接类应用中，当工件位置偏移时，为了方便移植轨迹程序，需要建立工件坐标系。这样，当发现工件整体偏移或者更换新的固件以后，只需重新标定工件坐标系即可完成调整。本案例中根据 3 点法，依次移动机器人至 X_1、X_2、Y_1 点并记录，则可自动生成工件坐标系统 WObj1。在标定工件坐标系时，要合理选取 X、Y 轴的方向，以保证 Z 轴方向便于编程使用。X、Y、Z 轴方向符合笛卡尔坐标系，即可使用右手来判定，如图中 $+X$、$+Y$、$+Z$ 所示，其中 X_1 点为坐标轴原点，X_2 为 X 轴方向上的任意点，Y_1 为 Y 轴上的任意点。在此工作站中，所需创建的工件坐标系如图 7.36 所示。

⑤ 创建载荷数据。

创建有效载荷数据 gun1，设定质量 mass 值和重心数据。

⑥ 程序模板导入。

完成以上步骤后，将程序模块导入该机器人系统中，在示教器的程序编辑中可进行程序模块的加载。依次单击“ABB 菜单”“程序编辑器”，对程序进行加载。

（3）程序编写与调试

① 控制流程图。

弧焊工作站的控制流程如图 7.37 所示。

② 程序编写。

本任务中，模拟焊接四条焊缝。程序整体结构包含主程序、初始化子程序、第一条焊缝

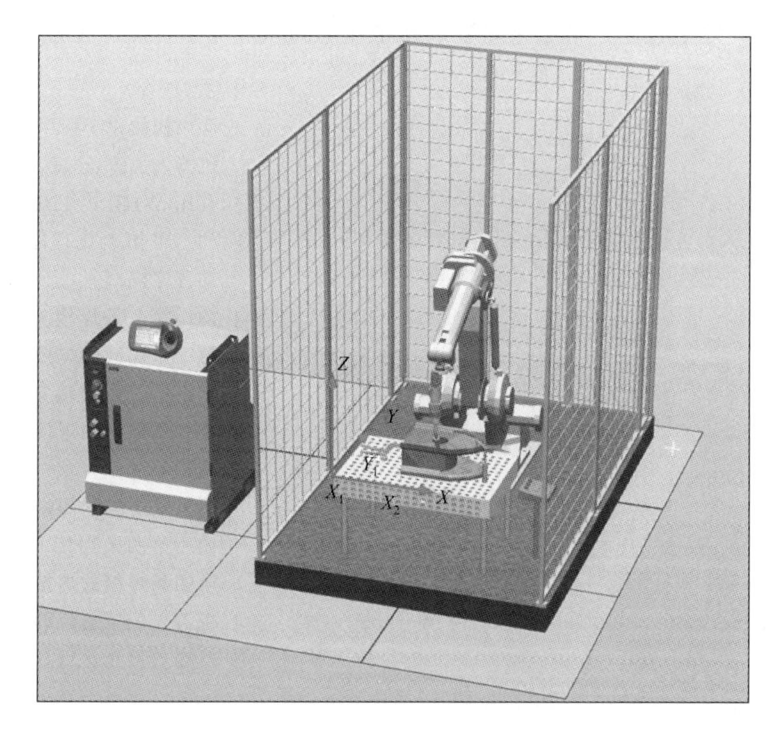

图 7.36 工件坐标系 WObj1 的设定

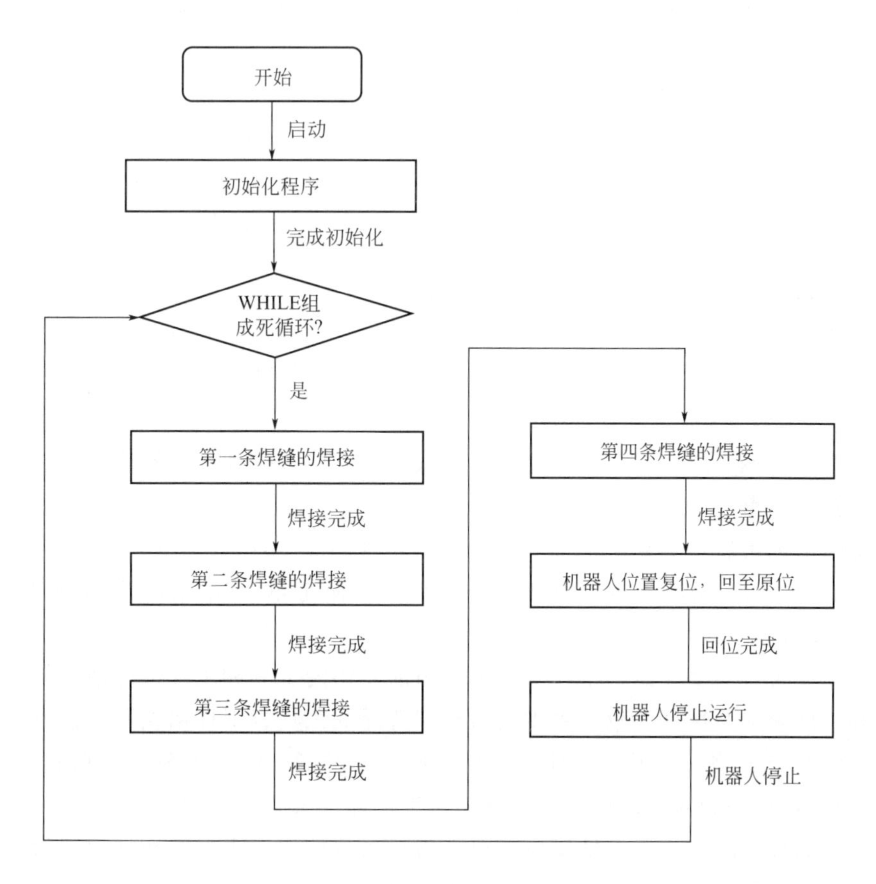

图 7.37 弧焊工作站的控制流程

子程序、第二条焊缝子程序、第三条焊缝子程序和第四条焊缝子程序。主程序如下所示：

```
 PROC main( )                                              ! 主程序；
rInitAll                                                   ! 调用初始化子程序 rInitAll，用于复位
                                                             机器人位置、速度、信号、数据等；
 WHILE TRUE DO                                             ! 利用 WHILE TRUE DO 死循环，目
                                                             的是将初始化程序与机器人反复运
                                                             动程序隔离；
 rArc1;                                                    ! 调用第一条焊接 rArc1 子程序，完成
                                                             第一条焊缝的焊接；
 rArc2;                                                    ! 调用第二条焊接 rArc1 子程序，完成
                                                             第二条焊缝的焊接；
   rArc3;                                                  ! 调用第三条焊接 rArc1 子程序，完成
                                                             第三条焊缝的焊接；
   rArc4;                                                  ! 调用第四条焊接 rArc1 子程序，完成
                                                             第四条焊缝的焊接；
 MoveAbsj phome,v500 ,z10, Gun\WObj:= Workobject_1         ! 机器人位置复位，回至原位 phome；
 Stop;                                                     ! 机器人停止运行，等待下一次启动。
   ENDWHILE
 ENDPROC
```

在焊接中，通过启动焊枪和关闭焊枪模拟运行焊接过程，第一条焊缝程序如下所示：

```
 PROC rArc1()                                              ! 第一条焊缝的焊接；
 MoveJ OFFS(pArcl,0,0,30) ,v1000,z10, Gun\WObj:= WObj1;    ! 将机器人末端通过关节运动的方式移
                                                             动至焊缝初始点上方 30mm 的位置；
 MoveL pArc1 ,v50 ,fine ,Gun\W0bj:= WObj1;                 ! 机器人直线运动至焊缝初始点 pArc1，
                                                             后续同理；
 Set DOArc;                                                ! 启动焊枪焊接；
 MoveL  pArc2 , v10,fine , Gun\WObj: = WObj1;
 Reset DOArc;                                              ! 停止焊枪焊接。
 MoveL OFFS(pArc2 , 20, 20, 500) ,v200,fine ,Gun\WObj:= WObj1;
 ENDPROC
```

剩余三条焊接轨迹与上述第一条类似，仅仅只有点位数据和运动轨迹不同。

（4）示教目标点

完成坐标系标定后，需要示教基准目标点。在此工作站中，需要示教原位 phome，焊接点 pArc1、pArc2、pArc3 等。示教点位的方式前述章节有述，其示教手动过程如图 7.38～图 7.41 所示。

示教目标点时，需要注意，手动操作画面当前使用的工具和工件坐标系要与指令里面的参考工具和工件坐标系保持一致，否则会出现“选择的工具、工件错误”等警告。

在手动状态下，将主程序逐步运行到 pArc1、pArc2、pArc3 等位置后选择“修改位置”，将当前位置存储到对应的位置数据存储器里，即完成相关点的示教任务。

完成示教基准点后，将工作站复位，单击仿真播放按钮，查看工作站运行状态，确认运行状态是否正常，若正常则保存该工作站。

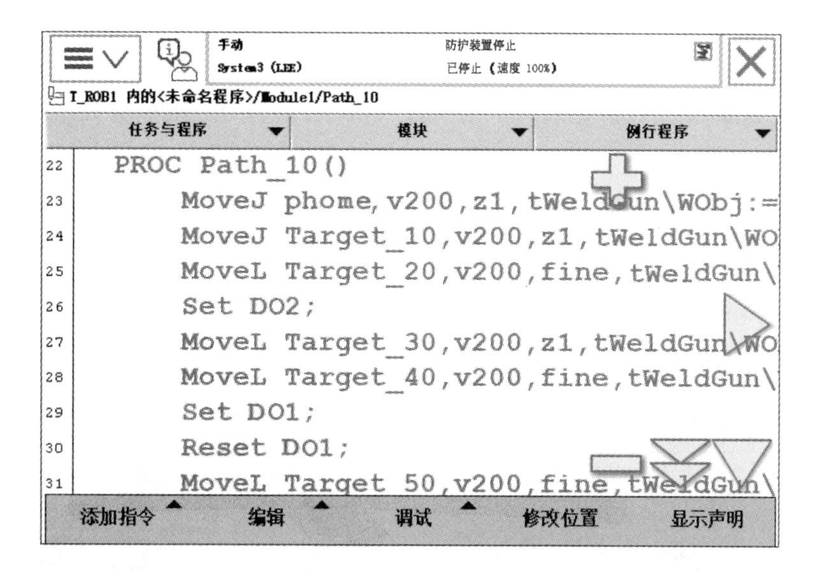

图 7.38　示教目标点程序

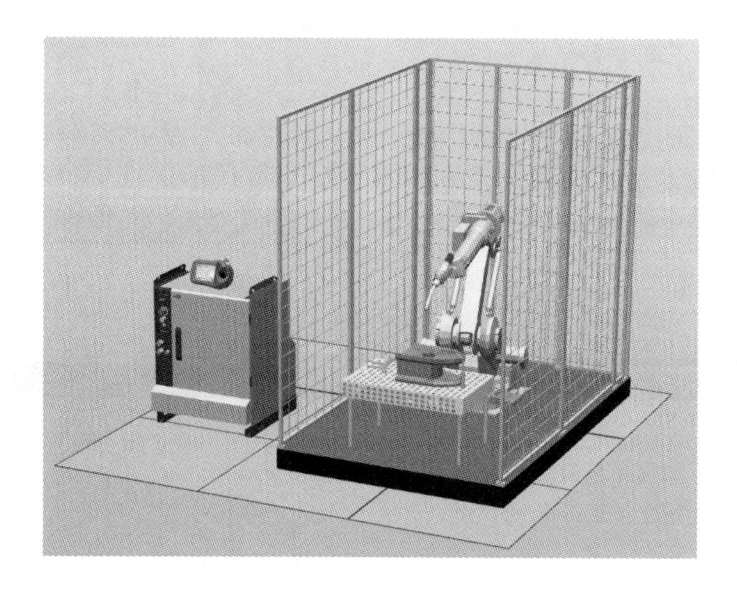

图 7.39　phome 点的示教位置

TEST 选择指令应用的扩展

指令作用：根据指定变量的判断结果，执行对应的程序。

应用举例：

```
TES Treg0
CASE 1：
  routine 1；
CASE 2：
  routine 2；
DEFAULT：
```

```
Stop;
ENDTEST
```

执行结果：判断 reg0 数值，若为 1 则执行 routine1，若为 2 则执行 routine2，否则执行 Stop。

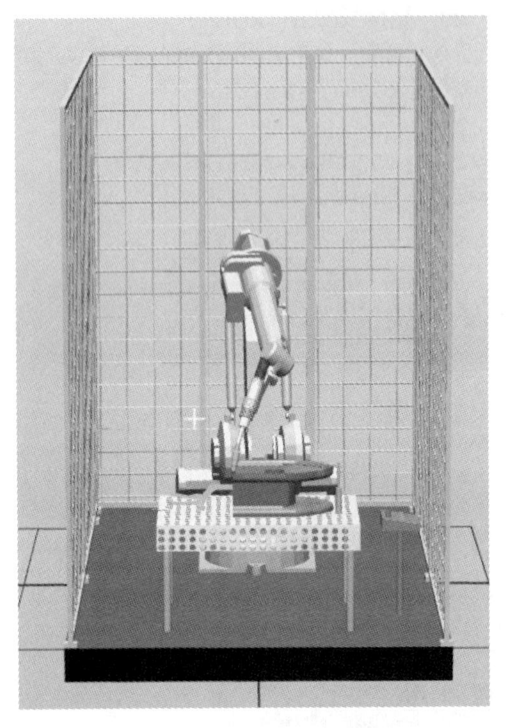

图 7.40 pArc1 点的示教位置

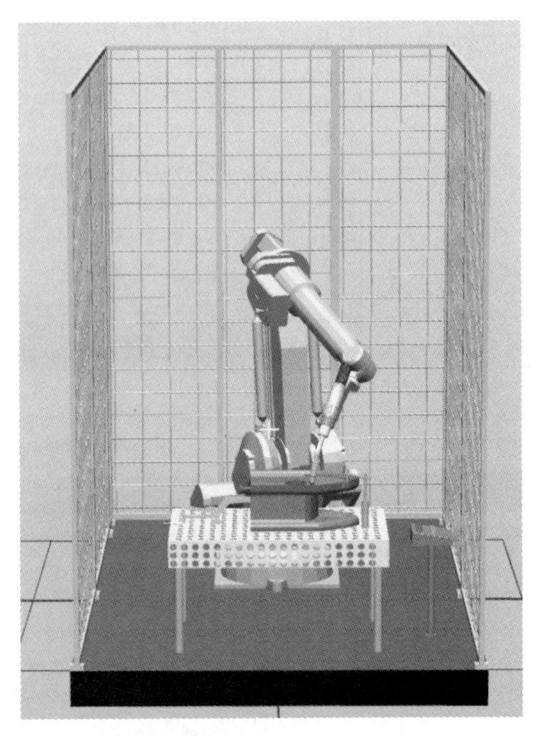

图 7.41 pArc3 点的示教位置

思考与练习

① 练习焊接工作站常用的 I/O 配置。

② 练习焊接相关目标点示教的操作。

机器人视觉

8.1 机器人视觉分拣任务分析与介绍

各种颜色、现状的工件零散分布在输送带上，当工件经过工业相机时，相机将工件拍下，并将工件的形状、颜色和位置等信息传送给机器人控制器，机器人接收到智能相机传送过来的信息后，用末端夹持的气动吸盘工具准确地抓取工件，并根据零件的颜色和形状，由控制器驱动机器人将工件分拣至不同的物料盘，实物如图 8.1 所示。

图 8.1　机器人视觉分拣系统

为了实现分拣的自动生产作业，整体需要达成的工作任务要点有：对不同形状工件的识别（因为要分拣到不同物料盘中）、机器人能够准确抓取工件等。为了达到准确作业的目标，需要对相机、平带输送机和机器人都进行设置，本工作站硬件均采用 RobotStudio 软件进行设置。

实现机器人分拣工件的任务步骤如表 8.1 所示。

表 8.1　机器人视觉分拣任务步骤

步骤	操作
1	机器人视觉系统的硬件及软件安装
2	机器人、相机、PC 的网络配置与连接
3	输送链跟踪板卡及接线
4	增量式编码器的校正
5	设置新图像作业
6	设置图像
7	相机及机器人的校准
8	添加图案模板
9	图像信息到机器语言——输出到 RAPID 程序
10	机器人程序设计

8.2 机器人视觉系统结构

视觉系统的主要工作由三部分组成：图像的获取、图像的处理和分析、输出或显示。因此机器人视觉系统的主要组件包括光源、相机、镜头、图像处理软件和输入输出单元。光源用于对待检测元件的照明，让元件的关键特征能够突显出来，确保相机能够清楚地看到这些特征。镜头用于采集图像，并将图像以光线的形式呈现给传感器。然后，机器人视觉相机中的传感器将该光线转换成数字图像，然后将该数字图像发送至处理器进行分析。图像采集卡是重要的输入输出单元，用于图像的高速传输及数字化处理。

图 8.2 列出了机器人视觉系统的各个关键组件，包括：光源、镜头、相机、视觉系统控制器和输入输出单元等。

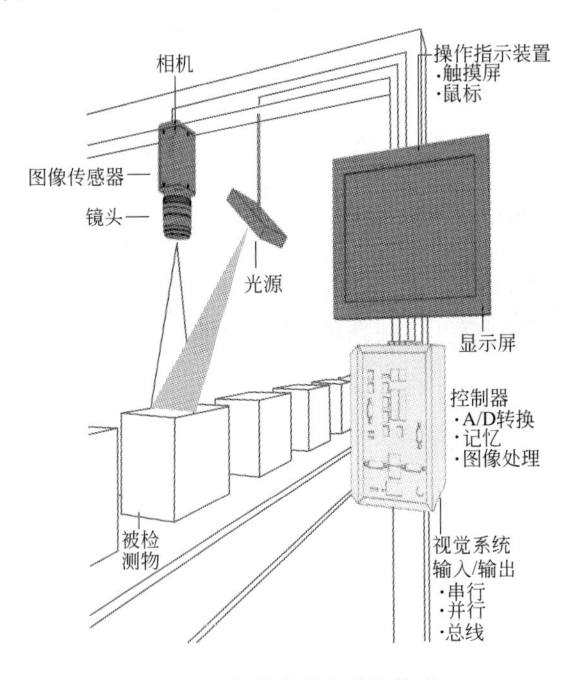

图 8.2　机器人视觉系统构成

(1) 机器人视觉分拣系统的连接

将输送链跟踪板通过标准I/O方式与编码器、CognexIn-Sight相机和机器人控制柜连接起来。输送链跟踪板的本质是一块I/O板，在输送链跟踪系统中，起到连接相机、工业机器人控制器和编码器的作用。硬件连接如图8.3所示。

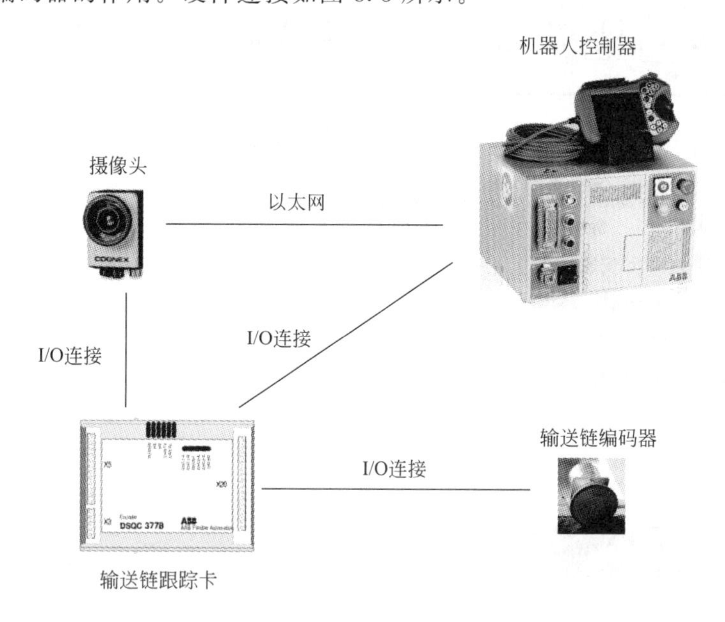

图8.3 输送链跟踪板连接示意图

将机器人控制器与PC和相机通过以太网连接，如图8.4所示。

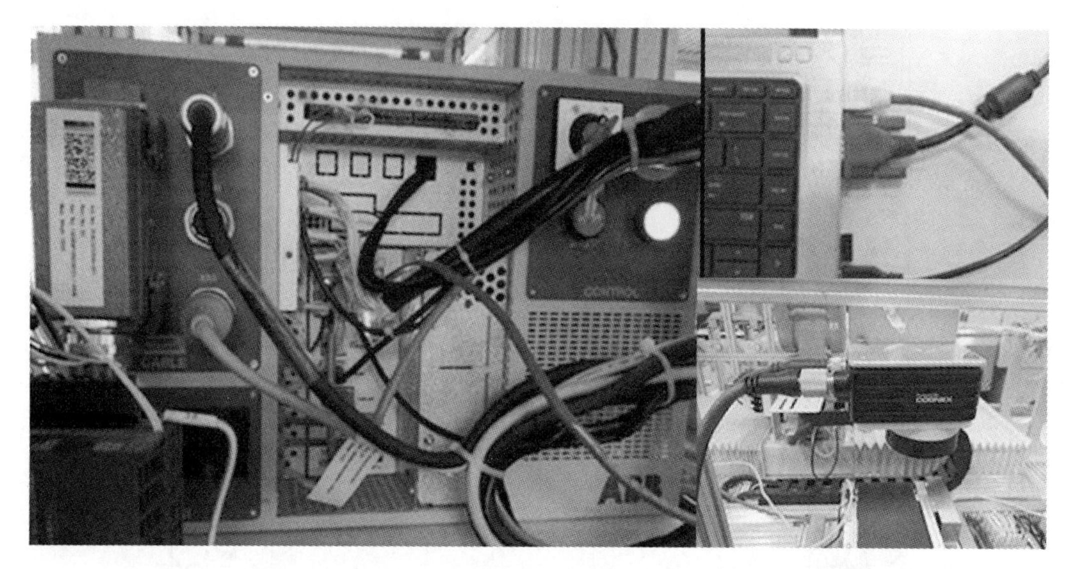

图8.4 通过以太网连接机器人、PC、相机

(2) 机器人视觉分拣系统的网络配置

首先，在计算机的控制面板，打开“网络和internet”“更改适配器设置”“默认网卡”“属性”“TCP/IPv4”，设置个人计算机的IP地址，由于相关设备通过以太网进行通信，要求计算机IP必须和机器人控制柜的IP地址位于同一个网段内（即IP地址前

三位相同)。

打开机器人示教器菜单栏，依次通过“系统信息”“控制器属性”“网络连接”“服务端口”查看机器人当前服务端口的 IP 地址，界面如图 8.5 所示。

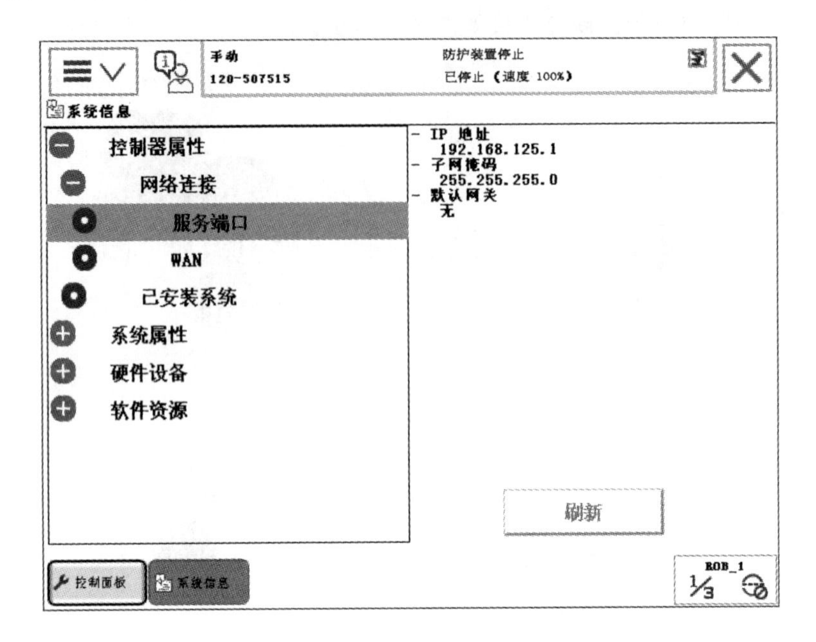

图 8.5 查看机器人服务端口的 IP 地址

打开机器人示教器，确保机器人已经集成图像系统，如图 8.6 所示。

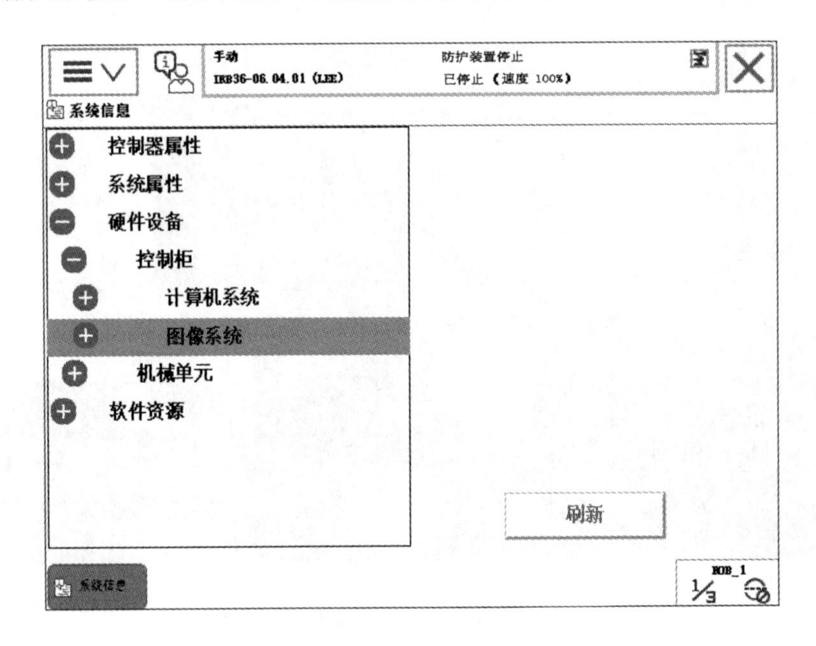

图 8.6 查看机器人是否已经集成图像系统

(3) 通过软件配置机器人控制柜和相机

单击控制器菜单选项卡下的“请求写权限”，在示教器上同意授权，如图 8.7、图 8.8 所示。

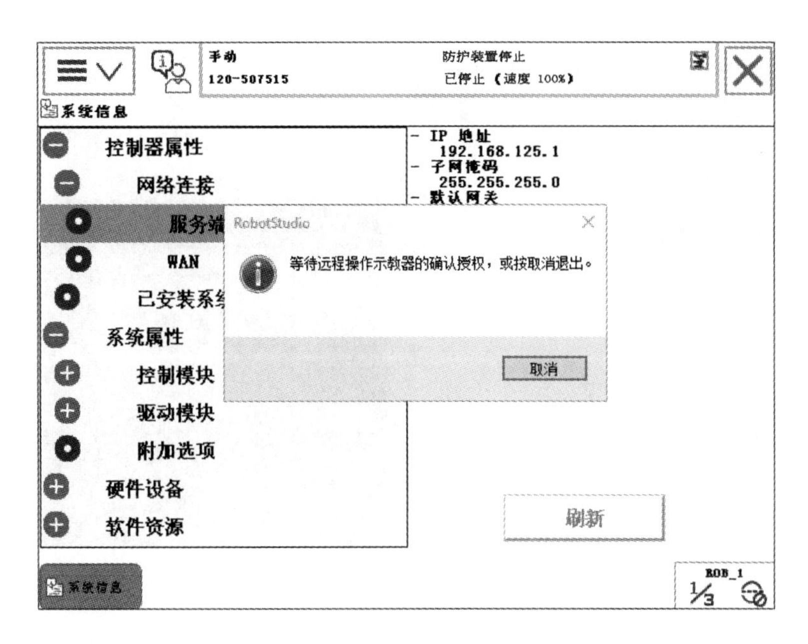

图 8.7 请求写权限

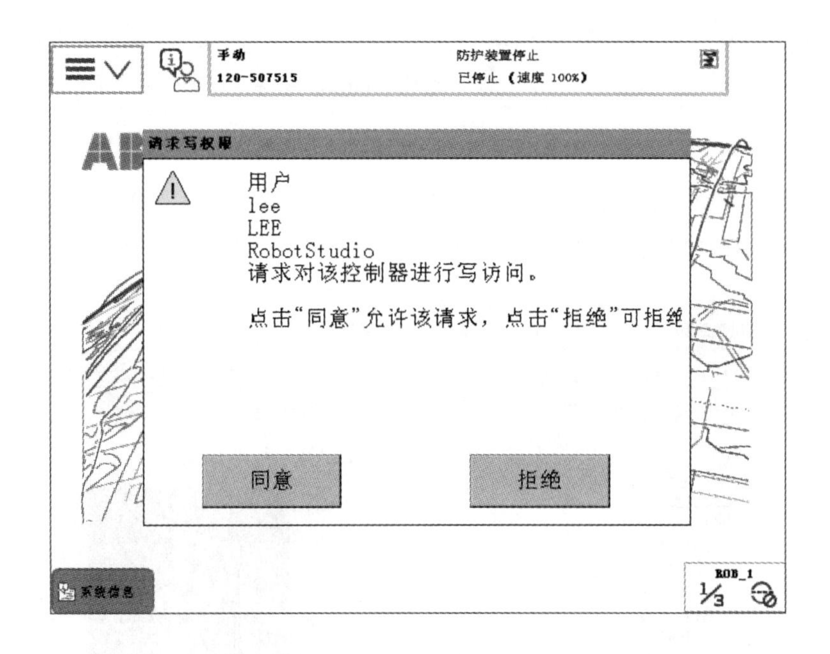

图 8.8 在示教器上同意写权限

将机器人控制柜上的 X2 网口（即服务端口，通常默认 IP 固定 192.168.125.1）连接到交换机的任意端口，同时将计算机网口和摄像头的网口通过网线与交换机任意端口连接，设置好计算机 IP 地址为 192.168.125.99，同时设置相机 IP 为 192.168.125.206（保证控制柜服务端口、计算机和相机在同一网段即可），启动 32 位 RobotStudio，打开控制器选项卡，点击菜单栏中控制器选项卡下的“添加控制器”按钮，连接机器人控制器，如图 8.9 所示。

在控制器选项卡中启动“集成视觉”功能，启动以后，菜单栏中会显示一个新的选项卡“Vision”，如图 8.10 所示。

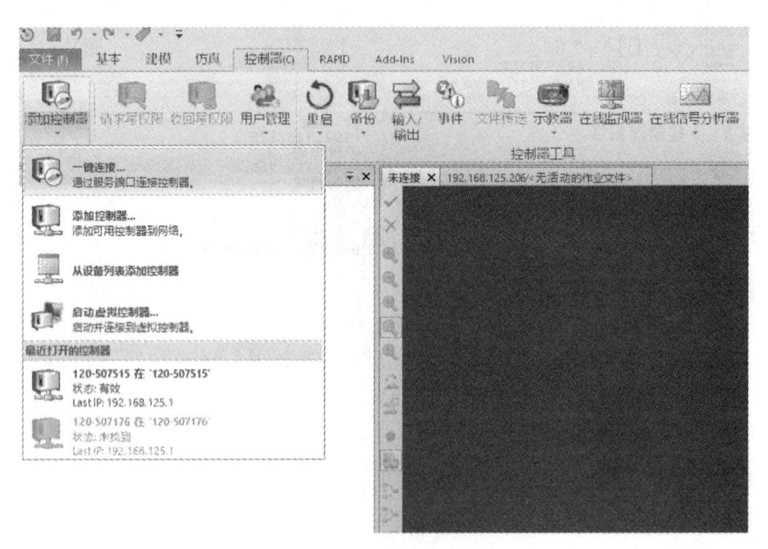

图 8.9 连接机器人控制器

图 8.10 启动“集成视觉”功能

当系统中有多个相机时，系统会以 MAC 地址的形式予以区分，分别显示在控制器管理树中，选中控制器管理树中的相机，右击并选择“连接”，如图 8.11 所示。

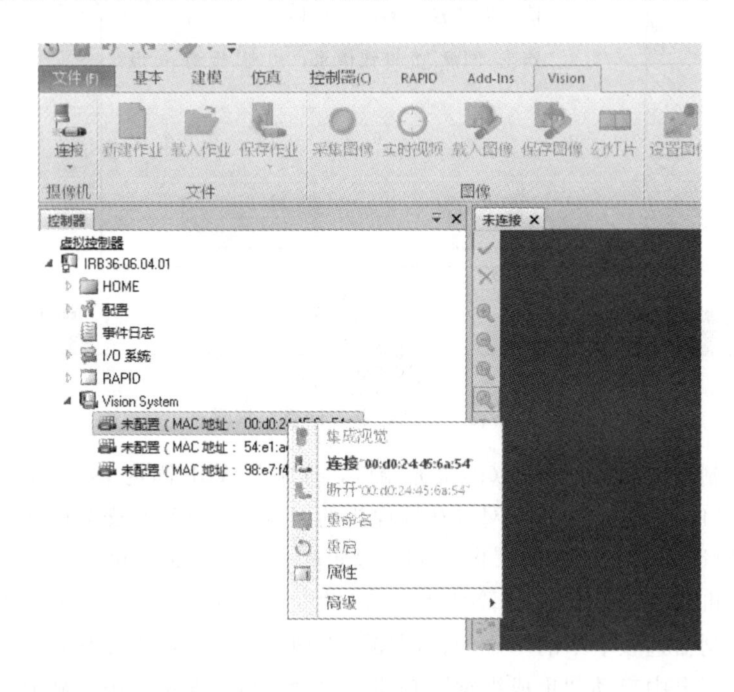

图 8.11 连接选中的相机

相机成功连接以后，当前捕获的图像会显示在一个单独的选项卡中，如图 8.12 所示。

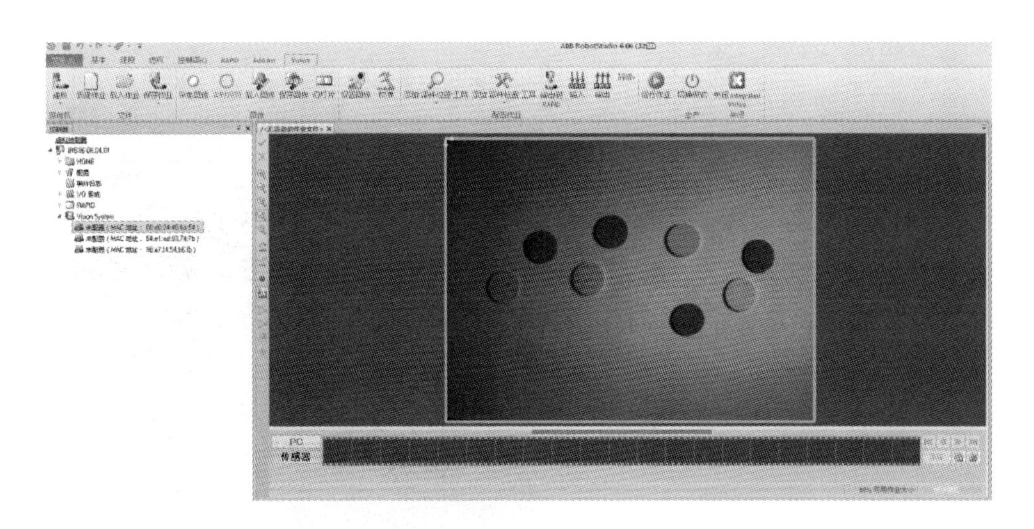

图 8.12 成功连接相机并捕获图像

8.3 机器人视觉知识基础

完整安装 RobotStudio 后，打开 32 位的 RobotStudio（Integrated Vision 插件当前仅能在 32 位版本的 RobotStudio 上运行）集成视觉系统界面后（即在 Vision 选项卡下），相关界面功能的介绍如下。

重命名相机名称为 Mycamera，如图 8.13 所示。

打开菜单栏 Vision 选项卡下的“新建作业”，清除当前作业数据，然后在菜单栏单击“保存作业”，将当前作业保存为 1.job，相机中作业文件的名称必须与 RAPID 程序中的作业名称相同，该名称数据类型为 string，如图 8.14 所示。

在相机进行图像设置时，我们需要使其保持“程序模式”，单击菜单栏的“切换模式”按钮，在弹出的提示窗口中选择“是”，然后即可切换为“运行模式”，如图 8.15 所示。

单击菜单栏的“设置图像”按钮，将触发器修改为“相机”，设置完成后保存作业，如图 8.16 所示。

将一个白色圆形工件摆放在相机正下方的传送带上，确保要采集图像的物体位于相机可视范围内，点击菜单栏中的“采集图像”，单击菜单栏“添加部件位置工具”，在下拉菜单中选择“斑点”，在下方区域类型选择“圆”作为模型区域，拖动“模型”位置和大小，使其尽量贴近覆盖一个完整工件，编辑完成后，单击“确定”，模型中央出现的十字是自动识别的模型的几何中心，也将作为拾取工件时的抓取点。在工具名称窗口中将此工具修改为“White”，表示记录白色工件模板的工具，在设置中将阈值模式设为自动 80，斑点颜色选择白，设置完成后，点击保存作业。黑色模型的添加方法与白色的步骤相同，这里命名为“Black”，如图 8.17 所示。

图 8.13　重命名相机名称为 Mycamera

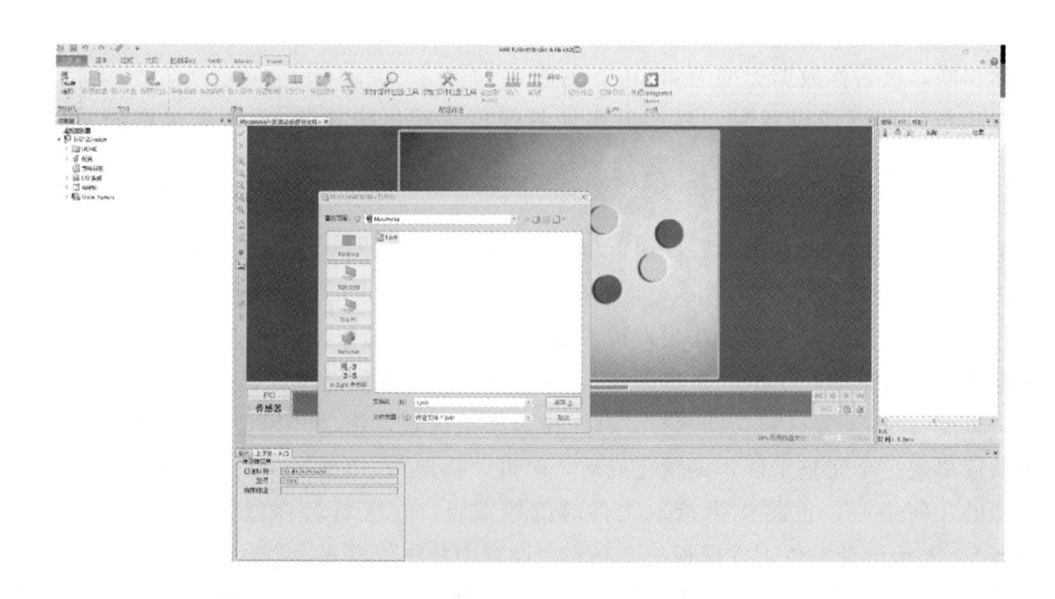

图 8.14　保存当前相机作业

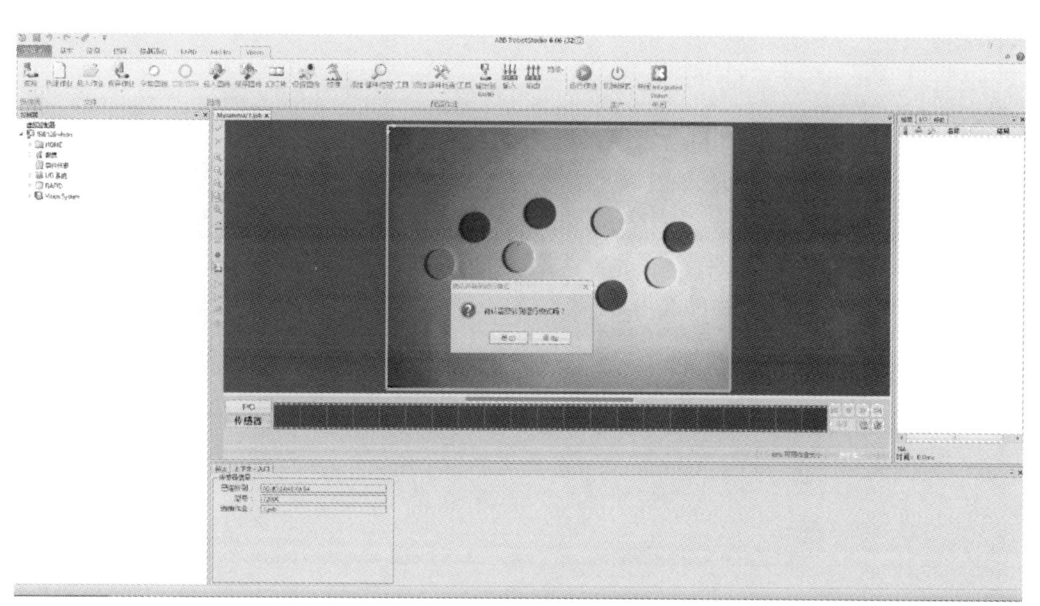

图 8.15　切换相机运行模式

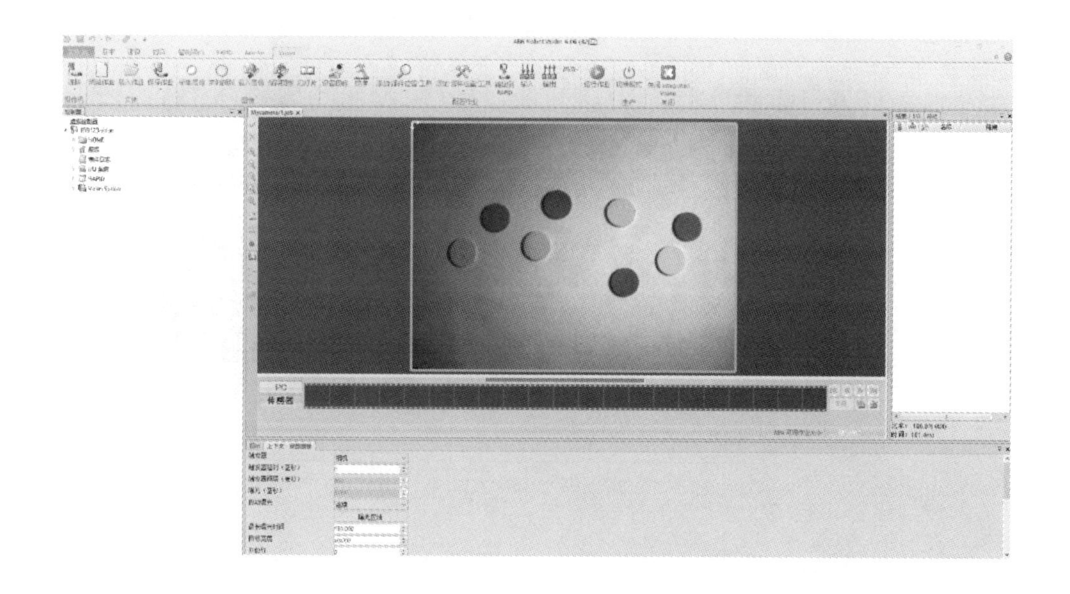

图 8.16　设置图像采集触发事件

完成以上设置后，可以点击菜单栏“输出到 RAPID”，在下方的上下文窗口中，将项目类型重命名为“White”，此项目类型名称将作为 cameratarget 类型变量的 name 组件出现。“Position x”表示目标工件的 x 坐标值；“Position y”表示目标工件的 y 坐标值；“Position z”表示目标工件的旋转参数，“组”参数选择 White，即之前添加的白色模板。这些结果参数都会保存在 cameratarget 类型变量中，黑色参数的选择同理，设置完成后，点击“保存作业”，如图 8.18 所示。

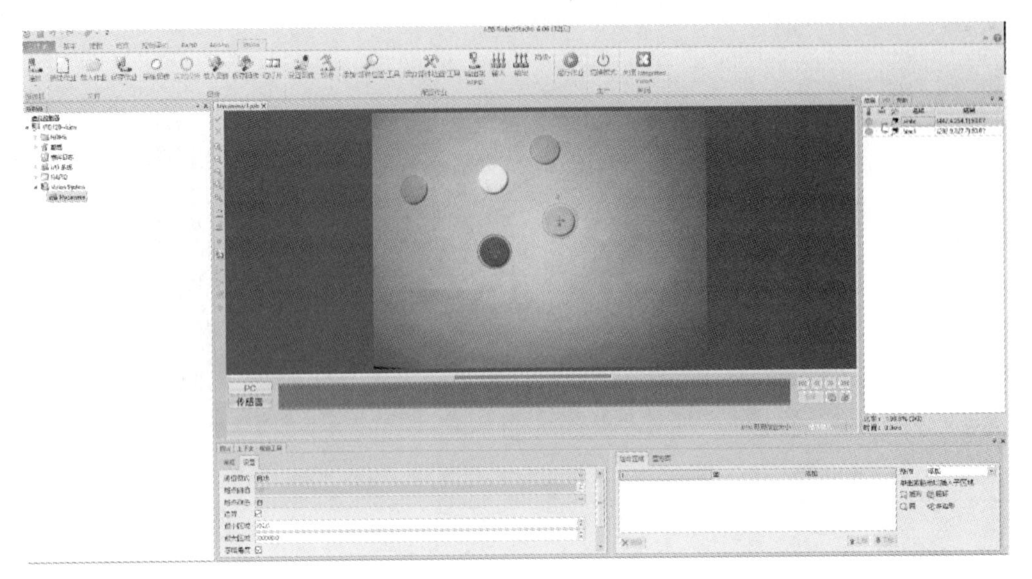

图 8.17　设置识别模型

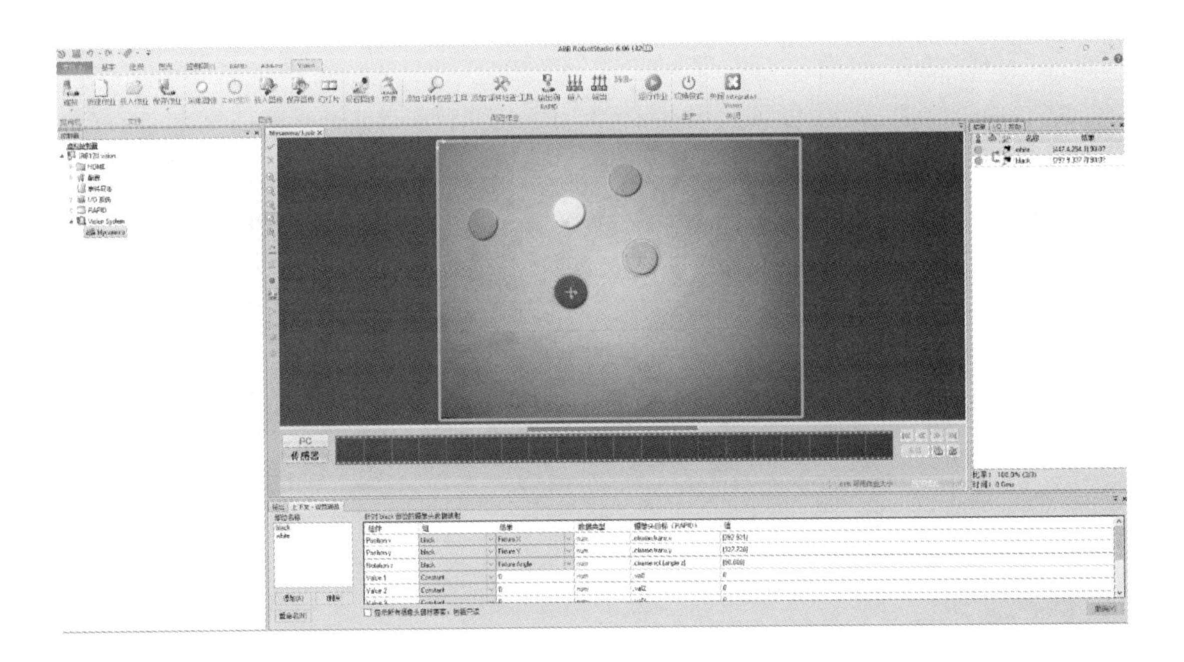

图 8.18　输出到 RAPID 程序

8.4 机器人视觉检测程序结构及程序主体

实现机器人分拣工件的任务步骤如下。

(1) 坐标系统、点位、信号与变量

本案例中使用了 1 个工具坐标 ToolVac 和 1 个工件坐标 WobjBox，如表 8.2 所示。

表 8.2　工具及工件坐标

名称	功能	图示
ToolVac	吸盘工具坐标系，设备开始生产时使用	
WobjBox	用于码放工件的工件坐标系	

本案例中有 3 个点位需手动示教，如表 8.3 所示。

表 8.3　点位手动示教

名称	功能	图示
Area0101	工业机器人拾取点位	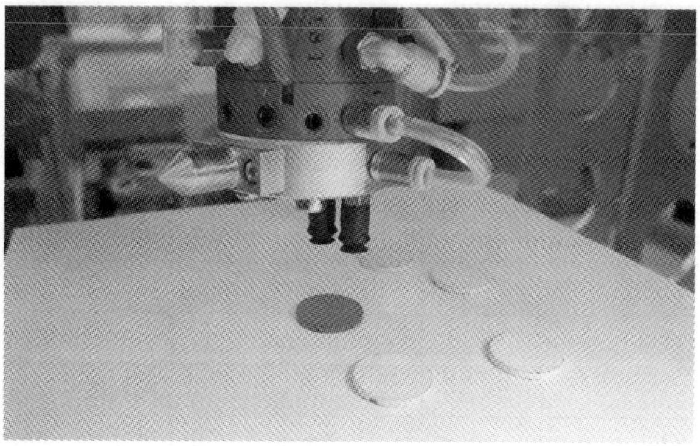

续表

名称	功能	图示
Area0201	放置白色工件初始点位(距离盘底60mm)	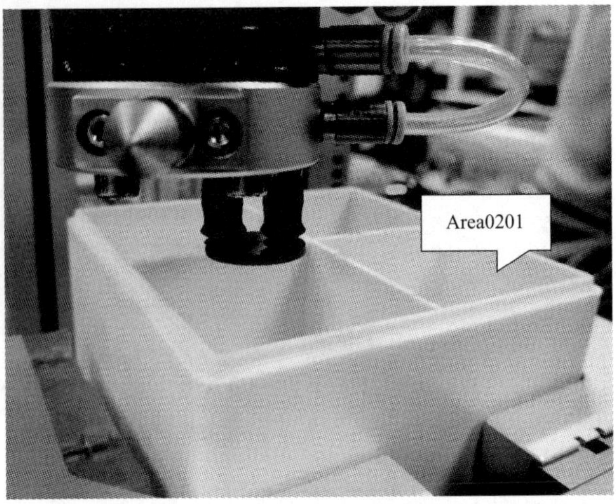 Area0201
Area0301	放置黑色工件初始点位	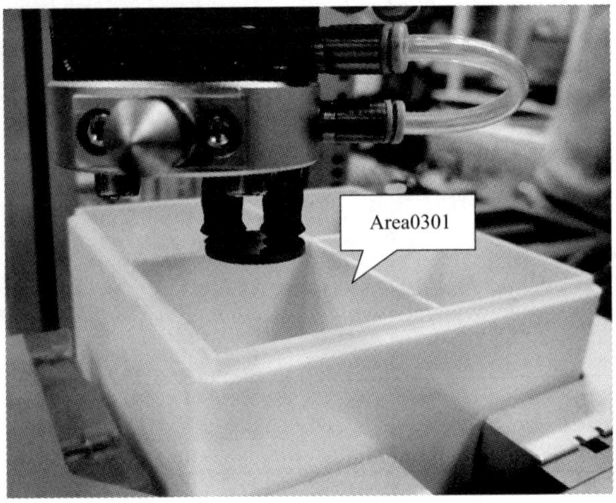 Area0301

本案例中涉及的信号只有ToolVac，信号置位为1时，工业机器人末端吸盘工具吸取工件；信号复位为0时，工业机器人末端吸盘工具释放工件。变量含义如表8.4所示。

表8.4 变量含义

变量名称	数据类型	含义
Mycamera	cameradev	相机名称
CamtargImageInfo	cameratarget	相机采集到的图像参数
NumCounterWhite	num	记录通过相机下方的白色工件的数量
NumCounterBlack	num	记录通过相机下方的黑色工件的数量
NumOffsetX1	num	码放白色工件时 X 方向的偏移参数
NumOffsetY1	num	码放白色工件时 Y 方向的偏移参数
NumOffsetX2	num	码放黑色工件时 X 方向的偏移参数
NumOffsetY2	num	码放黑色工件时 Y 方向的偏移参数

（2）程序结构

程序结构如图 8.19 所示。

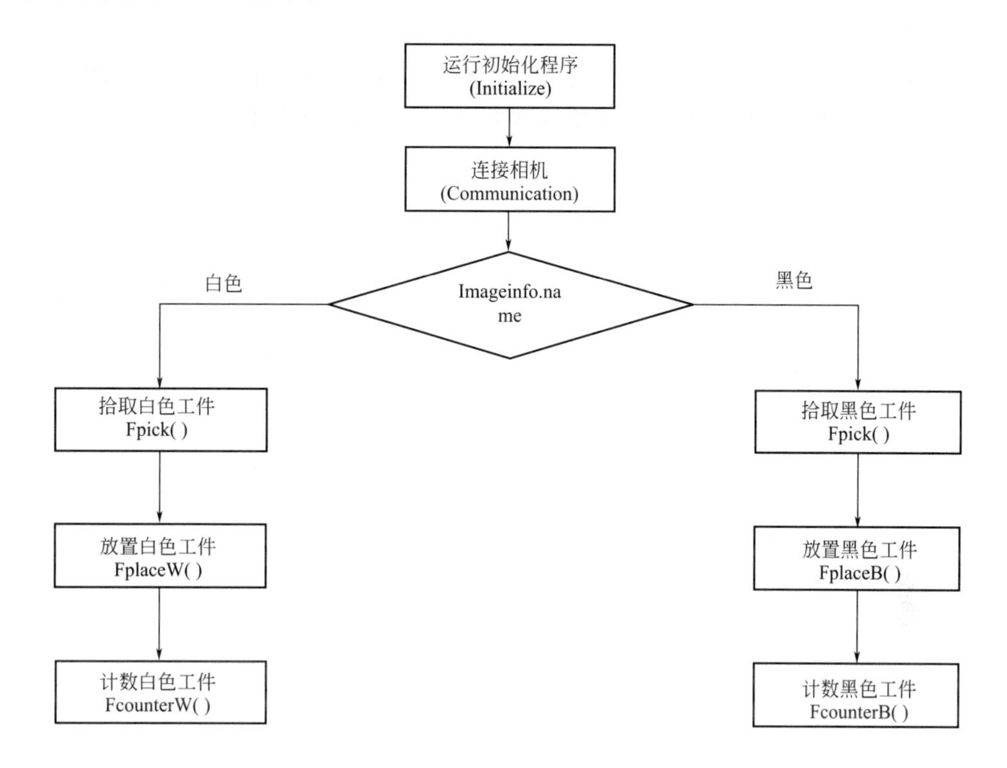

图 8.19　程序结构

（3）程序主体

```
PROC main()
Initialize();                              ! 调用初始化程序，限定程序运行过程中的最大速
                                             度、加速度等参数。
WHILE TURE DO                              ! 将初始化程序与程序隔离开来，即在程序运行过程
                                             中，仅执行一遍初始化程序。
Communication();                           ! 连接相机。
IF CamtargImageInfo. name="White" THEN     ! 执行 IF 循环。
NumCounterWhite=NumCounterWhite+1;         ! 若相机采集到的图像参数返回值为"White"，则
                                             White 的工件计数累加 1。
   FPick();                                ! 调用抓取子程序。
   FPlaceW();                              ! 调用白色工件放置子程序。
   FCounterW();                            ! 调用白色工件计数子程序。
ELSEIF CamtargImageInfo. name="Black" THEN
NumCounterBlack=NumCounterBlack+1;
FPick();
   FPlaceB();
   FCounterB()
```

```
ENDIF
ENDWHILE
ENDPROC
```

完成工具和工件坐标系标定后，需要示教基准目标点。在此工作站中，示教完成后，即可运行程序，进行程序的单步调试，单步调试无误后，即可自动运行。

参考文献

[1] Niku Saeed B. 机器人学导论——分析、控制与应用 [J]. 北京：电子工业出版社，2013.

[2] 蒋正炎，郑秀丽. 工业机器人工作站安装与调试 [M]. 北京：机械工业出版社，2017.

[3] 蔡自兴. 机器人学 [M]. 北京：清华大学出版社，2009.

[4] 丛爽，尚伟伟. 并联机器人：建模、控制优化与应用 [M]. 北京：电子工业出版社，2010.

[5] 叶晖，等. 工业机器人工程应用虚拟仿真教程. 北京：机械工业出版社，2015.

[6] 叶晖，等. 工业机器人实操与应用技巧. 北京：机械工业出版社，2015.

[7] ABB工业机器人集成视觉应用手册（中文）. 2015.

[8] 李光雷，潘庆阳，徐坚，等. 基于物联网技术的高职院校实验室智能管理平台设计 [J]. 实验室研究与探索，2016，35（5）：249-252，260.

[9] Guanglei Li，Yahui Cui，Lihua Wang，et al. Design and Optimization of Small Crawling Robot Based on Linkage Mechanism. IEEE 2019 3rd International Conference on Robotics and Automation Sciences（ICRAS）.

[10] 李光雷，柴群. 虚拟现实技术在高职高专汽车制造与装配专业的应用——以汽车装配为例 [J]. 中国医学教育技术，2013，(6)：680-682.

[11] 李光雷. 案例教学法在高职院校《机械设计基础》课程的应用研究 [J]. 南京工业职业技术学院学报，2014，(4)：85-87，90. DOI：10. 3969/j. issn. 1671-4644. 2014. 04. 027.

[12] Guanglei Li，Yahui Cui，Lihua Wang，et al. Research on Optimization of Abnormal Point Cloud Recognition in Robot Vision Grinding System Based on Multi-Dimensional Improved Eigenvalue Method（MIEM）.